Llewellyn's Astrology Datebook
2004 DAILY PLANETARY GUIDE

Copyright © 2003 Llewellyn Worldwide. All rights reserved. Printed in Canada. Typography property of Llewellyn Worldwide.
ISBN: 0-7387-0131-9

This datebook is set in Eastern and Pacific Times. Please note that times are adjusted for Daylight Saving Time, which is different than in past years, when the times in this product remained on Standard Time for the entire year. Ephemeris and aspect data generated by Astro Communications Services, San Diego, CA 92123. Reuse is prohibited.

Edited by Sharon Leah. Cover design by Gavin Dayton Duffy. Line art by Kathleen Edwards. Special thanks to Aina Allen for astrological proofreading. Cover photo © Brand X Pictures.

LLEWELLYN PUBLICATIONS
P.O. Box 64383, Dept. 0-7387-0131-9
St. Paul, MN 55164-0383, USA

2003

2004

2005

Table of Contents

Introduction to Astrology by *Kim Rogers-Gallagher*	4
The Astrological Building Blocks	4
The First Building Block: The Planets and Asteroids	5
The Second Building Block: Gender, Quality, and Element	15
The Third Building Block: The Houses	21
The Fourth Building Block: Aspects	24
Transits	26
Retrogrades of Mercury and Other Planets	29
The Influence of the Moon	30
The Moon through the Signs	31
The Void-of-Course Moon	34
2004 Eclipse Dates	35
2004 Astronomical Phenomena	36
Time Zone Conversions	38
World Time Zones	39
2004 Planetary Stations	40
2004 Weekly Forecasts by *Kim Rogers-Gallagher*	42
Business Guide	68
2004 Daily Planetary Guide Calendar Pages	69
How to Use Your Daily Planetary Guide	69
Monthly Ephemeris	176
The Planetary Hours	188
Sunrise and Sunset Hours	192
Quick Table of Rising Signs	193
Blank Horoscope Chart	194
How To Use Your Daily Planetary Guide	195
Address Book	196
Notes	207

Introduction to Astrology

by Kim Rogers-Gallagher

Our universe is full of all kinds of amazing energies. Astrology allows us to interpret these energies. It's not a religion—so we aren't required to start or stop believing in anything, and we don't need to believe in it for it to work. Astrology blends science and intuition, magic and mathematics, cycles and symbols. There's no hocus-pocus involved. Astrology focuses on planets and their seasons, and planets are real. In fact, they're so real that their movements are consistent and recordable. Astrology allows us to draw parallels between the orbits of heavenly bodies and events down here on Earth. It allows us to surf the cosmic waves by glancing at our own "tidal tables," or planetary ephemerides, and by figuring out how to get the best ride from the tide that's en route. It validates our hunches and supports what we already know. Astrology is a language, a symbol set, and a guide to understanding the world, life, and the cosmos.

Your astrology chart or your horoscope is your personal map, calculated using the date and time you were born from the perspective of your birth location. From that information, a circular, clock-shaped diagram emerges that shows where every planet, star, asteroid, and comet was located at the moment you made your debut. Your chart is a cosmic snapshot that freeze-frames the universe exactly as it was from your perspective. You carry that same perspective around with you throughout life. The horoscope chart is your blueprint—your cosmic backpack, an owner's manual that shows what you packed into your "tool-kit" for this lifetime and how best to use it. It's the circular lens that colors the way you see what's Out There. Everybody's got one, and no two are ever the same, which is pretty amazing. But there's more—since the chart is a map, everybody's got one of everything.

The Astrological Building Blocks

Each chart is composed of the same elements, rearranged. I like to think of them as the four main astrological building blocks: planets, signs, houses, and aspects; and other important astrological elements. Each represents a different level of human existence.

The planets (the eight other planets in our solar system, along with the Sun and Moon) represent urges or needs we all have. Chiron and the asteroids also fall into this category.

The twelve signs of the zodiac, which correlate loosely with the twelve constellations, are sections of sky—30 degrees each—that act as filters or flavors for planets' energies. They describe the style of behavior a planet or house will use to express itself. They've also been compared to an actor's costumes.

The twelve houses in a chart—the twelve "pie-wedges" that divide the circle—describe the area of life or set of life circumstances in which our planets, dressed in their sign costumes, will come to life. Houses represent the twelve sides of our personalities, each of which comes out during the life situation that calls for it.

Aspects are angles. When we freeze-frame the planets in their orbits to create a chart, some of those planets will be positioned an exact number of degrees apart, forming angles to one another. The angles we use in astrology are most often those that divide a circle into equal parts. For example, 180 degrees, an opposition, is a circle divided by two. A square is 90 degrees, and divides a circle by four. A trine is 120 degrees and divides a circle by three, and so on. Aspects show which planets are "hot-wired" or engaged in constant dialogue with one another. The particular aspect that joins them describes the nature of their "conversation." Not all planets will aspect all other planets, but those that do have a very specific relationship.

The First Building Block: The Planets and Asteroids

First, we'll look at the planets. Each plantet represents an urge you must express or something you need to do. Each planet acts as the director of a department in a busy corporation. The corporation is you. You have a Communications Department, run by Mercury; a Love and Appreciation Department, run by Venus; and an Abundance, Generosity, and Growth Department, run by Jupiter. So when you have an urge or need to express yourself, you call on your Mercury; when you want to show love, you reach for your Venus; and when it's time to risk, extend, or grow, you use your Jupiter. Let's meet each of the planets individually and take a look at which job duties fall under each planet's jurisdiction. We'll start at the top with the big boss: the Sun.

The Sun

Every corporation needs someone at the helm—a head honcho or executive who makes the final decisions. The executive director of your corporation is the Sun. Just as the Sun itself is the core of the solar system, the source of heat and light around which all the other planets revolve, the Sun in your chart is your core, your reason for being, your true self. Although each of the planets in your chart is important in its own right, they all take their orders, figuratively speaking, from the Sun.

Everyone's Sun has the same inner goal: to shine. The Sun's spot in your chart shows where you really want to do good, where you want to be appreciated, loved, and patted on the back. The Sun is where you keep your supply of pride and confidence, where you store your identity and hold your ego. The Sun is you at your creative best, enjoying life to the fullest. If you never, ever again had to do anything that you didn't want to do, if you could spend the rest of your life pursuing only those activities that give you joy, you'd be acting out your Sun freely. To get in touch with how the Sun "feels," think of how you feel on your birthday, when the Sun returns to the same degree as when you were born and gives you a double dose of Sun energy. It's your day, a day when, whether or not you admit it, you really feel as if the world should treat you special. Well, that's the way the Sun inside us feels all the time. The Sun corresponds with gold, the rich, royal metal that adorns kings and queens. In the physical body, the Sun rules the heart, the back, and the circulatory system. On a daily basis, the Sun acts like a flashlight of sorts, illuminating each degree of sky it passes through. The Sun shows the focus of the moment, where the world's attention will be directed on that particular day. In fact, in horary and electional astrology—the two branches that pertain most to timing and prediction—the Sun represents the day, the Moon the hour, and the Midheaven the moment.

The Moon

☽ Let's meet the Moon. First off, to "feel" the Moon, go stand by a body of water on a clear night when she's full. Let your gaze shift back and forth between the Moon herself and the reflection she casts on the water. Whether you're looking up at her, or at that silvery patch she creates as it shivers and dances on the water, take a deep breath and allow yourself to be still. Take it all in, and you'll feel the Moon. In truth, when the Moon is full, it's hard not to look at her—she invites us to look. She hypnotizes us silently, makes us sigh, and brings back memories. She's the soft inner side of each of us, the side that cries, fears, and dreams.

She's the head of the Department of Feelings. She's a lovely lady in silver who circles our planet protectively in her monthly orbit. We see her subtle power in the tides as she calls the ocean to her and sends it away. We feel her influence ebb and flow through the ever-changing moods we experience, both en masse and individually, as she appears and disappears. She's the place in our chart where we keep our instincts, emotions, memories, and abilities to express our feelings. She is the ultimate feminine energy, the part of us that points to how we were nurtured and how we nurture. She's got a lot to do with our mothers, since our first emotional impressions of the world came through their bodies during the nine months they carried us. The Moon's the side of us that decides what's safe and what's not, the side that shows how we'll cope when we're hurt, the piece of us that responds to the outside world. The Moon corresponds with the silver color she creates. In the body, the Moon has jurisdiction over the breasts, ovaries, and the womb, all necessary for creating and nurturing life. She also rules our body fluids, the internal ocean that keeps us alive.

Mercury

☿ Remember when gods and goddesses were thought to be in charge of the affairs of humanity? Back then, Mercury's job title was messenger of the gods, and his duties included carrying messages back and forth between the immortals and mortals. Although his official title has changed, his job description hasn't. He's now the head of your Department of Communications, and he still carries information back and forth. The only difference is that now he's known for being the "tool" you reach for when it's time to get information from out there to here. He's the computer that's at work inside you twenty-four hours a day, constantly feeding you data about the world. Whatever you're aware of, you're aware of it because of Mercury. He's the side of you that shows how you'll think and reason and how you'll express yourself to others. You'll recognize him in your speech patterns, your handwriting, and in the way you walk. He operates through your five senses and your brain, and makes you conscious of opposites—light and dark, hot and cold, up and down. He's what you use when you have a conversation, exchange a glance or gesture, and interpret a symbol. Mercury's specialty is the here and now. He's the side of you living totally in the present, your automatic pilot mechanism, the part of you that has the world memorized and can perform routine tasks without stopping to think how—tasks such as blinking, swallowing, answering the phone, or writing your name.

In the body, Mercury also acts as a messenger—he transmits messages for you physically through the central nervous system. He is the "internal switchboard" that lets your eye and your hand collaborate. He corresponds to the metal named for him, and if you've ever tried to collect mercury after it's escaped from a broken thermometer, you've had an irreplaceable lesson on Mercury. Just as your Mercury never stops collecting data, those tiny beads you tried so hard to collect didn't come back without some information of their own—they brought back a bit of everything they contacted: dog hair, crumbs, and grains of dirt.

Venus

♀ You know the warmth that spreads across your chest when you're looking across the room at your significant other? Or the feeling you get when you look at your new car? You know how warm and happy you feel when someone leaves an "I love you" message on the answering machine? All this is due to the Lady Venus, the part of you that describes who, what, and how you love. Whenever you're pleased, satisfied, or content, it's your Venus who made you feel that way. Anything or anyone that you come into contact with on the outside that makes you feel just great on the inside—well, that makes Venus happy. She's a very sensual kind of planet. She's the head of the Department of Nice. Supplying your favorite people, places, and things is her job. If you want chocolate, music, flannel sheets, or the coworker you've got a mad crush on, it's your Venus that tells you how to get it. Venus shows how you act when you're out to attract what you love, especially people. When you're being charming, whether by using your manners or by adorning yourself because you want something, that's Venus, too. She loves doing things with someone and being with a partner. She's in charge of all behavior that is pleasing to others—light chit-chat, polite small talk, smiles, hugs, and kisses. She is an expert at drawing others to you. Since money is one of the ways that we draw the objects we love to us, she's also in charge of finances. Copper is the metal that correlates with Venus, the metal that mixes most easily with other metals, and the one that wears pastels—in other words changes to pink, and green, and purple when it's heated. Copper is a perfect "alloy"—which sounds an awful lot like "ally," doesn't it? In the body, Venus relates to the sensory organs, the body's receptors, which makes sense, because these are the spots that tell us what feels good and what doesn't.

Mars

♂ Mars is one tough planet. He's the head of the Department of Self-Defense, Aggression, and Action. He's your sword, the warrior who fights back when you're attacked—your own personal SWAT team. This is the side of you that's brave, courageous, daring, and downright fearless. He describes how you act on your own behalf. He's not concerned with anyone or anything but you, and he doesn't consider the size, strength, or abilities of whomever or whatever you're up against. He's totally spontaneous, the side of you that initiates all activity. He's in charge of how you assert yourself, and how you express anger. In fact, one of the best ways to get in touch with Mars is by thinking of all the ways we describe anger. Examples are "hot under the collar," "seeing red," and "all fired up." The color red, fire, adrenaline, muscles, blood, and action are Mars' words. He's the ancient god of war, so he's not for the faint of heart. At best, he's what you use to be passionate, adventurous, and bold. At worst, he's violent, accident-prone, and cruel. Wherever he is in your chart, you need constant action to keep him "fed." Just as Venus attracts, Mars pursues. He charges through situations. He shows how you take action, how you do anything. He's where you're competitive and combative, where you're not afraid to take a stand on your own behalf. The metals that correspond to Mars are iron and steel. Both are used to make weapons, tools, machinery, and automobiles—things we use to force our will over that of another or over our environment. In the body, this headstrong planet corresponds to the head, blood, and muscles.

Jupiter

♃ Jupiter is the largest planet in the solar system, so large in fact that all of the other planets could fit inside him. He's been called "the Greater Benefic" and "King of the Gods" since time began. Jupiter is also the head of the Department of Expansion, Growth, and Incorporation. He's the side of you that's ultrapositive, optimistic, and generous to a fault—the astrological equivalent of Santa Claus. He's where you keep your supply of laughter, enthusiasm, and high spirits. Whenever you try something new, take a risk, or hear yourself say, "Oh, what the heck,"—that's Jupiter. This is the side of you that's always ready to boldly go where you have never gone before. He prompts you to travel, take classes, get involved, and meet new people because he wants you to grow through new experiences. He's a big fan of networking, so wherever he is in your chart is a place where you'll have an extensive network of friends and associates. On the other hand, your Jupiter is also what you're using when you find yourself being excessive and wasteful, and when you're being extravagant or blowing something out of proportion. As a result, Jupiter is also the side of you that will probably have terminal "grass-is-greener" syndrome and will never be satisfied with what you've got. Words like "too," "very," and "most" are the property of Jupiter, as are "more" and "better." In general, this planet loves to make things bigger. Jupiter corresponds to tin—a most malleable, expandable metal. In the body, Jupiter has rulership over the liver, the organ that filters what we take in and rids us of excess. Jupiter also handles growth of the physical body.

Saturn

♄ As much as Jupiter represents the urge or need to expand, risk, and grow, Saturn is the side of you that withholds, contracts, refuses to take chances, and resists change. Saturn is head of the Department of Walls, Boundaries, and Rules. He's the honorary principal wherever he goes. Saturn is where you build walls to keep change out, where you may segregate yourself at times, where you'll be most likely to say "No" to just about anything. Your Saturn is the critical parent inside you, the spot where you may delay, inhibit, or stall yourself throughout life. Because your fear of failure is so strong where Saturn is in your chart, you'd often rather not act at all than act inappropriately or incorrectly.

This is the planet that prefers just the facts, and that likes reality delivered with a capital *R*. This is where you are keenly aware of what's socially acceptable and what's not. This planet teaches you to respect your elders, follow the rules, and do it right the first time. Wherever Saturn is in your chart is where you'll feel respectful, serious, and conservative, and where you'll never embellish the facts or act until you're absolutely ready. You'll never expect something for nothing, and you'll be keenly aware that you earn what you get when Saturn is involved. Saturn is also where you're at your most disciplined, where you'll teach yourself the virtues of patience, endurance, and responsibility. In fact, your Saturn is well aware of concepts like doing the right thing, listening to your conscience, and being decent and respectable. Because this planet is so fond of boundaries, it's also the planet in charge of structures and guidelines. In the physical body, Saturn correlates with the bones and the skin—the structures that keep your body together. The metal that correlates with Saturn is lead, which is dull on the outside but quite shiny when it's polished and worked.

Uranus

There's a spot in everyone's chart where independence is the order of the day, and where rules are made to be broken regardless of the consequences. This is where you're at your rebellious best, and where you'll surprise even yourself with some of the things you say and do. Meet Uranus, the head of the Department of One Never Knows—the place in your chart where surprises and sudden reversals are regular fare. As much as Saturn the side of you that you use when it's time to conform and act appropriately, Uranus is the side that you take out when it's time to do the unpredictable and erratic. This is the planet that can't stand "Shouldn'ts," and considers "No" and "Don't" invitations to act. Of course, life provides plenty of situations where we can't act as we really want, but your Uranus is the piece of you that can only hold back for so long before it breaks you out of your rut and sets you free.

This is the side of you that delights in breaking tradition and shocking the masses. The more sudden and surprising your behavior is when you use your Uranus, the more restricted, captive, and repressed you've been feeling. Uranus loves suddenness—everything from lightning and tornadoes to winning the lottery. He's also a computer wizard, the planet who's most involved in mass communications. Here is where you'll have genius potential, where you'll be bold enough to ignore the old way to solve a problem and instead find a whole new way—maybe even invent something in the process. Major scientific and technological breakthroughs like the space program, the world wide web, and the information superhighway were all inspired by Uranian-type genius. In the body, Uranus rules circulation and the involuntary nervous systems, as well as all the automatic functions our bodies are constantly performing, such as breathing, blinking, and digesting.

Neptune

♆ Next time you hear yourself sigh or feel yourself slip into a daydream, think of Neptune. This is the planet in charge of romance, nostalgia, and magic. She's the side of you that delights in glamour and illusions, the side of you that's wistful and that wishes and believes dreams will come true. Neptune's place in your chart is a fuzzy, vague spot where you keep your pink smoke machine, where you're equally capable of fooling all of the people all of the time or of being fooled yourself. You're a psychic sponge where Neptune is in your chart, and here you will have an amazing ability to infiltrate your environment and be infiltrated as well. This is where you're capable of amazing compassion and sensitivity for creatures less fortunate than yourself, and where you'll be drawn into charity or volunteer work because you realize that we're all part of a bigger plan. Since sensitivity and harsh reality don't always mix too well, this may also be a place where you'll try to escape—seeking anything that takes you away from the real world. Sleep, meditation, and prayer are the highest uses of Neptune's energies, but alcohol and drugs are also under her jurisdiction. Anytime you "leave" the planet, whether by losing yourself in a movie or just refusing to see the truth, you're using your Neptune. Where Neptune is in your chart is where you'll always be tempted to believe that whatever you want is already just exactly the way you want it to be. The problem is that when reality does arrive with its sharp edges, you're vulnerable to disappointment.

Although her official title is Head of the Department of Altered States, Reality Avoidance, and Fantasy, Neptune's also one of the most creative energies you own. This planet is a well of receptive energy that helps you cast magic onto other folks. In the body, Neptune and the Moon corule fluids. Neptune is connected with the body's immune system and with poisons and viruses that invisibly infiltrate our bodies.

Pluto

♇ Of all the planets in your corporation, Pluto is the one with the most unenviable job description. He holds the dubious distinction of being head of the Department of Death, Destruction, Decay—and other unavoidables. He's the side of you that handles these topics and others not usually heard around the dinner table—sex and reincarnation, for example. He's also in charge of recycling, regeneration, and rejuvenation, but nobody sticks around much to hear those parts of his job duties after they hear about death and destruction. Yes, Pluto has a tough job, but a necessary one. He's not a planet that handles "maybes." Pluto works with absolutes that have to happen. He disposes of situations that have gone past the point of no return, and when the only solution is to let go. We humans are notoriously bad at handling total, complete, and unavoidable change, so Pluto's spot in your chart is where you'll necessarily learn to firewalk, where intense and inevitable circumstances will teach you about agony and ecstasy. He's a planet of extremes, where you'll always be in a state of turmoil or evolution, and where there will be a constant shedding of skin. When it's time to end a situation, whether it's because you've lost a relationship or a job, or because someone dear to you has died, your Pluto is the tool you will reach for. This is the side of you that realizes life goes on after tremendous loss, and that reflects on your losses down the road and tries to make sense of them. It's also where you'll crave intense experiences—from horror movies to soul-baring conversation and physical intimacy. Most importantly, since Pluto rules life, death, and rebirth, here's where you'll understand the importance of process. You'll be amazingly strong where your Pluto is—he's a well of concentrated, transformative energy. In the body, Pluto is associated with the reproductive organs, since here is where the invisible process of life and death begins. He is also in charge of sexual maturity and puberty.

Chiron

⚷ Chiron is a huge comet that makes a 50.7-year orbit between Saturn and Uranus, occasionally nipping into Jupiter's orbit. Discovered on November 1, 1977, by Charles Kowall of the Hale Observatory in Pasadena, California, Chiron was originally thought to be our newest planet. He was named for the great centaur who was a foster-parent to such heroes as Hercules, Achilles, and Aesclepius, and so, immediately after his discovery, astrologers began to work with Chiron. In 1981, he was classified as an asteroid, and was discussed as a "maverick" of sorts, since he'd chosen an orbit apart from most of the other asteroids that circle the Sun in the lane between Mars and Jupiter. However, once he was classified as a comet in 1988, Chiron's problems began. Many astrologers were skeptical whether comets counted. First of all, there are millions of them—how could we study them while our sky already had eight planets, the Sun and Moon, millions of fixed stars, and more than 5,000 asteroids? However, Chiron's shape-shifting attracted attention. The fact that he changed form several times fit beautifully with his myth and, later, his astrological meaning.

According to the story, Chiron was born from a union between the seanymph Philyra and Chronos (Saturn). It seems Saturn, though married, saw Philyra one day and became rather smitten with her. She did not feel the same, however, and changed into a horse to escape Saturn's advances. Not to be put off, Saturn changed himself into a stallion, chased Philyra down, and raped her—Philyra becoming pregnant as a result of the encounter. Naturally, Philyra was horrified when she saw her child and thought she was being punished for her "sins." She begged the gods to allow her to escape from this monster child, so they let her change into a linden tree. Chiron, a tiny half-colt, half-human, became an orphan, deserted by his father Saturn and abandoned by a mother repulsed by his physical form.

Rather than concentrate on his problems, however, Chiron studied all kinds of things—music, poetry, hunting, war, healing, even astrology. In time, his talents became famous, and the gods and goddesses began to send him their children to foster. He spent his life teaching until he was wounded by a poisoned arrow as he handed it to Hercules—it was a poison of his own creation. Since his father was a god, Chiron didn't die from the poison, living instead in agony from a wound that would not heal. After trying to cure himself, Chiron gave up and asked Zeus to allow him to die. Zeus agreed, and Chiron exchanged places with Prometheus. He was elevated to the constellation Centaurus, in honor of all he'd done.

Many themes in Chiron's myth will play out in life according to where Chiron is located in the birth chart. The main theme in his story is the incurable or unsolvable wound, a physical defect that may make you feel as if you are "different" from others. We handle this wound in one of three ways: by becoming the healer, the wounded one, or the one who wounds. Your choice depends on whether you choose to recognize your wound consciously, project it onto others, or refuse to admit that you're hurt and turn on others when they get too close. Chiron is our "sore spot," a place where we often feel prejudiced or stigmatized by others.

Chiron in our charts also points to a place where we feel as if we are handicapped, disabled, or "broken" in some way, or where we may find ourselves dealing with people or animals who have been injured or abandoned. Chiron's correlation with the concept of being handicapped also shows quite well through the similarity of his symbol (⚷) and the Handicapped Symbol of Access (♿)—a symbol which was adopted in 1968 when Chiron was just crossing over 0 degrees Aries, the first degree of the zodiac that corresponds with birth. This symbol tells handicapped people (particularly those using a wheelchair) that they can be free to conduct their business independently, without fear of being blocked by architectural barriers. This definition in itself is amazing, since Chiron is the bridge between Saturn and Uranus, linking the limitations of the past to the freedom of the future. As with the other planets, there are a variety of "symptoms" you'll find in Chiron's spot in your chart: healing others but not yourself, dealing with addictions, avoiding problems by running away (as Chiron's mother did), feeling as if you have a "tragic flaw," and coming to terms with a physical imperfection. While Chiron's placement is a very tender spot, remember that here is where we're quite gifted—we are capable of deep compassion where we are hurt. We cannot heal what we have not experienced.

Asteroids

According to what's known as Bode's law, there ought to be a planet between the orbits of Mars and Jupiter. Although there isn't a planet in this lane, it's far from empty. In fact, there are more than 5,000 asteroids of varying size that orbit the Sun. Since they're named by whoever finds them, the asteroid belt is inhabited by all manner of creatures—places, people, even objects (from "California" to "DuDu" to "Pizza"). Regardless of their size, these celestial bodies turn up in the most amazing places: attached to your Sun, wearing your husband's name, or right on your Moon with your mom's name. Some astrologers have used four of the asteroids since the 1970s, when Eleanor Bach inspired the first asteroid ephemeris. Those four are Juno, Vesta, Pallas, and Ceres—all named for the great goddesses who were worshiped with as much respect and honor as their male counterparts after whom our planets were named. Each of them seems to point to a different face of femininity, but they also represent subtle qualities of both men and women.

Juno: The Wife

⚵ Juno (Hera in Greek mythology) was the wife and sister of Jupiter (Zeus). He was notoriously unfaithful, yet she remained constant and refused to break her vows. Here is where we find the happiness of absolute commitment in a relationship, and the rage and jealousy that accompany betrayal. A strong Juno personality lives for the spouse, regardless of how abusive the relationship, because of the strength of commitment.

Ceres: The Mother
In mythology, Ceres (Demeter) was the grain goddess who went on strike and caused the Earth to become barren after Pluto kidnapped her daughter Persephone. The girl was allowed to rejoin her mother, but only for half of the year. During these six months, Ceres allows the Earth to be fruitful, but during the other six months she mourns, and the Earth is without food. Ceres carries a Moon-Pluto tone and relates to possessiveness and loss. She also deals with eating disorders, nurturing, and rewards.

Pallas Athena: The Daughter
Pallas Athena was Zeus' child, and Zeus alone parented her. She was born from his head, arriving full-grown and in full armor. She was his favorite child, and has come to represent the father-daughter bond as well as mentor relationships. Her placement is where we are logical, witty, and diplomatic; where we champion our heroes; possess wisdom, intelligence, and common sense; and where we operate impartially because we're not emotionally attached to anyone or anything.

Vesta: The Virgin
Vesta (Hestia) was a "virgin" or "single" goddess—the last child born to Saturn (Chronos) and Rhea. Her brother Zeus gave her rulership of the sacred gift of fire. She protected homes with her warmth, offered hospitality to strangers, and united communities. Vesta's priestesses, the Vestal Virgins, tended temple fires and remained chaste until called upon to give themselves in sacred rituals. The penalty for intimacy at any other time was to be buried alive in an underground chamber. Vesta's spot is where we guard our passions and are aware that every action carries a sacred tone. We withhold our energy for long periods in the area of the chart Vesta inhabits, use it up in one intense moment, then draw back to regroup.

The Second Building Block: Gender, Quality, and Element
Every sign is "built" of three things: genders, qualities, and elements. Understanding each of these primary building blocks offers a head start toward understanding the signs themselves, so let's take a look at them.

Genders: Masculine and Feminine
The terms "masculine" and "feminine" are frequently misunderstood terms. Although the contemporary meanings of these words are "manly" and "womanly," in reality, masculine means that an energy is assertive, aggressive, and linear. Feminine means that an energy is receptive, magnetic, and circular.

Qualities: Cardinal, Fixed, and Mutable

Qualities show the way a sign's energy flows. They describe how the sign will act. The cardinal signs are energies that initiate change, since the Sun passes through cardinal signs during the first month of each season. Cardinal signs operate in sudden bursts of energy, while fixed signs are unstoppable. Fixed energies endure and correspond with the Sun's passage during the second month of every season. They take projects to completion and tend to block change at all costs. They keep at things. Finally, the mutable signs are versatile, flexible, and changeable, though they can also be scattered, fickle, and inconstant. They correspond with the third month of the Sun's journey through a season, when one stage of growth is about to recede and give way to another.

Elements: Fire, Water, Air, and Earth

As with all astrology, the best part of learning the elements is that you can use what you already know to help you remember new concepts. Fire, for example, acts just as you'd expect it to: It is spontaneous, impulsive, immediate, and not containable. Think of how quickly a match leaps to life when you strike it. Fire signs correspond with the spirit and the spiritual aspect of life. They inspire action, attract attention, and love spontaneity. Earth, too, is just as you know it to be: it's solid, practical, supportive, and as reliable as the ground under our feet. The earth signs are our physical envoys and are concerned with our tangible needs, such as food, shelter, work, and other responsibilities. Air signs are all about the intellectual or mental side of life, and like air itself they are light, elusive, and uncontainable. They love conversation, communication, and mingling. Air signs are the social directors of the zodiac. The water signs correspond to the emotional side of our natures. They are changeable, subtle, and able to infiltrate much like water does. Water signs gauge moods, feel the ripples in a room when they enter, and operate on what is sensed from their environment.

Aries

♈ March 20–April 19   Planet: Mars
   Element: Fire   Quality: Cardinal

Mars ruled Aries is cardinal fire. Any planet in this sign becomes a bullet—red-hot, impulsive, and ready to go. Aries planets are not known for their patience. In fact, they hate waiting more than anything. There are no obstacles in the mind of an Aries planet. There's only where they are and where they want to be, and the shortest distance between those two points is a straight line. Aries planets prefer cutting to the chase over any other tactic. They boldly charge in where few would dare to go. They are brave, courageous, impetuous, and direct. Your Aries planet will always be exactly what it seems to be. This is the first sign, so Aries planets are often very good at initiating projects or starting things up. They aren't as eager to finish, though. That's more of a fixed quality, so projects often are left undone. Aries planets need a physical outlet for their considerable Mars-powered energy—otherwise their need for action can turn to stress. Exercise, hard work, and competition are excellent outlets for the active energy of Aries and Mars.

Taurus

♉ April 19–May 20 Planet: Venus
Element: Earth Quality: Fixed

As fast and impulsive as Aries is, Taurus, the fixed earth sign next door, loves to wait. Taurus has endless patience and turns any planet in this sign into a solid, thorough force to be reckoned with. Taurus planets never quit—even when they probably should. They're responsible, reliable, honest as they come, practical as the day is long, and not afraid of hard work. They are fixed, so their reputation for stubbornness isn't accidental. However, the opposite side of the coin of stubborn is "solid"—and that they are. Planets in Taurus are regular rocks, endowed with a "stick-to-itiveness" that other planets envy. Since Taurus is ruled by Venus, it's not surprising to find that these planets are sensual and luxury-loving, too. They love to be spoiled—whether with good food, fine wine, or a Renoir painting. Taurus planets need peace and quiet like no others do. They don't like their schedules to be disrupted, and they often need to be reminded that comfortable habits can become ruts.

Gemini

♊ May 20–June 20 Planet: Mercury
Element: Air Quality: Mutable

Mercury ruled Gemini is our communications specialist. If something involves talking, writing, gesturing, or working hand-to-eye, your Gemini planet will love it. Mercury also rules short trips, so any planet in Gemini is an expert at making their way around the neighborhood in record time. This, in fact, is the sign that's famous for its incredible lightness of being, the sign that loves variety and new experiences. Gemini is mutable air, which translates into changing your mind. So, expect your Gemini planet to be chatty, entertaining, and versatile. This sign knows a little bit about everything. Scattered? Maybe somewhat. But no sign enjoys "just a taste" more. Gemini planets are experts at duality, too. They display at least two distinct sides of their personalities at all times. They're changeable, even fickle, and wonderfully curious.

Cancer

♋ June 20–July 22   Planet: Moon
Element: Water   Quality: Cardinal

This Moon-ruled sign rules the home, family, motherhood, and children. It's also in charge of emotions, so expect any Cancer planet to operate "from its gut." Cancer specializes in instinct. It's cardinal water—good at emotional beginnings and keeping private. But the world is a scary place to Cancer planets—they're emotionally vulnerable, sensitive, and easily hurt. Cancer planets often long for their safe nests. Because they love with the energy of the Moon, Cancer planets say "I love you" by tending to your needs for food, warmth, or a place to sleep. They offer the very best hugs in the zodiac. The problem with Cancer planets is that they often become needy or unable to function unless they feel someone or something is dependent on them. They are moody, but it's their job to be—they're Moon-ruled.

Leo

♌ July 22–August 22   Planet: Sun
Element: Fire   Quality: Fixed

Sun ruled Leo rules over pride and the ego. Leo planets want to shine, and you can use them to perform if you own them. In fact, you should find a stage, take the center spot, and get used to it, because, like it or not, your Leo planets will attract attention even when they don't necessarily want it. After all, Leo is fixed fire. Fortunately, Leo planets are only too happy to reciprocate any attention they receive. They'll repay the adoration of their fans a thousand times over with lavish compliments, lovely gifts, and wonderful, creative outings designed especially to amaze and delight. Leo's specialties are entertaining, having fun, and making big entrances and exits. Planets in this sign love drama. Since the Sun is the center of the solar system, occasionally your Leo planet may forget others are out there or that not every action is planned with them in mind. In other words, they can be a bit too touchy and "high-maintenance" at times. Above all else, Leo planets cannot help but live to be loved and appreciated, and they'll gather up any attention that comes their way.

Virgo

♍ August 22–September 22   Planet: Mercury
Element: Earth   Quality: Mutable

This sign has had a bad rap for far too long. Virgo has been called picky and critical almost since the first astrologer, but here's where it ends. Although it's true that Virgo is an automatic fault-finder, Virgo is Mercury-ruled, like Gemini; and it is the sign with the keenest eye for details. When you're that good at particulars, it's natural to see tiny flaws in things. Your Virgo planet is a troubleshooter extraordinaire. It exercises discrimination because its job is to analyze and suggest remedies to problems. This sign is also wonderful at lists and schedules. More than anything, your Virgo planets will delight in helping, and since it's a mutable earth sign, this energy is willing to adapt to any task. Keep your Virgo planet happy by keeping it busy.

Libra

September 22–October 22   Planet: Venus
Element: Air   Quality: Cardinal

Libra is associated with balance and harmony, but your Libra planets won't necessarily arrive that way. It's Libra's job to restore balance, create harmony, and cooperate with all—not just the easy jobs. Both balance and harmony require an entity to give and take equally. Again, no easy task. Fortunately, your Libra planets are up for the job. No sign is more charming, social, and able to coax the same out of another. Libra is cardinal air, so it wants to start conversations. Libra planets are experts at behavior that's pleasing to others. They're Venus-ruled, so they specialize in manners, courtesy, and small talk. Libra planets fit into any social situation and get along with just about everyone. They don't want to be alone, and, because they're gifted with the ability to pacify, they may sell out their own needs or the truth to buy momentary peace and a companion. Their real work is to see both sides of a situation, weigh the options, and keep their inner balance by remaining honest.

Scorpio

October 22–November 21   Planet: Pluto
Element: Water   Quality: Fixed

Water signs are gifted by being able to sense. Cancer uses its instinct, and Pisces uses its intuition. However, Scorpio operates on its perceptive abilities. Planets in this sign are detectives, experts at the delicate art of strategy. Your Scorpio planets sift through every situation for subtle clues, which they analyze carefully to determine what's really going on. Because they're good at spotting clues, they're also gifted at sending equally subtle signals back into the environment, and at imperceptibly altering a situation by manipulating it with the right word or movement. Scorpio planets are constantly searching for intimacy. They want the real stuff from all encounters. No lighthearted Libra chit-chat—they want to bare their souls. They seek out intensity and crises. They can be relentless, obsessive, and jealous—remember that this is fixed water energy, so Scorpio feels things deeply and forever. Give your Scorpio planets what they crave: the opportunity to walk fire and to experience life-and-death situations. They're wells of limitless energy.

Sagittarius

♐ November 21–December 21   Planet: Jupiter
Element: Fire   Quality: Mutable

This third fire sign is ruled by Jupiter, the largest planet. It's mutable fire, so its enthusiasm can spread at times like a brush fire. Scattered? Well, maybe. This sign is out to experience everything life has to offer. Sagittarius planets tend to have terminal case of the grass-is-greener syndrome. They are adventurous, bored by routine, generous, and optimistic to a fault. They can also be excessive, tending to overdo and overindulge. These planets adore foreign places, foreign people, maps, and outdoor activities. They're not known for neatness or for accepting just a sliver of anything. They're only too happy to preach, advertise, philosophize, and learn by having the big picture explained. Sagittarian planets are also quite prophetic at times, since Jupiter is the planet that rules higher learning. They absolutely believe in the power of laughter and aren't above embarrassing themselves to make someone laugh.

Capricorn

♑ December 21–January 20   Planet: Saturn
Element: Earth   Quality: Cardinal

Your Capricorn planet wants to build things. Saturn rules Capricorn, so this energy seeks to erect structures or buildings, and to create careers or start up an organization. These planets know how to run things. They're authority figures constantly marching, shaking their fingers, and saying things like "Better not," "Shouldn't," and "Let's not rush into this." Capricorn has a need to exercise caution and discipline, to set down rules and live by them, to set boundaries, and to put plans in motion from within those limits. Contrary to popular opinion, they're not humorless. Capricorn is the sign with the driest wit out there. Here's where your sense of propriety and tradition will be strong, where doing things the old-fashioned way and paying respect to the elders will be the only way to go. Your Capricorn planets are also starved in some way. They want a return for the time they invest.

Aquarius

♒ January 20–February 18   Planet: Uranus
Element: Air   Quality: Fixed

This sign is ruled by Uranus, bringer of the unpredictable and head of the Department of One Never Knows. So as wild and crazy a planet as Uranus is, this sign, his envoy, is just about always ready to shock and amaze the masses and to rebel against whatever everyone else is doing. Planets in this sign are into their personal freedom. They insist on creating their own rules, fighting city hall whenever possible, and deliberately breaking tradition. They adore change, especially of the sudden kind. Abrupt reversals are their specialty, so others often perceive them as erratic, unstable, or unreliable energies. But as changeable as it seems to be, Aquarius is a fixed air sign. When it commits to a cause or to an intellectual ideal, it's really committed. Aquarian planets are often much better at friendship than love—they value like-minded folk and need to be with kindred spirits to recharge.

Pisces

♓ February 18–March 20   Planet: Neptune
♓ Element: Water   Quality: Mutable

Pour a glass of water onto a table, and you'll see how mutable water flows into every corner. With no walls to contain it, Pisces, like this water, bonds itself emotionally to whatever is exposed. This is the source of Pisces' well-deserved reputation for compassion. It is also the source of a tendency to escape reality. Planets in this sign are ultrasensitive, feeling anything and everything. They're psychic sponges that often need time alone to unload and reassemble themselves. Exposure to others, especially crowds, is exhausting to your Pisces planet. It's in this sign that you may find a tendency to take in stray people and animals, but also where you'll need to watch for the possibility of being victimized or taken advantage of in some way. Pisces planets are not known for their realistic view of the world—they see the best in any person or situation—but when reality steps in they sometimes can be disappointed. These planets are the romantics of the zodiac. Let them dream in healthy ways.

The Third Building Block: The Houses

Astrological houses are twelve pie-shaped wedges in a horoscope chart. They reflect the actual life circumstances we create and encounter as we pass through life. Think of the twelve houses as twelve rooms in a house where twelve different sides of our personalities live. There's a room where you keep the side of you that is reserved for work, room where you keep the shopper in you, and yet another room where you keep the romantic lover. The sign on the cusp of each house in your chart—that is, the sign that appears alongside the line that precedes a house—is like the door to that room. This sign influences your behavior when the appropriate life circumstances turn up. Because the sign on each house is determined by the time of day you were born, it's important to have an accurate birth time when having a chart erected.

Let's look at the side of you that resides in each of your twelve houses.

The First House and Your Rising Sign
The first house of a chart has the sign that was ascending over the horizon at the moment you were born on its cusp. This sign is known as the Rising Sign, or Ascendant. If you think of your chart as a big house and of the astrological houses as "rooms," then your first house is the front door of your big house. It is the first impression you make. The sign on this house cusp and the planets in this house describe your physical appearance—the way you dress and decorate yourself and the overall condition of your body and health. This house is purely superficial in many ways, since it's easy to change your appearance, but it's also a very important spot. As with all front doors, its condition can make or break the initial impression others have you. If this energy is uninviting or unfriendly in some way, no one will want to visit. In other words, it's important to keep your first house in good condition so that others will want to step inside and get to know you.

The Second House
This is the side of you that handles possessions—all that you hold dear. This could mean money, material objects, or qualities that you respect and admire in yourself and in others. This house also holds the side of you that takes care of what you've got. What you buy for yourself, the amount of money you earn, and what you're willing to do for it are a matter of self-worth, so this house also describes your self-esteem.

The Third House
This house corresponds with our neighborhoods. If you picture familiar places, you'll see the physical side of your third house. This energy operates like an automatic pilot, performing unconscious tasks. It also refers to childhood and school when you learned many of your automatic skills, and it shows your relationships with siblings, your communication styles, and your attitudes toward short trips.

The Fourth House
This spot at the very base of the chart shows your symbolic foundation—your childhood home, family, and parents. Here's where you find the side that decorates and maintains your nest and decides how much privacy you'll need. This house deals with matters of real estate. It has also been seen as describing the conditions at the end of life. Most importantly, this house holds the emotional warehouse of subconscious memories.

The Fifth House
Here's the side of you that comes out when there's fun to be had, when there's work's to be done, and when it's time to party and be entertained.

This is the charming, creative, delightful side of you, where your hobbies, interests, and playmates are found. If something gives you joy, it's contained here. Your fifth-house side is shining anytime you create something that allows you to see a bit of yourself in it—anything from your child's smile to a piece of art. This house also traditionally refers to speculation and gambling.

The Sixth House

This house describes the rhythm of your days and how you function. It's where you keep the side of you that decides how you like things to go along over the course of a day. Since it describes duties performed on a daily basis, it also refers to the nature of your work, your work environment, and how you take care of your health. Pets are also traditionally a sixth-house issue, since we tend to them daily and incorporate them into our routine.

The Seventh House

Although it's traditionally known as the house of marriage, partnerships, and open enemies, this house really holds the side of you that only comes out when you're in the company of one other person. This is the side of you that handles relating on a one-to-one basis. Whenever you use the word "my" to describe your relationship with another, it's this side of you that is talking.

The Eighth House

Here's the crisis expert in you that emerges when there's an emergency, or when it's time to handle extreme circumstances. This is the side of you that deals with agony and ecstasy, with sex, death, and all manner of mergings, financial and otherwise. The house also holds information on surgeries, psychotherapy, and the way you regenerate and rejuvenate after loss.

The Ninth House

This house holds the side that handles brand-new experiences requiring you to be completely aware and on your toes. Foreign places, long-distance travel, and legal matters are among the situations that call on this side of you. You use this part of yourself whenever you leave behind the automatic routine of the third-house world. Higher education, publishing, advertising, and opinion-forming are handled here, as are big-picture issues such as politics, religion, and philosophy.

The Tenth House

This highest spot in your chart—the symbolic "roof" of your house—describes public knowledge about you, your career, reputation, and social status. This is the side of you that takes time to learn and become accomplished. It describes the behavior you exhibit when you're in charge and the way you act with an authority figure. Most importantly, this house describes your vocation and your life's work—whatever you consider your "calling."

The Eleventh House
Who your friends and allies are makes a strong statement about how you see yourself. This house shows the type of organizations you're drawn to, the kind of folks you consider kindred spirits, and how you'll act in group situations. Here's the team player in you, and the side that decides which groups are your peers. It also shows the causes and social activities you hold near and dear.

The Twelfth House
This is the side of you that comes out when you're alone and in the mood to retreat or draw back. Here's where the secret side of you lives and where secret affairs and dealings take place. Here, too, is where matters like hospital stays are handled. Most importantly, though, this is the room where you keep all traits and behaviors that you were taught early on to stifle, avoid, or deny—especially in public. This side of you is very fond of fantasy, illusion, and playing pretend.

The Fourth Building Block: Aspects
As the planets move through the heavens, they form angles to one another. Planets in aspect have a 24-hour hotline. The particular angle that separates any two planets describes the nature of their conversation. For example, two planets that are 180 degrees apart are in opposition. Planets in this type of relationship are "hot-wired" to one another and connected in a very powerful way. Astrologers use nine angles most often, each producing a different type of relationship or conversation between the planets they join. Let's go over the meaning of each of the aspects.

The Conjunction: (0–8 degrees)
♂ When two planets are operating "in conjunction," it means they're operating together. Therefore, two (or more) planets conjoined are a team. They're fused together, so one or the other can't act alone. Some planets pair up more easily than others—Venus and the Moon, for example, since both are feminine and receptive; the Sun and Mars, each pretty feisty by nature. Planets in conjunction are usually sharing a "room" (a house) in your chart. They live together, so it's important to give them pursuits that will allow them to act together.

The Semisextile: (30 degrees)

☌ The semisextile connects two planets in such a way that they are having a quiet conversation of sorts. The strength of this aspect is not monumental, ordinarily. It seems to indicate that the two energies it links affect each other indirectly.

The Semisquare: (45 degrees)

∟ This aspect denotes a minor irritation somewhat like the 90-degree angle (square) but with less awareness or concern. Many astrologers use this in personal astrology, but it should be noted that it can play a major role in mundane work such as research.

The Sextile: (60 degrees)

✶ The sextile links planets in compatible elements. That is, planets in sextile are either in fire and air or earth and water signs, and since these pairs of elements get along so splendidly, so do two planets in this relationship. These planets are having an exciting conversation. The sextile encourages an active exchange between the two planets involved, so these "pieces of you" will be eager and anxious to work together.

The Square: (90 degrees)

□ Rub two sticks together at a right angle, and you're practicing the age-old technique of striking fire. The friction causes sparks and the sparks create flames. This is how squares work. Planets in this sign relationship are at cross-purposes. In essence, they're having a nonstop argument. Neither gives the other space to move, and there's constant friction between them. You can see square aspects operating in someone who's fidgety, nervous, or restless. Although they're uncomfortable, even aggravating at times, your square aspects point to places where tremendous growth is possible. They require constant action to burn up that energy.

The Trine: (120 degrees)

△ Trines are formed between planets of the same element, so they're kindred spirits. They understand each other without having to finish the sentence. They show an ease of communication not found in any of the other aspects, and they're traditionally thought to have a favorable relationship. Of course, as with all else, there is a downside to trines. Planets in this relationship are getting along so well, and feel so comfortable, they can get lazy and spoiled. Planets in trine show urges or needs that automatically support each other. The catch is that you've got to get them up off the couch to get them operating.

The Sesquiquadrate: (135 degrees)

This aspect is a combination of the square (90 degrees) and the semisquare (45 degrees) and denotes the area of the chart in which there is a conscious need to take action—a strong need to express oneself in activity and to make decisions.

The Quincunx: (150 degrees)

This aspect joins two signs that are completely different—they don't share a quality, element, or gender, and it's very difficult for them to communicate with each other. It's as if two strangers who speak different languages try to tell each other a story in a noisy room. For that reason, this aspect always insists on adjustment in the way the two planets are used. Planets in quincunx often feel pushed, forced, or obligated to perform. They also seem to correspond with health issues or disease.

The Opposition: (180 degrees)

When two forces are in opposition, they're working against each other, and that's the situation with planets in opposition to one another. They have the same mission, but their techniques are very different and neither is willing to concede. The only way to break their standoff is by becoming aware of one another and then compromising. This aspect is the least difficult of the traditionally known hard aspects because planets at odds with one another have a middle point to come to.

Transits

Transits are inarguably the favorite predicting tool for astrologers. They're easy to use, and they offer a lot of quick information and immediate astrological gratification. To use transits, you have to compare what's happening today to your own chart by penciling in the transiting planets on your natal chart and then looking at the houses and planets they affect. A good rule of thumb is that transiting planets represent incoming influences and events that your natal planet will be asked to handle. The nature of the transiting planets describes the types of situations that will arise, and the nature of your planet tells which piece of you you're working on at the moment. Transits are periods of change. Your natal planet will be very different after the transit has passed, especially if the transit was from an outer planet. Every transit you experience adds knowledge to your personality. That's why maturity and age naturally bring wisdom, and why it's true that life is the greatest teacher.

Sun
Sun transits point to the places in your chart where you'll want special attention and appreciation. Here's where you're the star of the show and where you want to shine. These often are times of public acclaim, when we're recognized and applauded for what we've done. Of course, the ultimate Sun transit is our birthday, the day when we should be treated like royalty.

Moon
When the Moon touches our chart, the subject is feelings. When she touches one of our planets, we react from an emotional point of view. Moon transits often point to changing moods, gut feelings, and passing highs and lows. Our instincts are sharp during Moon transits. We're more likely to sense what's going on around us than to consciously know.

Mercury
Mercury transits are usually busy periods. The subject is communication of all kinds. Conversation, letters, quick errands, and short trips take up our time now. Often, because of Mercury's love of duality, events arrive in twos—as if Hermes the trickster were having fun with us. We often have to do at least two things at once during Mercury transits.

Venus
Venus transits are times when the universe gives us a small token of warmth or affection, a symbolic peck on the cheek, or a well-deserved break. These are sociable, friendly periods when we mingle and are more interested in good food and cushy conditions than anything resembling work. During Venus transits others will give us gifts, and since the planet rules money we may receive financial rewards as well.

Mars
Mars transits are times when your energy level runs on high. At best, you're stronger, restless, and active, but at worst, you're angry, accident-prone, and violent—you angrily stomp around the office for no good reason. When Mars happens along, it's best to feed him by working or exercising hard to use up this considerable energy. These are super-times to initiate projects requiring a hard push of energy to begin.

Jupiter
Jupiter transits create times when you feel the urge to travel, take a class, or learn something new about something the house or planet Jupiter has rulership over. You ponder big questions and you grow—sometimes even physically. It's the time to take chances or risk a shot

at the title. During Jupiter transits you're a bit bolder and more likely to succeed. Be sure to take the opportunities that come up.

Saturn

When Saturn comes along, it's time to wake up and see things as they truly are. This is often not the best thing for us, but opportunities for reward do occur. Saturn transits test the house or planet he touches to see if the structure will hold up. If we pass, we receive a symbolic "certificate" and sometimes a real one, such as a diploma. Firming up our lives is Saturn's mission. These are great times to tap into Saturn's will power and self-discipline to help us quit harmful activities. They are not good times to begin new ventures, however.

Uranus

What's the last thing in the world you'd ever expect to happen right now? This is exactly what you can expect under a Uranus transit. This planet revels in sudden and last-minute changes in plan, complete reversals, and shock effect. The subject is 100 percent freedom, so if you're feeling at all stuck in your present circumstances when a Uranus transit happens along, don't worry—you won't be stuck for long. "Temporary people" often enter your life at these times, folks whose only purpose is to jolt you out of your present circumstances by providing exactly what you were sorely missing. That done, they disappear and leave you in a shambles. Enjoy these visitors and allow them to break you out of your rut—just don't get comfortable.

Neptune

Neptune transits are times when the universe asks that you dream and nothing more. Your sensitivity heightens so much that harsh sounds can actually make you wince. Your compassion deepens and you often have truly psychic moments. Neptune transits inspire divine discontent. You sigh, feel nostalgic, and are unable to see things clearly. At the end of the transit, everything about you is different and the reality you were living at the beginning of the transit is eroded right from under your feet.

Pluto

During a Pluto transit, expect to deal with obsession, regeneration, and inevitable change. Whatever has gone past the point of no return will pass from our lives now. Like Saturn transits, these are not wonderful times, but they are times when we learn just how strong we are and we are forced to see our true selves. Power struggles often accompany Pluto's visits, but being empowered is the end result of a positive Pluto transit. The secret is to let go, accept the losses or changes, and make plans for the future.

Retrogrades of Mercury and Other Planets

Retrograde literally means "backward," though none of the planets throw their engines in reverse and move backward. Rather, all of the planets except for the Sun and Moon appear periodically to move backward from the perspective of the Earth. What's happening is that we're moving either faster or slower than the planet that's retrograde, and since we have to look over our shoulder to see it, we think they are moving backward.

Mercury Retrograde: A Communication Breakdown

The way retrograde movement seems to affect our affairs is a bit involved. Every three months, Mercury goes through a retrograde period of three weeks. When this happens, it means the head of the Communications Department isn't paying close attention to where he's going because he's watching where he came from. Mercury doesn't tend to details as carefully as usual. And because Mercury correlates with Hermes, the original trickster, some of these errors can be very cleverly disguised

All types of communications become confused, delayed, or misunderstood during Mercury retrograde. Letters are lost, sent to Auckland instead of Oakland, or stuffed under the car seat for three weeks. We sign a contract or agreement and find out later that our information was incorrect, or what we signed was misleading in some way. We try repeatedly to reach someone via telephone but can never catch them, or our communications devices themselves break down or garble information in some way. The written word falls victim to Mercury's retrograde via constant errors. Our timing is off and short trips become difficult. We forget directions at home or write them incorrectly. We're late for or completely forget about our appointments.

So, is there a constructive use to this time period? Aren't all planetary energies good for something? Astrologer Erin Sullivan has noted that the ratio of time Mercury spends moving retrograde to direct, or forward, corresponds with the amount of time humans spend awake and asleep—about a third of the time. So this period can be a time to take stock of what's happened and to assimilate our experiences just as we do when we sleep. New plans don't go forward well during Mercury retrograde because we're not supposed to be moving forward, just reviewing the past in preparation for our next stage of activity. A good rule of thumb with Mercury retrograde is to try to undertake activities that have "re" attached to the beginning of a word: reschedule, repair, return, rewrite, redecorate, restore, replace, renew, renovate.

Retrogrades of Other Planets

The retrogrades of other planets seem to work the same way. With Venus retrograde, relationships and money matters are delayed or muddled. With Mars, aggressors or initiators of battle are defeated, and new activities are confused or end up at cross-purposes to original intentions.

The Influence of the Moon

As the Moon goes along her way, she magically appears and disappears, waxing to full from the barest sliver of a crescent just after she's new, then waning back to her invisible new phase again. The four quarters—the New Moon, second quarter, Full Moon, and fourth quarter—correspond to the growth cycle of living things.

The First Quarter/New Moon

This phase begins when the Moon and Sun are together in the sky or conjunct one another. At the beginning of the phase, the Moon is invisible, hidden by the brightness of the Sun as they travel the sky together. The Moon is often said to be in her "dark phase" when she is new, as the Moon pulls farther away from the Sun and begins to wax or grow toward the second quarter stage, a delicate silver crescent will appear. The first quarter corresponds with all new beginnings; this is the time to begin a project.

The Second Quarter

The second quarter begins when the Moon has moved 90 degrees away from the Sun. At this point, the waxing Moon rises at about noon and sets at about midnight. She can be seen in the western sky during the early evening hours as she grows from a crescent to her full beauty. This period corresponds with the development of life, and with projects that are coming close to fruition.

The Third Quarter/Full Moon

This phase begins with the Full Moon, when the Sun and Moon are opposite to one another in the sky—literally in opposition—and the Moon is reflecting all of the Sun's light. She is perfectly round at this point and well able to light the night—so well, in fact, that she casts Moon-shadows. It's now that she can be seen rising in the east at sunset, a bit later each night as this phase progresses. This is a time that corresponds with the culmination of plans, with maturity and completion. As she begins now to wane—or decrease—our plans come to bear, and we see the concrete results of the actions we initiated with the New Moon.

The Fourth Quarter

This phase occurs when the Moon has moved 90 degrees past the full phase. At this time, she decreases in light and rises at midnight. She can be seen in the eastern sky during the late evening hours and doesn't reach her highest point in the sky until early in the morning. This period in her journey corresponds with "disintegration," or a symbolic drawing back to reflect on accomplishments. It's now time to reorganize, clear the boards, and plan for the next New Moon stage.

The Moon through the Signs

Planets relate to urges or needs we have as a result of living inside human bodies. The signs say how we'll do things; they're a costume that shows the style of behavior a planet will display as it goes about its business. Since the Moon changes signs once every two-and-a-half days or so, she changes her symbolic "costume" more often than even the fastest of planets, Mercury.

Since the Moon rules the emotional tone of the day, it's good to know what type of mood she's in at any moment. The following thumbnail sketches should help you navigate through every day by cooperating with the Moon.

Moon in Aries

☽♈ Here's the Moon at her fiery best, strutting around in red, feeling bold and energetic. You won't need to check your calendar to know when the Moon is here, because for two days everyone is feisty and argumentative. Nobody will let you step on their blue suede shoes, and even the meek will take a stand in their own defense. Since Aries is the first sign and a natural starting point for projects, it's also a wonderful time to channel all that "me-first" energy to initiate change and make new beginnings. Just watch out for a tendency to be too impulsive and stress oriented.

Moon in Taurus

☽♉ The Moon in Taurus is dressed in her earthy finery of rich greens and browns. This Moon-ruled sign is the Lady at her most solid and sensual, feeling secure and well rooted in her sister Venus' sign. There's no need to hurry or change anything. You'll feel that all is quite well in your world when the Moon is in this sign, and there's no need to rock the boat. You'd rather sit still, have a wonderful dinner, and listen to good music. You're into appreciating the beauty of this Earth-planet—a truly Venusian activity—and into watching a sunset, viewing some good art, and taking care of money and other resources.

Moon in Gemini

☽♊ Gemini Moons are active. This is a mutable air sign, so it likes to move quickly, and when the Moon is here we all tend to rush. The Moon's costume is now a coat of many colors and variety becomes the spice of life. Since Gemini is ruled by Mercury, we're suddenly in the mood for conversation, puzzles, and word games. We want at least two of everything, and we're more restless than usual. Now is a great time for letter-writing, phone calls, or short trips. We'll find the shortcuts, but we should watch for a tendency to become a bit scattered under this fun, fickle Moon.

Moon in Cancer

☽ ♋ Here's the Moon at her most emotional and nurturing. The Moon rules Cancer, so when she's here, she's at home, lounging casually in her sea-greens and blues. Concerns turn to home, family, children, and our mothers, as we become more likely to express our emotion, or to be sympathetic and understanding to others. Now, too, is when we often find ourselves in the mood to take care of someone, to cook for or cuddle our dear ones. During the Moon's transit through this highly emotional sign, feelings run high, so it's important to watch out for becoming oversensitive, dependent, or needy. In all, now is a great time to putter around the house, have family over, and tend to domestic concerns.

Moon in Leo

☽ ♌ When the Moon is in Leo, it's time for drama. This sign is known for its big theatrical entrances, its love of display, and its need for attention. Leo is ruled by the Sun, the center of the universe, so when the Moon is in this sign, we're all feeling a need to be recognized and appreciated. After all, this is the Moon in royal robes, and someone ought to stop, bow, and ask which country she's queen of. Of course, this excitement and emotion can turn to histrionics or melodrama, so it's best not to overreact or overprimp during this period. It's a great time to take in a show (or star in one), be romantic, or express your feelings for someone in royal, regal style.

Moon in Virgo

☽ ♍ Here's the Moon at her most discriminating. Wearing an efficient, tailored outfit that's specially designed for work, she's ready to take care of whatever needs taking care of. This is the most detail oriented sign out there, the sign most concerned with fixing and tending to. This Moon sign puts us in the mood to clean, scour, sort, and troubleshoot. Virgo is the most helpful of all the signs, ready to take up a tool and offer her assistance. Now is when we're more health conscious, work-oriented, and duty bound, too, so this is a great period to pay attention to our diet, our hygiene, and our daily schedules.

Moon in Libra

☽ ♎ Libra is the second Venus-ruled sign, and the Moon is at her most other-oriented here. She's dressed in the pastels Venus loves, and in the mood for attraction. Relationships and partnerships are important now. Since Libra's job is to restore balance, however, you may find yourself emotionally imbalanced and requiring a delicate tip of the scales to set yourself right. Fortunately, you are capable of doing just that. This is also a friendly Moon-time, when others are cooperative and ready to compromise. After all, Libra loves people. You will also be prompted by Libra Moons to make your surroundings beautiful or to take yourself to places of great beauty. Now is a great time to decorate, shop for the home, or visit places of elegant beauty.

Moon in Scorpio

Scorpio is a fixed, feminine water sign coruled by Mars and Pluto, so this Moon doesn't mess around. She's dressed up in formal black, looking so good she knows we can't take our eyes off her. Scorpio is the most intense of signs, so when the Moon is here, she feels everything to the absolute nth degree. Needless to say, we do, too. Passion, joy, jealousy, betrayal, love, and desire—they take center stage in our lives, and all our emotions deepen to the point of obsession. Be careful of a tendency to become secretive, suspicious, or to brood over an offense that was not intended. It's a great time to play detective and do research, or to allow ourselves to become intimate with someone.

Moon in Sagittarius

Here's the Moon at her most optimistic and non-judgmental. Sagittarius is ruled by benevolent Jupiter, so it's time to shrug things off and laugh. Of course, Jupiter's also the planet of long-distance travel and educating the higher mind, so it's a great time to take off for a two-day adventure or to take a seminar on a new topic—say, philosophy or religion. Expect your intuitive abilities to run on high now, too—this is the sign with the gift of prophecy. Sagittarius loves to collect knowledge, experiences, and wisdom, so when the Moon's in this sign she's dressed for adventure with a backpack and world atlas. Spend time outdoors, be spontaneous, and laugh much too loudly when the Moon is here. Enjoy life, but watch for a tendency toward excess.

Moon in Capricorn

Here's the Moon at her most organized and businesslike, wearing her best three-piece suit. Capricorn Moons bring out the dutiful, cautious, and pessimistic side in us, so for the time we suddenly prefer work over play. Our career goals become all-important now, and the right thing to do becomes the only thing to do. No sign is more concerned with conforming to set rules, touching the bases, and following orders. Now is the time to tend to the family business, to act responsibly, and to organize any part of our lives that's become scattered or disrupted. Now, too, is the time to set down rules and guidelines, to sit patiently and listen. Be careful of acting in too businesslike a way, at the expense of the emotions.

Moon in Aquarius

☽ ♒ The Moon in Aquarius brings out the rebel in us, for better or worse. Dressed in something outrageous, eccentric, and electric blue, this Moon is ready to break free from the past. Now is when we escape our ruts and make sure everyone sees us for the unique individuals we are. It's a time of extreme and sudden actions—when we surprise even ourselves at what we say and when we're prone to complete reversals at the last minute. This sign is ruled by Uranus, so personal freedom and individuality are more important than anything. Our schedules are topsy-turvy, and our causes urgent, but watch for a tendency to become fanatical or break tradition just for the sake of breaking it.

Moon in Pisces

☽ ♓ This sign belongs to the planet Neptune, the ruler of altered states of reality. When the Moon slips into this sign, we crave something to help us escape from reality—sleep, meditation, prayer, drugs, or alcohol. Pisces Moon dresses in her most ethereal flowing pink gown, picks up her pink smoke machine and sparkling bucket of pink dust, and sets out to woo us and convince us everything's all right. Now is when we're most susceptible to emotional assaults of any kind, when we're feeling vague, dreamy, wistful, and impressionable. Now, too, is when we're at our most spiritual and when we're more compassionate and intuitive. Now is a good time to attend a spiritual group or religious gathering.

The Void-of-Course Moon

The Moon makes a loop around the Earth every twenty-eight days, moving through each of the signs in two-and-a-half days or so. As she passes through the thirty degrees of each sign, she "visits" with the planets in numerical order by forming angles or aspects with them. Because she moves one degree in just two to two-and-a-half hours, her influence on each planet lasts only a few hours, then she moves along. As she approaches the late degrees of the sign she's passing through, she eventually reaches the planet that's in the highest degree of any sign, and forms what will be her final aspect before leaving her own sign. From this point until she actually enters the new sign, she is referred to as void-of-course, or v/c.

Think of it this way: the Moon is the emotional "tone" of the day, carrying feelings with her particular to the sign she's wearing at the moment. She rules instinct, that way of knowing without really knowing. After she has contacted each of the planets, she symbolically rests before changing her costume, so her instinct is temporarily on hold. It's during this time that many people feel fuzzy, vague, or even scattered. Plans or decisions we make now will usually not pan out. Without the instinctual "knowing" the Moon provides as she touches each planet, we tend to be unrealistic or exercise poor judgment. The traditional description of the void-of-course Moon is that "nothing will come of this." And it is true that actions initiated under a void-of-

2004 Eclipse Dates

Dates are given in parentheses for eclipses that fall across two days due to time zone differences. The eclipse time generally differs from the exact time of a New or Full Moon. For solar eclipses, "greatest eclipse" represents the time (converted from Local Mean Time) of the Moon's maximum obscuration of the Sun as viewed from the Earth. For lunar eclipses, "middle of eclipse" represents the time at which the Moon rests at the centermost point of its journey through the shadow cast by the Earth passing between it and the Sun. Data is from *Astronomical Phenomena for the Year 2004*, prepared by the United States Naval Observatory and Her Majesty's Nautical Almanac Office (United Kingdom).

April 19

Partial solar eclipse at 9:35 am: 29° ♈ 49'

Eclipse begins	7:30 am	50° E	70° S
Greatest eclipse	9:35 am	44° W	62° S
Eclipse ends	11:39 am	31° W	20° S

May 4

Total lunar eclipse at 4:31 pm: 14° ♏ 42'

Moon leaves penumbra	1:51 pm	76° W	16° S
Middle of eclipse	4:31 pm		
Moon leaves penumbra	7:10 pm	27° W	17° S

October 13

Partial solar eclipse at 11:00 pm: 21° ♎ 06'

Eclipse begins	8:55 pm	94° W	68° N
Greatest eclipse	11:00 pm	153° E	61° N
Eclipse ends	1:04 am (Oct. 14)	171° E	14° N

October 27

Total lunar eclipse at 11:05 pm: 5° ♉ 02'

Moon leaves penumbra	8:06 pm	23° E	13° N
Middle of eclipse	11:05 pm		
Moon leaves penumbra	2:03 am (Oct. 28)	76° E	14° N

2004 Astronomical Phenomena

The planets below are referenced to the constellations (astronomical or sidereal zodiac placements), not to the zodiac signs (tropical zodiac). Information on Uranus and Neptune assumes the use of a telescope.

Resource: Astronomical Phenomena for the Year 2004, prepared by the U.S. Naval Observatory and the Royal Greenwich Observatory.

MERCURY can only be seen low in the east before sunrise, or low in the west after sunset (about the time of beginning or end of civil twilight). It is visible in the mornings between the following approximate dates: January 2 to February 21, April 26 to June 11, September 1 to September 25, and December 16 to December 31. The planet is brighter at the end of each period, (the best conditions in northern latitudes occur from mid-September and in late December and in southern latitudes from late mid-May). It is visible in the evenings between the following approximate dates: March 14 to April 9, June 26 to August 17, and October 20 to December 4. The planet is brighter at the beginning of each period, (the best conditions in northern latitudes occur in late March and in southern latitudes from mid-July to early August).

VENUS is a brilliant object in the morning sky from the beginning of the year until early June, when it becomes too close to the Sun for observation. In mid-June it reappears in the morning sky where it stays until the end of the year. Venus is in conjunction with Saturn on September 1, with Jupiter on November 4, with Mars on December 5, and with Mercury on December 29. Venus transits the Sun's disk on June 8 from 5h 14 m to 11h 26 m; the event is visible from Alaska, Australasia except New Zealand, Asia, Indian Ocean, Africa, Europe, Greenland, South America except the southern part, and North America except the western part.

MARS can only be seen in the evening sky for the first seven months of the year, as it moves through Pisces, Aries, Taurus (passing 7°N of Alderbaran on April 7), Gemini (passing 6° S of Pollux on June 140, Cancer and into Leo in late July. It soon become too close to the Sun for observation until late October when it reappears in the morning sky in virgo. It passes 3°N of Spica on October 31, moves into Libra in late November, and into Scorpious at the end of December. Mars is in conjunction with Saturn on May 24, with Mercury on July 10 and August 17, and with Venus on December 5.

JUPITER can be seen in January and February for more than half the night in Leo. Its westward elongation gradually increases until it is at opposition on March 4, when it can be seen throughout the night. Its eastward elongation then decreases until by early June it can be seen only in the evening sky. In early September it becomes too close to the Sun for observation until early October when it reappears in the morning sky in virgo in which constellation it remains for the rest of the year. Jupiter is in conjunction with Venus on November 4.

SATURN is in Gemini throughout the year. It can be seen for more than half the night until early April after which it can be seen only in the evening sky. In the second half of June it becomes too close to the Sun for observation, reappearing in the morning sky in late July. It passes 7°S of Pollux on September 12, and from late October can be seen for more than half the night. Saturn is in conjunction with Mars on May 24 and with Venus on September 1.

URANUS is visible in January in the evening sky in Aquarius and remains in this constellation throughout the year. From the beginning of February it becomes too close to the Sun for observation and reappears in mid-March in the morning sky. It is at opposition on August 27 and in December it can be seen only in the evening sky.

NEPTUNE is visible for the first half of January in the evening sky in Capricornus and remains in this constellation throughout the year. It then becomes too close to the Sun for observation until late February when it reappears in the morning sky. It is at opposition on August 6 and from early November can be seen only in the evening sky.

Do not not confuse (1) Mars with Saturn from mid-May to early June when Saturn is the brighter object, and with Mercury during the second week of July when Mercury is the brighter object, or (2) Venus with Saturn from late August to early September, with Jupiter in early November, with Mars in late November to mid-December and with Mercury in late December; on all occasions Venus is the brighter object.

Visibility of Planets in the Morning and Evening Twilight

	Morning	*Evening*
Venus	June 15–December 31	January 1–June 2
Mars	October 30–December 31	January 1–July 31
Jupiter	January 1–March 4	March 4–September 8
	October 5–December 31	
Saturn	July 27–December 31	January 1–June 20

Time Zone Conversions

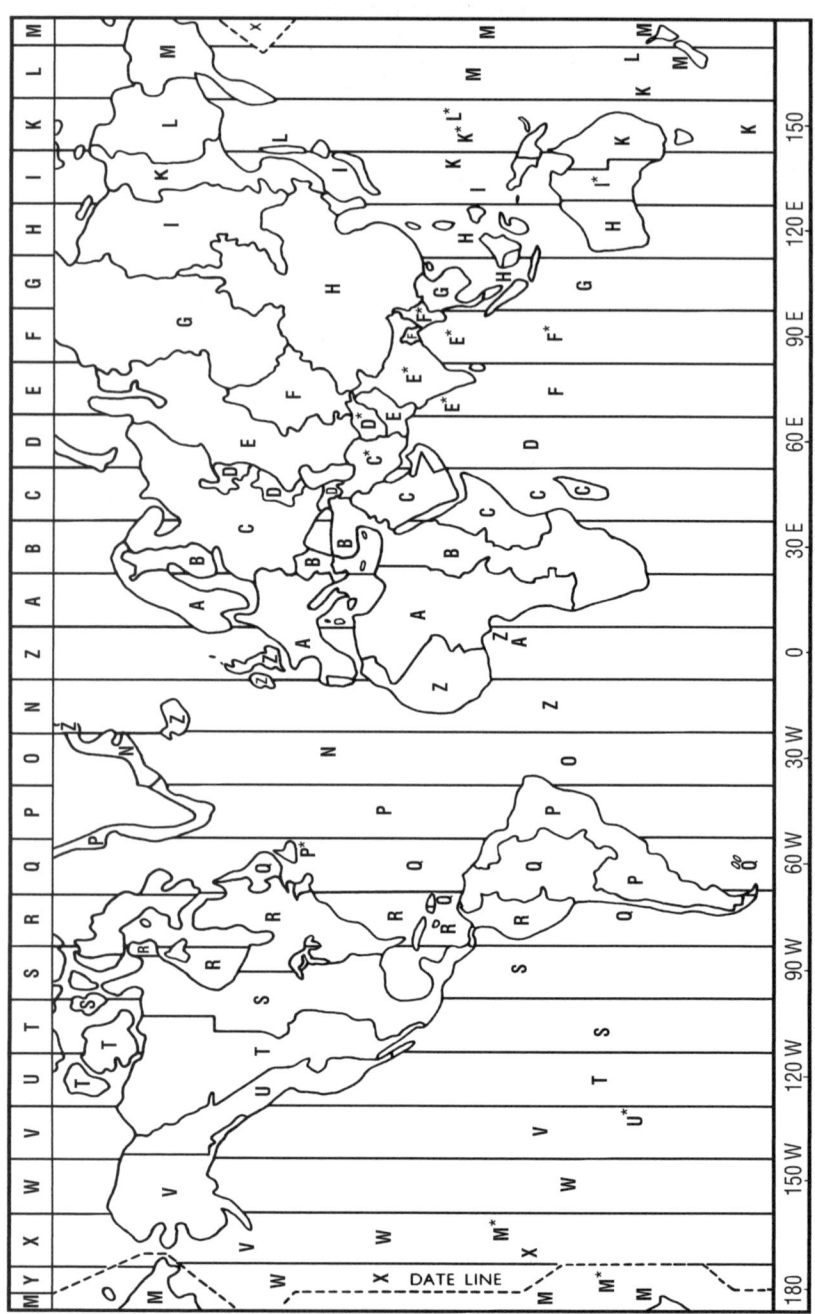

World Time Zones
Compared to Eastern Standard Time

( )	From Map	(E)	Add 10 hours
(S)	Subtract 1 hour	(F)	Add 11 hours
(R)	EST (Used in Guide)	(G)	Add 12 hours
(Q)	Add 1 hour	(H)	Add 13 hours
(P)	Add 2 hours	(I)	Add 14 hours
(O)	Add 3 hours	(K)	Add 15 hours
(N)	Add 4 hours	(L)	Add 16 hours
(Z)	Add 5 hours	(M)	Add 17 hours
(T)	MST/Subtract 2 hours	(C*)	Add 8.5 hours
(U)	PST/Subtract 3 hours	(D*)	Add 9.5 hours
(V)	Subtract 4 hours	(E*)	Add 10.5 hours
(W)	Subtract 5 hours	(F*)	Add 11.5 hours
(X)	Subtract 6 hours	(I*)	Add 14.5 hours
(Y)	Subtract 7 hours	(K*)	Add 15.5 hours
(A)	Add 6 hours	(L*)	Add 16.5 hours
(B)	Add 7 hours	(M*)	Add 18 hours
(C)	Add 8 hours	(P*)	Add 2.5 hours
(D)	Add 9 hours	(V*)	Subtract 4.5 hours

Eastern Standard Time = Universal Time (Greenwich Mean Time) + Value from Table.

2004 Planetary Stations

Planet	Begin	EST	PST	End	EST	PST
Saturn	10/25/03	7:42 pm	4:42 pm	03/07/04	11:51 am	8:51 am
Ceres	11/23/03	9:32 pm	6:32 pm	02/25/04	1:38 pm	10:38 am
Mercury	12/17/03	11:02 am	8:02 am	01/06/04	8:44 am	5:44 am
Jupiter	01/03/04	6:57 pm	3:57 pm	05/04/04	11:06 pm	8:06 pm
Pluto	03/24/04	10:09 am	7:09 am	08/30/04	3:38 pm	12:38 pm
Mercury	04/06/04	4:28 pm	1:28 pm	04/30/04	9:05 am	6:05 am
Chiron	05/01/04		10:12 pm	09/26/04	1:20 pm	10:20 am
	05/02/04	1:12 am				
Juno	05/16/04		11:49 pm	09/01/04	11:45 am	8:45 am
	05/17/04	2:49 am				
Neptune	05/17/04	8:13 am	5:13 am	10/24/04	7:56 am	4:56 am
Venus	05/17/04	6:29 pm	3:29 pm	06/29/04	7:16 pm	4:16 pm
Uranus	06/10/04	11:47 am	8:47 am	11/11/04	2:12 pm	11:12 am
Vesta	07/27/04	10:45 pm	7:45 pm	10/27/04		10:50 pm
				10/28/04	1:50 am	
Mercury	08/09/04	8:32 pm	5:32 pm	09/02/04	9:09 am	6:09 am
Saturn	11/07/04		10:54 pm	03/21/05	9:54 pm	6:54 pm
	11/08/04	1:54 am				
Mercury	11/30/04	7:17 am	4:17 am	12/19/04		10:28 pm
				12/20/04	1:28 am	

2004 Weekly Forecasts

by Kim Rogers-Gallagher

January 1–4

Happy 2004, everyone! Thanks to the determined influence of Mars and Saturn, linking self-discipline and initiative in an energetic square on New Year's Day, all your resolutions can get off to a solid start. Then, on January 3, Jupiter stations to turn retrograde in diligent Virgo. This puts the king of the gods in an equally resolute frame of mind, giving you even more cosmic inspiration to stay on the straight and narrow. Spend some time alone in quiet meditation, decide what you want to accomplish, and rest assured that this is the year to do it. Whether you're quitting, cutting back, or putting yourself on a budget, you're just about guaranteed success—but no one says it's going to be easy.

January 5–11

Mars is the ancient god of war, so it's a given that his cosmic namesake is quite the feisty planet—especially when he's in Aries, his own assertive sign. On Monday, however, Mars' famous temper cools considerably, thanks to a meeting with soft, spiritual Neptune. So, don't be surprised if you're suddenly in the mood to champion a cause that's near and dear to your heart. Pay careful attention to whoever or whatever the universe tosses your way this week, especially on Tuesday, when loving Venus in unpredictable Aquarius meets up with magnetic Pluto just as Mercury in Sagittarius turns direct after three weeks in reverse. Sagittarius planets are known for their humor, philosophical attitude, and genuine warmth that extends to friends, family, and strangers alike. So when Mercury—the planet of communication, movement, and transportation—is in this sign, it's easy to see how things like mail, telephone messages, and driving directions might get a bit confused. But the end result of the confusion could turn out to be something wonderful. You might meet someone new under seemingly accidental circumstances—someone you might never have run into if you'd been where you were supposed to be. That goes double for Friday, when outgoing, optimistic Jupiter connects with the Sun. Expect a busy, social weekend, but try not to party too hardy.

January 12–18

Your week gets off to a hard-working start, thanks to the Moon in Virgo. That diligent tone continues straight through Saturday, so if you've got chores to finish or projects to tend, this is definitely the time. Paperwork can be handled with efficiency and objectivity after Wednesday, when Mercury marches off into sturdy Capricorn. This stern cerebral influence keeps your thoughts and actions on the straight and narrow for the next three weeks—but that doesn't mean there won't be time for romance. Venus moves into soft, sensitive Pisces on Wednesday. She'll inspire you to do a bit of reminiscing, and you may find that you're especially nostalgic for the next few weeks. Still, you should try not to procrastinate, even if it's a painful emotional issue you're dealing with. Whether you're settling a dispute, preparing to end a relationship that's no longer healthy, or just going through old possessions you've been keeping for strictly sentimental reasons, allow yourself to feel it all. But do put the matter to an end. By the time the weekend rolls around, under the care of a lighthearted, optimistic, Sagittarius Moon, you'll be ready to put the past firmly behind you and have some fun!

January 19–25

The Moon sets off for responsible Capricorn Monday morning, just in time to get you back to work after a fun-filled weekend. Tend to business, and keep in mind that authority figures could be watching you carefully, possibly because you're up for a promotion, raise, or award. On Tuesday, the Sun dashes into rebellious Aquarius, making freedom, independence, and fighting for a cause your priorities next month. You'll be well equipped to handle any challenge this impetuous energy ushers into your life that day, courtesy of a cooperative meeting between energetic Mars and fixed, focused Pluto. Expect your partner to be especially amorous this week, too. This pair has been known to be in the neighborhood when passionate embraces occur. The New Moon Wednesday afternoon also activates Aquarius, giving you an urge to make big changes—and to make them immediately. Relationship issues could be the reason for those changes, too. Thoughtful Mercury and reliable, permanence-loving Saturn get into an opposition late that same night, insisting that you say any necessary good byes, bring closure to unhappy emotional situations, and only make promises you're sure you can keep. Rest assured, however, that by Friday evening, when an intuitive, understanding Pisces Moon arrives, you'll feel better—and very sure you've done the right thing.

January 26–February 1

On Tuesday, Mercury in objective Capricorn falls into a testy opposition with softhearted, motherly Ceres in Cancer. You may need to spend at least a part of this week taking care of your dear ones, especially if they're having trouble with authority figures, teachers, or elderly relatives. Lend a hand, but don't get too involved. Remember that you can only do so much for anyone. The rest is up to them. Thursday will be a busy day, and probably a romantic or excessive one, too, when Venus, cosmic keeper of the purse strings, connects with extravagant Jupiter, the kind of guy who never did know when to quit. Since the Moon in pleasure-loving Taurus hosts their meeting, it's easy to see that creature comforts, relationships, and beautiful surroundings will be extremely important to us all. Make sure you take the time to spoil your dear one—and yourself—a little. Tender words, sensual experiences, and soft music will be on the menu for the weekend, thanks to a lovely Mercury-Venus sextile, due in early Saturday morning. Use this compassionate, intuitive pair to make amends with a dear one on Sunday. They'll both touch base with Chiron, the comet who's known to be a great healer. Intense, insistent Pluto adds his energies to the mix to make sure you get to the heart of the matter, and that you leave no stone unturned en route.

February 2–8

February is off to a solid start, thanks to fiery, assertive Mars, who takes off for stubborn Taurus on Tuesday. This planet-sign combination doesn't take "No" for an answer, so expect one and all to be quite firm, even inflexible, in confrontations. Mars in Taurus becomes even more determined when challenges arise. The late, great race car driver, Dale Earnhardt (also known as the Intimidator) was the proud owner of Mars in Taurus. He is famous for literally pushing others out of his way. If you know you can't win, don't even start. If you're sure you're right, however, go for it, with both barrels blasting. Find a positive outlet for all this fixed, focused energy, though. Tackle a tough physical task, or make your exercise program more rigorous. Friday's Full Moon in Leo means it's time to allow your creative, playful side to emerge. Be sure to do something you love that day. A hobby or leisure-time activity could soon become a part-time source of income. Mercury will enter Aquarius that evening, joining hands with an impulsive Mars-Uranus sextile to make changes invigorating, exciting, and easy to pull off. Lovely Venus takes off for Aries on Sunday, asking that you approach anyone you're attracted to with a very bold attitude. Why argue with her? Who could ever resist an aggressive, charming lady in red?

February 9–15

Monday's astrological agenda calls for a testy square between movement-loving Mercury and resolute Mars in Taurus. This could mean there will be roadblocks, travel difficulties, or delays in reaching others, but try not to become too frustrated, and be careful driving. Intense emotions are due Tuesday, when the Sun in Aquarius crosses paths with magnetic, relentless Pluto. Use the passion these two inspire to do your shopping for Valentine's Day. Be sure to choose a card or gift that aptly shows how much—and how deeply—you care. On Friday, a fiery, generous Sagittarius Moon arrives in time for cupid's appearance on Saturday. Plan something special and just a bit lavish, like an impromptu trip to the country with your Valentine. Rest assured that you won't get too out of hand in the department of food and drink. Mercury and Saturn form a sextile that night, ready to help you say "No" when you've had enough. This pair is also perfect for making tough decisions, firming up commitments, and making plans for the future. Saturday morning could be a bit tricky, romantically speaking, but if you stay calm and don't obsess on insignificant details, you'll do just fine. In fact, your week comes to a peaceful, loving end on Sunday, courtesy of a thoughtful, considerate meeting of Mercury and Neptune.

February 16–22

Emotions might be running on high this week, so be especially sensitive to the needs of others. The Sun starts this tender show on Wednesday when he slips quietly into Pisces, reminding us that we're not in this alone. Pisces energies allow us to blend, to become one with everyone and everything around us. In fact, this sign loves nothing more than dissolving boundaries. That trend continues on Thursday, when Venus, the goddess of love, tiptoes into the arms of Neptune, the purveyor of romance, illusion, and spiritual connections. Group activities of the devotional kind are favored this week, so be sure to take time for prayer, meditation, or just mingling with kindred spirits. By the time Friday's New Moon, also in Pisces, is exact, your antennae will be turned up on high. Pay attention to the whispers of your subconscious, and record your dreams as soon as you wake up. Expect your weekend plans to need a last-minute adjustment due to the collision of the Sun and unpredictable Uranus. Don't be too upset, though. Be flexible and let the universe handle the details. You never know where you may end up, but it's definitely going to be exciting.

February 23–29

Last week's tender emotions linger well into this week, as even more Pisces/Neptunian energies set up shop. Mercury, the great communicator, enters Pisces early Wednesday morning, hosted by the Moon in sensual Taurus. The Sun in Pisces connects with experience-loving Saturn on Wednesday, too, a subtle cosmic hint that it's time to pay attention to the wisdom and experience of elders—older family members in particular. Luck will be in the air on Thursday morning, when impulsive Mars forms an easy trine with generous, benevolent Jupiter. If you're feeling personally lucky, invest in a lottery ticket, or take a chance on the church raffle. You can't win if you don't play. With Mercury set to bump into surprising Uranus that night, you're already set up for news you weren't expecting. Of course, this pair could be arranging a romantic revelation—especially since affectionate Venus will also connect with sexy Pluto that day. If you've got a business decision to make, Saturday evening's steady-handed Mercury-Saturn trine is the perfect time to do it. This serious pair guarantees that you'll take all the facts into consideration before you utter a single word. Plan to have that heart-to-heart chat at the kitchen table after dinner.

March 1–7

The Sun and Mercury, both wearing their psychic Pisces costumes, will touch base with the asteroid Juno on Tuesday. This meeting of astrological minds will unite sincere communication with the urge to make—and keep—a promise to a partner. If you've got something to ask someone, then, you couldn't pick a better time to do it. If you're the recipient of a suggestion or proposal, you'll answer honestly from your heart. On Wednesday, chatty Mercury, risk-loving Jupiter and the Sun combine astrological forces to arrange a very special long-distance call—one you may have been waiting for. Don't hesitate to make that call yourself, by the way. If there's someone out there you haven't seen in far too long, don't let another night pass without saying what you need to. This is a great time to reconnect. The goddess of love ambles off into sensual Taurus, one of her very favorite signs, on Friday, setting you up for a month of tender touches and hedonistic urges. Don't deprive yourself. If there's something you really want, go after it. The weekend will be more geared toward work than play, but you probably won't mind. The Full Moon in industrious Virgo will be exact Saturday evening, joining with Venus in earthy, practical Taurus and strict Saturn's direct station to put you in the mood to take care of business—and to do everything right the first time.

March 8–14

A partner-loving Libra Moon will get your week off to a cooperative, peaceful start, urging you to share every experience with just one particular person. Whether that happens to be a lover, a best friend, or a family member doesn't matter. Just be sure to open up your heart—and your life—to someone who obviously adores you. Better rest up while you can, too. By Friday, when active Mercury storms off into red-hot

Aries, you'll need all the energy you can muster. After all, Mercury is the fastest moving of the planets. But in impatient Aries, his need to act quickly is doubled. Resolve to go with your gut on all decisions, and don't waste time. Remember that more is lost by indecision than by action. You'll be ready to party, socialize, and mingle with a varied cast of characters this weekend, as per the instructions of the Moon in Sagittarius, who'll play hostess. Just don't get carried away. Too much to eat or drink, overspending, or going overboard with regard to a relationship issue are the surest ways to bring along a case of the guilts—and who needs that? Be frugal.

March 15–21

It's time to celebrate spring, season of birth and renewal, officially marked by the Sun's passage into Aries Friday evening. In the meantime, prepare for this astrological fresh start. Clean and organize your home, bring financial matters to a close, and clear the way for new experiences, which could well include a new relationship. As if all this initiator energy isn't enough to get you going in a new direction, the New Moon Saturday will also be in Aries, and it's going to occur just an hour before Mars, Aries' ruling planet, sets off for fleet-footed Gemini. This fiery team of red-hot astrological energy is primed and ready to help you make new beginnings in all departments. Expect the pace of life—in particular, the pace of communications and short trips—to speed up. That means quick lunches, constant phone conversations, and lots of e-mail and letters from folks you may not have heard from in quite some time. Enjoy this buffet of activity. Chat, be spontaneous, and dare to start over again. All the cosmic lights are green.

March 22–28

An earthy, practical Taurus Moon will hold court from Monday evening through Thursday afternoon, making this the perfect week to plant seeds of new beginnings. Your investigative skills will be honed to a keen edge on Wednesday, when thoughtful, cerebral Mercury in fast-moving Aries connects with Pluto. This combination creates an energy that's equal parts detective, analyst, and assassin. So, if you have "a feeling,"—listen, no matter what it's in regard to. You could find out the whole truth as soon as Friday, when the Sun in red-hot Aries forms an action-oriented square with honest Saturn. Chatty Mercury will square off with Chiron that evening, creating the potential for unintentionally hurtful words. Lean toward Saturn and be factual rather than emotional. Then get ready for an unpredictable, exciting—but possibly stressful—weekend. Impulsive Mars will square off with erratic Uranus on Sunday afternoon, wreaking havoc on all your best-laid plans. If your sweetheart has to reschedule or even cancel, don't overreact; and don't drive if you're angry or upset.

March 29–April 4

Venus and Chiron will from a trine on Monday, the stuff that healing words, soothing embraces, and loving messages are made of. Whether you need to offer consolation, accept an apology, or let someone know you're there for them, do it now. You'll gain their love and appreciation—and a good, healthy dose of self-respect, too. Mercury will beat a path into Taurus on Wednesday, insisting that you only speak the truth—or else. But with the emotional Moon in Leo, the sign that loves entertaining, you'll probably be too busy to get involved in anything outside of your preparations for company this weekend. Add in Venus' entry into chatty, friendly Gemini on Saturday, and it's a given that whether you're the host or the guest, you'll definitely have an exciting, talkative, fun, and easy weekend. If you're single, don't you dare stay home. If you're attached, make plans to hibernate with your sweetie on Sunday. The Sun will connect with dreamy Neptune, creating the perfect astrological atmosphere for love, romance, and making plans to help your dreams come true. With tomorrow's Full Moon in Libra already taking effect, your primary partnership may take up most of your attention—for the most delightful reasons. Enjoy!

April 5–11

A Full Moon early Monday morning will illuminate Libra, the sign of relationships, making it extremely important that you devote time to your primary partner. This bright light will work together with a stimulating square between assertive Mars and expansive Jupiter to give you a burst of cosmic energy primed and ready to help you finish up a tough project. Speaking of intense energy, Tuesday's Scorpio Moon will play host to Mercury's retrograde station in sensual, quality-conscious Taurus, urging you to decide what's most important in your life, and take steps to bring that about—right now. You'll have three weeks, in fact, to do your homework behind the scenes. Just be sure you're done by the 30th, when Mercury will turn direct. Your final answer will be due then. In the meantime, don't be surprised if you decide to end or start something abruptly, especially with regard to love or money. On Friday Venus will square off with startling Uranus, the astrological technology behind radical change. Sunday's cooperative meeting of the Sun and Pluto provides the perfect time to assimilate, adjust, and finalize any leftover details.

April 12–18

Mercury will storm the borders of Aries on Monday evening, inspiring one and all to say exactly what's on our minds—immediately, if not sooner. This sign change could also put people in the mood to drive recklessly, too. So, whether you're behind the wheel or a passenger, be safe. On Tuesday night, an easy, mellow meeting of Mars and Neptune smoothes any turbulent emotional waters, ensuring that even if you pushed the envelope too far, you can make amends, forgive, and forget. Forgetting will be easy this week. On Wednesday morning, affectionate Venus forms an energetic square with excessive Jupiter. You'll wake up in the mood for love. In fact, your worst problem may be deciding which wonderful offer to accept for the weekend. You may also have a tendency to splurge—spending, eating, or indulging your taste for the good things in life. In the meantime you'll also be quite lucky. Act on your impulses, and trust they'll bring you good fortune in every category. Friday's Sun-Mercury conjunction in Aries inspires you to act on every impulse. While this could mean you're in the right place at the right time and ready to take action, it may also put you in the mood to leap before you look. Be sure you have calculated any risks first.

April 19–25

New Moons are the best time to begin new plans of action—in all departments. That goes double for New Moons in Aries, the astrological sign of spring. So on Monday, when the New Moon in Aries turns into a high-energy solar eclipse, you'll have even more cosmic inspiration to be spontaneous, impulsive, and assertive. No matter what changes you decide to make at this time, it's a given you'll initiate them—in rapid-fire, reckless, me-first fashion. No matter what you opt for, don't let old, useless feelings—especially guilt—hold you back. Put the past behind you. Wednesday's meeting of nostalgic Neptune and tender Venus may bring along a bit of doubt or vague regret, but if you tap into the positive side of this planetary pair—psychic awareness of the deepest kind—you'll quietly gain the strength you need to continue along your new path. In other words, allow yourself to experience every feeling to the utmost. Dig deep, spend time alone, and think. This doesn't mean you won't still feel a bit torn when the weekend's tense Mars-Pluto opposition arrives, only that you'll be able to handle any repercussions from those mixed emotions—and from outside sources—without remorse. By Sunday afternoon, a quartet of cosmic energies will combine talents to help you grasp, once and for all, the intense intellectual, spiritual, and emotional reasons behind why you were moved to do what you did.

April 26–May 2
The best of both worlds is about to become available to us all this week. On Wednesday, an exact sextile between the Sun and Saturn, the two planets in charge of authority figures, personal responsibility, and leadership, will have a stabilizing effect. Later that same day, the Sun will team up with outgoing, optimistic Jupiter, the planet that most loves taking chances. You'll feel this wonderful blend of energies beginning to build on Monday, however—and that's just the beginning. By Saturday, these two powerful ancient titans will come together in an exact sextile, a stimulating aspect that excites the planets it links. Now, when Saturn and Jupiter—planets that are extremely opposite in nature—are in a cooperative frame of mind, it's easy to make timely, accurate, and reliable decisions. Basically, this combination promises that you'll intuitively know how much you can risk safely. Remember that timing is everything, and "lucky breaks" aren't really luck. They're built of equal parts Saturn and Jupiter. In short, you may be at the right place at the right time, but you'll receive nothing you haven't already worked hard for. This fortunate pair will hang together closely throughout the remainder of the week, hosting movement-loving Mercury's about-face. After three weeks in reverse, this chatty, sociable planet will turn direct, allowing you to finally make contact with folks you've been "just missing"—and giving you the green light to make decisions you've been hesitant about. A relationship matter may be among the issues you'll be dealing with as the weekend progresses, thanks to a no-nonsense opposition between Venus, goddess of love, and Pluto, king of intensity. Money and joint finances may also demand your attention. Go for it. It's time to make a stand on your own behalf.

May 3–9
As you bask under the light of Tuesday's Full Moon, keep in mind that it's a supercharged lunation you'll be gazing at. A lunar eclipse is set to charge up the Taurus-Scorpio axis in no small way on Tuesday afternoon. Thanks to this meeting of the Sun in Taurus and the Moon in Scorpio, sensuality and sexuality will be the order of the day—and, in fact, the week. Don't be surprised if you come face to face with someone who reminds you of what it's like to be happily attached to someone you adore. In addition, money matters will likely arise. You may need to either start or put an end to a financial partnership. But thanks to cerebral Mercury's meeting with deep, penetrating Pluto, the cosmic detective, you'll know exactly what to do in both categories. Add in Jupiter's rock-solid station that same day, putting him in the mood to fold his arms, stand his ground, and help you make your point, and there's abso-

lutely no doubt that whatever you're aiming for can't help but come about in a timely, fortunate manner. Wednesday's agenda calls for a soft, subtle, and maybe confusing Sun-Neptune square that could make it difficult to deal with reality. If that's the case, take some time alone to think things through, and above all else, trust your gut. Mars will take off for softhearted Cancer on Friday, a sign that turns this passionate planet's attention toward family, home, and children. For the next six weeks, your dear ones will take up a lot of your time and energy, but the results will undoubtedly make you feel proud, and bring you even closer to those you love.

May 10–16

After last week's excitement, wouldn't it be wonderful to relax, sit back, and take it easy? Well, that's exactly what the universe has in mind—with one minor exception. The asteroid Juno, that was named after powerful Jupiter's endlessly faithful wife, will be intimately involved in this week's astrological menu. In short, all one-to-one relationships will be on our minds this week—but it may not seem that way, at least not at first. An Aquarius Moon will start the week off with a strong dose of detachment, objectivity, and willingness to observe before we act. Venus in airy Gemini will get together with cerebral Mercury, the great communicator, on Monday evening, urging you to make emotional decisions with your mind—which might, at first, sound a bit tricky. Your best bet is to let go of old worries and talk about whatever is on your mind. By Wednesday, when the Moon meets up with Juno, who'll be standing quite still in dutiful Capricorn, you'll be prepared to make commitments that are permanent—even if that means saying goodbye to someone. The Sun will connect with Juno on Saturday, and with both cosmic bodies in sturdy earth signs, that urge to make promises will be even more evident. Fortunately, conversational Mercury will shift gears that same evening, from impulsive Aries to steady Taurus, an astrological guarantee that whatever someone says they'll do is exactly what you can expect. The Moon will also enter Taurus on Sunday, urging you to stay in, get comfy, snuggle up, and shuffle around the house.

May 17–23

This week will be devoted to relationships—and quite possibly, they'll be old relationships. Affectionate Venus, sensitive Neptune, and partner-loving Juno will all station to turn retrograde on Monday, turning the attention of three loving planets to someone from the past. Whether it's a dear friend, an ex-lover, or spouse who reappears, be patient, observant, and attentive to details. Keep in mind, too, that if it didn't work once, it might not work twice—unless you've got brand-new solutions to the old problems that split you up in the first place. Still, with action-oriented Mars and unpredictable Uranus set to meet up in an easy trine on Monday, you'll be primed and ready to change direction suddenly. Then, there's a New Moon on Tuesday, the perfect astrological signpost for new starts. In short, if you really think you can work things out, don't be afraid to give it a shot. On Thursday, the Sun will dash off into fleet-footed Gemini, the sign that most loves variety. Don't give yourself a chance to be bored. This guy will be around for the next month, demanding that you work recreation, change, and diversity into your life. The weekend looks to be lively, eventful in a spontaneous way, and extremely unpredictable. Don't hang on too tight to what you thought you'd be doing. The universe may have other plans.

May 24–30
On Monday, sedate, respectful Saturn will join Mars—the patron planet of warriors—to make sure that we're all conscious of exactly what this day is really all about. These two planets, in combination, are famous for their connection to uniforms, enforcement, and bravery. So, please take a moment to honor the brave men and women who have fought for our country. That won't be a difficult task to accomplish, since thoughtful Mercury will form an inspirational sextile to both planets early Tuesday morning. In fact, this alliance will make honoring patriotism seem easy, and renew our respect for families and long-term friends. A diligent Virgo Moon will keep you busy from Wednesday through Friday, and help you to stay on track, despite the best efforts of three very active, change-loving planetary meetings. Thursday's Sun-Uranus square is the stuff that sudden turnabouts are made of. All changes will come about automatically, right through the weekend. In fact, the suddenness of what you do and how you do it may take you by surprise. Thoughtful Mercury connects with dreamy, psychic Neptune late Thursday night to subtly inspire one and all to make our most dearly cherished dreams into realities. By Sunday night, when the Sun and Jupiter also form a square, big dreams, and even bigger goals for the future, will be on all our minds. No matter what you've been wishing for, stop wishing. Make a plan, and get busy.

May 31–June 6
June's arrival coincides with a merry Sagittarius Full Moon, a lunation that's bound to ignite your curiosity, wanderlust, and interest in meeting new and exotic people. From Monday through Wednesday evening,

when this meeting of the Sun and Moon is exact, you'll feel the energy building around and inside you—but take care to use it productively. With Venus in astrological fighting stance with Pluto, it may be all too easy to fall prey to jealousy, resentment, and mistrust based on what could simply be your own fears from prior experiences. If that's the case, try to take some time alone to think things over before you accuse a dear one. On the other hand, information might also surface that raises doubts about the loyalty and fidelity of your current partner. It'll be up to you to decide which situation is really the case. Fortunately, on Saturday, Mercury arrives at the door of clear-minded Gemini, a sign that helps the messenger to function efficiently, and the Sun will team up in an emotionally tranquil trine with telepathic Neptune. Basically, whatever tension is left over from the week will be nothing more than a distant memory by Sunday. Kick back, relax, and give yourself some time to unwind.

June 7–13

A mixed bag of energies awaits you this week. A varied gathering of astrological characters on Monday and Tuesday should be peaceful, thanks to a soothing Sun-Venus conjunction, urging you to get close to your dear ones and tell someone how very much you care. But on Tuesday evening, when movement-oriented Mercury squares off with shocking Uranus, you'll need to be quite cautious driving and even more careful selecting your words. Explain what you really mean, especially in conversations with romantic partners. That goes double for Thursday, when expansive Jupiter also connects with Mercury. It's the stuff verbal exaggeration is made of. Remember that embellishing a story may make it more interesting and amusing, but it may also cause others not to trust your words in the future. Any tension that Friday's Sun-Pluto opposition causes will be easily put to rest over the weekend, thanks to loving Venus, understanding Neptune, and thoughtful Mercury, all of whom will work together to inspire apologies to be offered—and accepted. Regardless of which side of the coin you're experiencing, swallow your pride and let bygones be bygones.

June 14–20

Pallas Athena, the wise, objective daughter of mighty Jupiter, enters family-oriented Cancer on Monday. This goddess was famous for endowing her favorite heroes with insight, patience, and bravery. In Cancer, then, she'll be a great help for you if family members need you to defend, protect, or advise them. That need may arise as soon as Tuesday, when cerebral Mercury connects with Pluto, the stuff that power struggles are made of. The New Moon in Gemini on Thursday heightens your instincts, as will Friday's meeting of the Sun and Mercury. It's going to be easy to overdo just about everything—including spending, indulgence in rich food or intoxicating beverages, and going overboard to prove your love. If you feel a binge coming on, ask a frugal, sober friend for help. Both Mercury and the Sun Cancer enter on the weekend, once again bringing close encounters with family members with whom you share your home, and female friends. Give what you can. It's time to nurture, care for, and cuddle those you love.

June 21–27

If you've been thinking about making a change, but you haven't been sure about how to get the show on the road, rest assured that a plan will be in place by Tuesday. Thanks to a meeting of Mercury and Uranus, two planets never known for taking their time, you'll probably put your plans into action quickly—and that's exactly what's called for now. These two also provide flashes of insight, so keep a pen and paper with you to jot down the ideas and revelations they inspire. And speaking of rapid-fire activity, fiery Mars enters dramatic, theatrical Leo on Wednesday. For the next two months, you'll all be a bit more prone toward lavish gestures of affection, grand entrances and exits, and maybe temper tantrums, too. Expect to hear from at least one someone you haven't spoken with or seen in far too long as soon as Friday, and to have a serious heart-to-heart with that same person—and just about everyone else you encounter—over the weekend. Sunday's Sun-Uranus trine will help you adjust to the new path you've chosen, but be on guard for an acquaintance to possibly be a bit less than delighted with you as a result. Ah, well. Sometimes we've all got to ignore the wishes of others and do what our hearts tell us is right.

June 28–July 4

As the Fourth of July holiday approaches, you'll be busy making plans to unwind over the coming weekend with family and friends. A merry, fun-loving Sagittarius Moon will be only too happy to help with those arrangements, and don't be surprised to hear some very happy news. You may be making an announcement of your own, as soon as Tuesday, in fact, when loving Venus stations to turn direct. After several weeks of subtly encouraging you to review past relationships, her about-face may well be the push you need to move on, once and for all. In short, you may finally be ready to let go of any doubts you've had about ending it with a certain someone—and even readier to commit yourself to someone you've recently begun seeing. Mercury connects with Chiron, the Great Healer, on Thursday, too, even more cosmic assistance toward putting your fears to rest. These two are famous for being in the neighborhood when soothing words tumble from between our lips. Take advantage of this team to have that emotional conversation you may have been putting off. Friday's Full Moon in Capricorn prods you into finishing up work-related projects before you even think about enjoying the weekend's festivities, so don't be afraid to work a few hours overtime if you have to. Being able to indulge without guilt about what's been left undone definitely makes it worth the effort. Just in time to make the Fourth a truly exciting event, Mercury follows fiery Mars into Leo. Talk about fireworks! Enjoy!

July 5–11

If you don't have the day off on Monday to recuperate from the weekend's excitement, and probably overindulgence, you'll wish you did. The Sun and Jupiter—the king of excess, extravagance, and optimism—get together Monday afternoon, urging you to keep the party going for one more day. It's good to let go and be hedonistic every now and then, but don't go too overboard, or you may find yourself paying for it. A conjunction between the Sun and Saturn is on deck for Thursday, and you'll be feeling it as soon as Tuesday. You won't need an authority figure to remind you of what you should have done—but that doesn't mean someone won't. Better get it together and get back to work in earnest—okay, by Wednesday—at the very latest! You won't want to waste the upcoming weekend, just to play catch-up with your responsibilities. A luxury-loving Taurus Moon will host Saturday's exuberant meeting of Mercury and Mars in playful Leo. When these two are together in this impetuous, larger-than-life sign, it's a guarantee you won't be bored. Tired, maybe—but definitely not bored. Snuggle up with your sweetie on Sunday, when Mercury and Venus get into a lovely sextile.

July 12–18

Your workweek could be a bit tricky, thanks to a series of planetary oppositions that contribute to disagreements, arguments, and the absolute necessity of compromise. A confusing opposition between thoughtful Mercury and vague, dreamy Neptune on Tuesday could find you worried, and wondering if someone is undermining you from behind the scenes. Wednesday's intense Moon-Pluto opposition could bring more of the same, along with an emotional dilemma that at first may seem impossible to solve. And on Thursday, when the Sun faces off with Chiron, you could feel wounded by someone you love—perhaps because you've overreacted to an unintended slight. Talk to a trusted friend, and don't jump to conclusions. A bit of leftover doubt may continue to nag at you on Friday. But thanks to the intervention of loving Venus, determined Mars, and intuitive Neptune, you'll have all the cosmic help you need to put it to rest—for good. No matter what you've been through earlier in the week, a New Moon in sensitive Cancer combines forces with a perceptive Mercury-Pluto trine on Saturday to help you assimilate it all both emotionally and intellectually. Take a deep breath, close your eyes, and resolve to let it all go.

July 19–25

Last week's tension, disputes, and emotional quandaries are a thing of the past when you wake up Monday morning—but you'll have another challenge (albeit a far more pleasant one) to deal with. Early Tuesday morning, Venus, the queen of creature comforts, falls into excessive Jupiter's arms, all the reason anyone ever needed to push the envelope when it comes to hedonism, indulgence, and anything remotely resembling self-restraint. Of course, this doesn't have to be a bad thing. After all, going overboard in the romance department isn't an unpleasant experience, and, with two planets in lavish Leo, that may be exactly what the universe has in mind for the remainder of the week, as well. The Sun follows this fun-loving pair into Leo on Thursday, just a few hours before his partner, the Moon, enters relationship-oriented Libra. In short, if you're attached, this is the perfect time to focus entirely on one another. If you're not, then it's high time you got out there and did some mingling. Whatever your emotional attachments, they're going to be especially profound—and time-consuming—this weekend. A sexy, passionate Scorpio Moon hosts an equally intense and amorous collaboration of red-hot Mars, affectionate Venus, and seductive Pluto, the planet that "owns" Scorpio. Each and every feeling you experience feels quite consuming, so don't expect to give anything less than your all—or nothing—in every encounter.

July 26–August 1

The intensity and passion of last weekend follows you into the beginning of this week, making Monday what looks to be a very "interesting" day. If you grin and bear it, and try to stay out of emotional cul-de-sacs that really don't concern you, you'll do just fine, however. By dinnertime Monday, the Moon enters lighthearted Sagittarius, ready, willing, and able to help you forgive, forget, and have some fun with carefree, jovial companions—and you've certainly earned it! Besides, you won't be as likely to overindulge under this Sagittarius Moon as you might ordinarily be. Mercury's recent change, from Leo to diligent Virgo, will keep your thoughts steady, responsible, and practical. That same serious, thoughtful tone helps out considerably when impulsive Mars meets up with Venus in Gemini on Tuesday, a pair that were never famous for being able to sit still—or tolerate boredom. Keep in mind that although variety is inarguably the spice of life, you can enjoy those experiences even more with one quality partner. August will come to an end on a rather surprising and unpredictable note, thanks to a bright, exciting Full Moon in Aquarius on Saturday, and the spontaneity of Sunday's Mercury-Uranus meeting. Your plans for the weekend will almost certainly need to be changed, but don't fight it. When the universe wreaks havoc on even our most carefully laid plans, the result is often exhilarating and exciting—and frequently our first steps on a whole new path.

August 2–8

The unpredictability you experienced over the past few days lingers in the air well through this week, but it's going to be softened substantially by the Moon in Pisces, who'll tiptoe silently through the heavens until the wee hours of Wednesday morning. At that point, an Aries Moon storms in and you'll have an instant-replay of last weekend's excitement. This same emotionally impulsive, fiery lady creates a backdrop that's equally impetuous until Friday morning. On Thursday evening, however, the Sun and Neptune may bring up some doubts or fears from the past, possibly making you feel vaguely uncomfortable about trusting someone. If that's the case, trust your intuition, and don't make any major moves just yet. All kinds of decisions may need to be postponed this week, and over the next three weeks, as well. Mercury, the ruler of communications, short trips, electric and electronic devices, and paperwork, will be slowing to a stop as the weekend approaches, preparing to officially come to a halt next Monday evening. No matter what you're thinking about affixing your name to, don't be in a hurry, and don't allow yourself to be forced into it. These next three weeks are tailor-made for investigating the outcome of those decisions—not rushing into them without all the pertinent information you need.

August 9–15

Venus has only just arrived into sensitive, romantic Cancer, putting the goddess of love in the mood to tend to your darlings. Mercury turns retrograde on Monday morning, a cosmic red-flag sent to warn you about making any commitments you're not absolutely sure about—especially on paper. Resolve to wait the next three weeks out patiently, and hone your trouble-shooting abilities. When Mercury is retrograde, it's easy for delays to come up while traveling, so be sure not to misplace directions, and don't be too impatient if you can't reach someone for a while. If appliances or autos break down and demand to be repaired, tend to them now—but don't hesitate to bring them back if the job isn't done right the first time. On Tuesday, Mars arrives at the door of meticulous Virgo, a great, burst of energy aimed at helping you to see the tiniest of errors or imperfections that could eventually lead to a big problem in the future. In short, it's time to pay attention to every detail. The latter part of the week will go along smoothly, however, thanks to several lovely trines, Sunday's New Moon in playful Leo, and an affectionate meeting of chatty Mercury and loving Venus. Have some fun—and don't forget to turn your eyes to the heavens for the annual Perseids meteor shower!

August 16–22

Last weekend probably wasn't even remotely boring, folks—and it's easy to see that on Monday, we may all be quite exhausted from it. In fact, with last Sunday's energetic New Moon in Leo still turning up the thermostat on romance, this week's stabilizing, lucky sextile between Jupiter and Saturn will undoubtedly be just what the doctor ordered. On Tuesday morning, these two planetary giants get together for the second time this year to once again blend optimism and caution, helping you to achieve the best results in every situation. Their helpful influence remains in effect for virtually the rest of this month, continuing well into September—a timely blessing that helps to counter a week that may be problematic. On Wednesday, Mercury, Mars, and Uranus form an extremely volatile opposition. These three are famous for being present when the unexpected arrives, so you'll need to be very, very cautious while traveling, and take care not to put yourself in potentially dangerous situations. On the other hand, if you've been feeling stuck in a rut—well, let's just say you won't be willing to put up with all that much longer. By the weekend, things should quiet down considerably, thanks to an emotionally powerful Scorpio Moon and the Sun's transit into peaceful, hard-working Virgo. Settle down at home and give yourself a much-needed break in the action.

August 23–29

The coming week may bring along a bit of déjà-vu, much like the early part of last week. An equally impetuous cast of planetary characters will be on duty, conspiring to create last-minute change, sudden news, and the urge to break free of any and all restrictions—regardless of the consequences. As thoughtful Mercury slows down toward his direct station on September 2, you may feel that it's next to impossible to achieve your goals—probably due to the surprising circumstances mentioned above. The weekend in particular looks to be extremely tricky. In fact, don't bother to make plans. You'll only need to change them, thanks to an opposition between the Sun and Uranus on Friday, and Sunday's high-energy Full Moon in ultrasensitive Pisces. Do not—I repeat, do not—make emotional decisions now. In fact, your best bet—and the safest and most sensible course of action—might very well be to take a day or two away from anyone who's irritating or provoking you.

August 30–September 5

Yesterday's Full Moon is still shining brightly, and still giving us all a great big boost of energy. As if that's not enough to keep you wide-eyed and extremely peppy, powerful Pluto stops still in his tracks on Monday afternoon, ready to resume forward motion after half a year retrograde. Suddenly, each and every encounter will carry deep, meaningful implications—and that goes for the entire week. Tuesday's serious Venus-Saturn conjunction will link the queen of love, harmony, and beauty with the most responsible planet in the heavens. Now, Saturn doesn't play games, so when he and lovely Venus are arm in arm, she's after commitment—and nothing less. So if you're seeing someone and you have the feeling that he or she isn't interested in a long-term kind of thing, be ready to cut your losses and move along. Just be sure you're not too harsh on anyone you love. By Thursday morning, when Venus leaves Saturn behind to form a fun, stimulating sextile with Jupiter, you'll be back in the mood to take a chance—so be sure you don't have to make apologies first. A Taurus Moon keeps you company for the rest of the week, urging you to indulge in everything you enjoy, from chocolate, to pillows, to an evening in private with someone you find delectable. Just be sure to get your fill—of everything. By Sunday morning, when a fleet-footed Gemini Moon enters with a list of to-dos, you'll keep busy straight through Tuesday.

September 6–12

Happy Labor Day, everyone! If you've got Monday off, you'll be happy to hear that Venus will enter Leo that afternoon. Now, she's the kind of lady who just loves the best things in life—both giving and receiving them. When she's wearing Leo, nothing is too rich, too lavish, or too exorbitant. Needless to say, if you're at a party, you'll definitely overindulge. If you're in love, you'll want to hire someone to sky-write it—after you're done overtipping the waiter to bring a rose over to the table, hidden beneath a crisp white napkin. Expect to feel good over the next few days, especially since a cozy, snuggly Cancer Moon is in the neighborhood, urging you to smile sweetly, cooperate, and confide in your dear ones. On Thursday, Mercury enters Virgo, one of his most favorite signs, and your eye for details gets a helpful boost. You won't want to waste your time—or your breath—on anything that's not absolutely necessary. You may be especially direct when you make that proclamation, right through the weekend, in fact. Mars in equally precise Virgo forms an agitating square with no-nonsense Pluto Thursday night. It's the stuff that blunt, sometimes hurtful actions and comments are made of—not to mention emotional explosions. On Saturday, the Sun steps in and takes over where Mercury left off, edging into an equally volatile, irritating square with Pluto. In short, you may be quite unwilling to compromise for a while, so don't even try. Wait until Sunday afternoon to have any difficult conversation, when the emotional Moon in humble Virgo will be more than happy to help.

September 13–19

Your week is off to a wild and wonderful start, thanks to an opposition between fast-moving Mercury and high voltage Uranus, due in early Monday morning. Coupled with Tuesday's New Moon in Virgo, you'll be interested in making changes—big ones—and suddenly, too. Wednesday's Sun-Mars collision brings together the two hottest planets in the heavens, linking pride, energy, and assertion. This meeting of the cosmic minds keeps electricity coursing through the sky straight through Friday. At that point—yes, finally—the heavens settle down, thanks to a meeting of solid Saturn and the Sun in earthy Virgo. If you've got promises to keep, now is the time to get busy and finish things up. You'll have some extra energy to help you accomplish your goals, too, thanks to fiery Mars, who'll replace the Sun in that same solid sextile with Saturn on Saturday. Don't think for one second that things will be cut-and-dried over the weekend, however. Lovely Venus meets dreamy Neptune on Saturday afternoon, adding a dash of pink magic to each and every encounter. Just be sure you're seeing others clearly before you agree to anything. When Venus and Neptune get together, it's entirely possible that we'll meet the love of our lives—but it's also possible to be snowed by someone who's only playing the part.

September 20–26

Ah, yes. We can all breathe a bit easier now. The astrological roller coaster we've all been riding the past few weeks is taking a temporary stop. An optimistic Sagittarius Moon starts the week off on a happy note, so by the time the Sun meets up with Jupiter on Tuesday evening, you'll be primed and ready for fun. Just don't let your ego run away with you. This is a great time to strut your stuff, but remember that with both the Sun and Jupiter in humble Virgo, modesty is definitely the virtue of the hour. On Wednesday the Sun starts off a four-planet parade through loving, sociable Libra, and suddenly relationships—romantic, platonic, and family—are at the very top of all our lists. You'll notice that trend especially over the coming week, as the planets make their way into this smiling, cooperative sign. When Jupiter arrives on Friday night, you single folks have a veritable buffet of admirers to choose from—and the fun is set to last for a full, happy year. Things may turn quite passionate, too. Mars storms into Libra on Sunday morning—and bumps right into Jupiter later that day. It'll be all too easy to act impulsive over the weekend—and well through next week, too. Try to remember to count to ten before you attempt anything your instinct—or your dear one—tells you is really quite reckless.

September 27–October 3

Mercury's journey through Libra begins on Tuesday morning, bringing the total number of planets in this famously partner-oriented sign up to four. With almost half of the planets occupying this polite, mannerly, diplomatic slice of sky, it's a given that one-to-one relationships will be at the top of all our lists for the second week in a row. It sounds like a pleasant, cooperative time is about to be had by all, doesn't it? That may well be—but let's not underestimate the influence of the Moon, especially since she's due to be full on Tuesday morning, all done up in assertive, me-first Aries. Regardless of that smiling group in Libra, it's best to keep in mind that when the Aries-Libra opposition is stimulated, we all need to deal with some equally opposite feelings. Basically, the challenge of the week is likely to be Me vs. We—and things could get interesting as soon as Tuesday evening, when Mercury and Jupiter get together, possibly bringing along a situation that's oddly reminiscent of something that happened last Sunday evening—that same sense of déjà-vu. More than a little volatility between you and a dear one could continue straight through Wednesday, when Mercury moves into a collision with Mars. Expect angry words at worst—and high-level romantic excitement, at best. One way or the other, you'll definitely be glad to see the weekend arrive. A Taurus Moon ushers in a period of calm, followed by loving Venus' entry into humble, modest Virgo—and after a full two weeks of fireworks, not a moment too soon.

October 4–10

Once again, you're due for a break in the action. The Moon sets off for Cancer on Monday night, putting her in a lovable, affectionate mood, and her tender enthusiasm is highly contagious. As if that's not enough to prompt us all to find that one special person and exchange sweet words that could easily turn into a long-term pledge, the Sun and Mercury get together with romantic, idyllic Neptune on Tuesday. But lest you become too comfortable, keep in mind that lovely Venus will get into an opposition with startling, unpredictable Uranus on Wednesday morning. With these two in astrological fighting stance, one never knows what the universe might toss your way, but it won't be boring. Turbulent, maybe—and definitely exciting—but not boring. Still, you might want to think carefully before you speak and act through the weekend. When conversational Mercury meets intense Pluto and Chiron, the Great Healer, it is quite possible that you may need to exchange words of apology or regret. Of course, now that you know what's coming, you can think twice before you open your mouth.

October 11–17

The big news of the week is Wednesday's solar eclipse set to turn up the volume on the sign of Libra. Yes, I'm sure that sounds familiar—and yes, Libra certainly has been a very busy corner of the sky lately. Of course, if you're in love, especially if it's a recent thing, you're going to be very happy about this high-energy lunation. In fact, you may be tempted to hop on a plane and head for Vegas, or you might to plan to exchange vows somewhere local. Before you do that, however, keep in mind that Saturn squares off with Mercury at virtually the same time the eclipse arrives—and Saturn plays for keeps. Before you do anything emotionally rash, no matter how romantic you're feeling, wait just a bit. Besides, Mercury and the Moon both stroll off into seductive Scorpio just in time for the weekend, and you'll probably want to spend some time getting together in private to work out a few more intimate details. Oh, and Sunday night, Mercury and Uranus form a trine, the stuff that wonderful surprises are made of.

October 18–24

The Sun and Saturn join forces with the Moon in solid Capricorn, making this the perfect week to take care of business. Although work-related matters certainly are a priority, don't forget to tend to personal finances and any pressing family matters. No matter whom you're dealing with on Wednesday or Thursday, keep a cool head. Trivial details could come up that may drive a jealous wedge between you and a dear one. Don't overreact. Get all your facts straight before you say anything hurtful. The Sun enters sexy Scorpio on Friday evening. Take advantage of the opportunity to catch up with your sweetheart—in private—this weekend. In addition to being quite the sexual stimulant, Scorpio is also the sign that's in charge of joint financial matters. And with thoughtful Mercury set to square with vague, often confusing Neptune, who'll be standing quite still for the next few days, it's going to be easy to talk you into buying swamp land in Florida. If you're not sure about someone's true motives, ask a friend or advisor to look things over before you sign on the dotted line.

October 25–31

With a lunar eclipse due to arrive this week, and a supercharged Full Moon that's sure to make the weekend an exciting one, you'll definitely be in the mood to try on costumes. In fact, Monday would be the perfect day to do just that. The Sun forms a fun, easy trine with changeable Uranus, the kind of guy who just loves surprises and disguises. On Tuesday, you can finalize your plans confidently, though, when sociable Venus meets up with permanence-oriented Saturn. Your companions won't promise anything they aren't sure they can deliver. And speaking of delivering, Venus enters Libra on Thursday, making relationships a lot easier to negotiate, apologies easier to deliver and receive, and all manner of mingling comfortable, effortless, and fun. The Moon slipping into Gemini late Friday night offers more light-hearted cosmic—and comic—inspiration to get out there and play in costume. Nobody loves having fun more than Gemini, and nobody can guarantee you a heftier dose this Halloween. No matter how old you are, forget passing out candy. Trade sweet treats with some equally sweet company—and don't be scared!

November 1–7

No matter which political team you favor, get out there and vote on Tuesday. You'll have a nice, stable Mercury-Saturn trine to keep your thoughts level and your judgment practical that day, so take advantage of it. Better allay any conversation about the outcome of the elections until next week, though. Several tricky squares this week make it all too easy to get into arguments over petty or insignificant details—like who should be sitting behind the "Big Desk" in D.C. But don't let it get to you. Use Thursday's meeting of Venus and Jupiter to forget politics—and any other topic that smacks of taking sides. Get together instead. Self-discipline is the order of business this weekend, thanks to an energetic square between Mars and Saturn on Sunday afternoon. Now, any square from Saturn is often the precursor of some rather cranky encounters—that's a long-held astrological fact. But since this stern, severe guy will be stopped still in his tracks on Sunday, you really should put some distance between yourself and anyone you love if things heat up. And remember that compromise is also a virtue.

November 8–14

Venus trines sensitive Neptune before you're even awake on Monday morning, a combination that's chock full of mercy, compassion, and the selfless urge to make things better. Now, Venus loves Libra—and her sister, the Moon, will enter that same sign that afternoon. Put it together and you've got the perfect recipe for invitations—lovely ones—and the fact that no one, yourself included, wants to do anything solo. Don't fight it. Make a new friend, take someone to a party, or have an impromptu gathering at your place. On Wednesday night, you should be prepared for all your conversations and encounters to turn quite serious and more than a little intense, too. Mars enters Scorpio just an hour before the emotional Moon, and everything is larger than life. Expect penetrating, gut-honest discussions; and avoid issues of jealousy, manipulation, or sexual power struggles. Fortunately, on Thursday, chatty Mercury meets up with Jupiter in charming Libra, and everyone feels inspired to be polite, well mannered, and courteous. Light, social chitchat abounds, and socializing is the order of the day. Friday's New Moon in Scorpio could inspire you to take steps toward a whole new lifestyle. Just be sure it's not because of a secret activity. The weekend looks quite passionate. First off, on Saturday, chatty Mercury conspires with dreamy Neptune to make it easy for you to chat fondly about the past—and imagining what the future could be like. Just don't get too carried away. With loving Venus and deep, penetrating Pluto set to meet up on Sunday, you could be a bit too "focused" on getting your own way.

November 15–21

Venus and sexy Pluto are still locked securely in each other's arms on Monday morning, so don't be too surprised if you wake up absolutely craving more intimate connections with one and all. The best thing to do is to bond deeply with your partner, and be sure that he or she knows just how much you care. Of course, with Mars and Uranus in a fun, active, sextile, you'll be extremely creative—and maybe a bit rebellious. Forget fighting city hall. Investigate a new scientific discovery, enjoy a sci-fi movie, or find yourself an astrology teacher. It's time to open your mind. That goes double for the rest of the week—in fact, you'll be in the mood to "just do it" straight through until the weekend, thanks to a radical Aquarius Moon. On Friday morning, however, the Moon sets off for Pisces, hosting two major planetary visits. The Sun and Venus meet up with sedate Saturn, making it time to settle back down, make plans, and realize your dreams. Make keeping promises and finishing up on commitments your top priority. Be sure to wield words carefully this weekend, too. The Moon takes off for assertive Aries just hours after Mercury meets up with potent Pluto. Examine yourself and your motives before you act, and pay attention to the intents of others, too.

November 22–28

Venus enters Scorpio on Monday—and with a hot-headed Aries Moon on duty, this can be a rather dangerous team. First of all, no one knows better how to get her way than Venus does. She's the queen of attraction, and there's no sign more determined—and relentless—than Scorpio, the personal property of powerful Pluto. If you're fixed on someone, then, you probably won't stop at anything to make them your own. Just be careful what you wish for. This pair's energy is easier to turn on than to turn off. A touch of the unexpected comes along as soon as Wednesday evening, when both Venus and the Sun meet with Uranus. This is the perfect opportunity to settle lingering disputes. Detach your personal desires from the situation and tackle everything objectively. The weekend will play host to a Full Moon in Gemini, asking you to be aware of the connection between your immediate environment and the rest of the planet. In short, think globally and act locally.

November 29–December 5

As Thanksgiving approaches, your thoughts turn toward family and friends—especially those who have been missing from your life for too long. The emotional Moon in tenderhearted Cancer starts you off on that path, but a trine between mighty Jupiter and nostalgic Neptune on Monday morning adds a huge dose of energy to those urges. And speaking of that missing someone, expect at least long-distance call over the next three weeks. You may even hear the voice of "one who got away," as soon as Tuesday. That's when Mercury turns retrograde just as sensitive Neptune connects with impulsive Mars. You may be especially happy to hear this missing voice, too. Lovely Venus connects with Neptune on Thursday and the Sun visits her on Saturday. This is the stuff that sentimental reunions are made of. It's entirely possible to make a dream come true right now—even if you thought it was totally out of the question. Put your heart, soul, and intuition into it—and think positively. Be a bit impulsive on Sunday afternoon or evening. It's definitely called for. Venus falls into the arms of Mars, her ancient lover, making it easy to be impetuous in relationships. Why fight it? Pull out the stops and be romantic.

December 6–12

This week's planetary line-up is quite conducive to research, detective-work, and the determination to go out there and get what you want.

Cerebral Mercury and Pluto, the king of investigation and extremes, get together to give you the intellectual drive you need to solve puzzles, word games, and mysteries. If you need to uncover the truth about anything at all—absolutely anything—the time is now. That same heat-seeking astrological energy is in place until Friday, thanks to the emotional Moon's trek through Scorpio, the sign that most loves digging—both figuratively and literally. Dig deep and put the past to bed. By the time the weekend rolls around, with its merry Sagittarius Moon, and Sun-Mercury conjunction, also in Sagittarius, you'll be quite ready to let go of feelings from the past and have some fun. Add in a New Moon, also in Sagittarius, and the charming, long-distance chattiness of a Mercury-Jupiter sextile, and you're due to hear from someone—at least one someone—you haven't heard from in a while. Expect to be delighted, and don't you dare ignore the phone. One never knows who might be there—but it's a given you'll be glad to hear his or her voice. You may even be making plans to visit before long—or to have some far-away company yourself.

December 13–19

The week gets off to a serious start, thanks to four planetary characters who get together to encourage you to keep on digging for the answers you need. Venus forms an easy trine with sedate Saturn, helping you to keep promises that are made. Less than an hour later, the Sun collides with Pluto, conjuring up the image of a master detective who's more than happy to travel to get to the bottom of things. If you need to do the same, go ahead. After all, isn't your mental health and serenity just as important as your physical condition? Mercury connects with psychic Neptune on Thursday, just a day and a half before the emotional Moon sets off for Pisces, Neptune's own sign. Put these two together, linking a sign and planet that are both famous for inspiring us to finely tune our antennae, and you've got both astrological "lights" in the mood for romance—regardless of what the lucky lover happens to look like. And with Venus ready for adventure, thanks to her arrival at the door of Sagittarius, you're all set up for expansion. You definitely won't be prejudiced or biased against anyone. Be careful, though, you may be a bit too understanding. Watch out for disputes or power struggles over issues such as religion, politics, or educational matters.

December 20–26

After three weeks in reverse, Mercury turns direct early Monday morning. If it hasn't felt like Christmas to you so far, then, it will now. You'll also be ready to let the past lie where it will—and that's probably a good idea. Four planets in outgoing, extravagant, forward-looking Sagittarius also give you a great excuse to dash out there and take care of any shopping you haven't had time—or inspiration—to finish up yet. Expect to feel quite inspired, and be ready and willing to take care of business. Once those Sagittarius planets are done lighting a fire under your heels, you'll be quite driven to finish things up by the Sun's entry into dutiful Capricorn on Tuesday. Since an earthy Taurus Moon plays host to the Sun in Capricorn, you won't want to be found lacking when it comes to preparation. Get out there, take your list along, and scratch each item off, one at a time. You'll feel better when it's all done. Besides, by the time Christmas Eve arrives on Friday, a lively Sun-Uranus sextile comes along, helping you to feel free from the ghosts of Christmases past, present, and future. On Saturday, Christmas Day, regardless of whether you're celebrating or not, fiery Mars enters Sagittarius, too, urging you to make steps quickly to have some fun—regardless of the consequences. That's going to continue well into 2005, so if you've got resolutions on a list, better tackle them now. You might not be full of will power when January rolls around.

December 27–31

Yesterday's Full Moon occurred in Cancer, the most home and family-loving sign out there. This, then, is the best of times—especially if you're looking to make a major change in either a home or career-related issue. Monday's meeting of chatty Mercury, loving Venus, and romantic Neptune puts you in the mood to do even a bit more shopping—maybe for a ring. If you're sure you're sure, don't hesitate. Get out there, buy the token of your affection, and prepare to present it on New Year's Eve. There's no way you'll be refused. Your partner may surprise you by answering "No" the first time you ask, however. Mars and Uranus square off to make sudden turnarounds the order of the day. This also means you'll need to be quite careful while you're en route home from your celebrations on New Year's Eve. If you don't think you can drive, don't. When Mars and Uranus get together, folks are extremely impetuous—and yes, that goes for you, too. Instead of getting hurt, use these two to free yourself up from any hurtful, unproductive habits. It's *soooo* the time to make drastic changes. Go for it! And have a great 2005!

Business Guide

Collections
Try to make collections on days when your Sun is well aspected. Avoid days when Mars or Saturn are aspected. If possible, the Moon should be in a cardinal sign: Aries, Cancer, Libra, or Capricorn. It is more difficult to collect when the Moon is in Taurus or Scorpio.

Employment, Promotion
Choose a day when your Sun is favorably aspected or Moon is in your tenth house. Good aspects of Venus or Jupiter are beneficial.

Loans
Moon in the first and second quarters favors the lender, in the third and fourth it favors the borrower. Good aspects of Jupiter or Venus to the Moon are favorable to both, as is Moon in Leo, Sagittarius, Aquarius, or Pisces.

New Ventures
Things usually get off to a better start during the increase of the Moon. If there is impatience, anxiety, or deadlock, it can often be broken at the Full Moon. Agreements can be reached then.

Partnerships
Agreements and partnerships should be made on a day that is favorable to both parties. Mars, Neptune, Pluto, and Saturn should not be square or opposite the Moon. It is best to make an agreement or partnership when the Moon is in a mutable sign, especially Gemini or Virgo. The other signs are not favorable, with the possible exception of Leo or Capricorn. Begin partnerships when the Moon is increasing in light, as this is a favorable time for starting new ventures.

Public Relations
The Moon rules the public, so this must be well aspected, particularly by the Sun, Mercury, Uranus, or Neptune.

Selling
Selling is favored by good aspects of Venus, Jupiter, or Mercury to the Moon. Avoid aspects to Saturn. Try to get the planetary ruler of your product well aspected by Venus, Jupiter, or the Moon.

Signing Important Papers
Sign contracts or agreements when the Moon is increasing in a fruitful sign. Avoid days when Mars, Saturn, Neptune, or Pluto are afflicting the Moon. Don't sign anything if your Sun is badly afflicted.

2004
Daily Planetary Guide Calendar Pages

How to Use Your Daily Planetary Guide

Both Eastern and Pacific times are given in the datebook. The Eastern times are listed in the left-hand column in medium typeface. The Pacific times are in the right-hand column in bold typeface. *Note:* Adjustments have been made for Daylight Saving Time. The void-of-course Moon is listed to the right of the daily aspect at the exact time that it occurs. It is indicated by "v/c." On days on which it occurs for only one time zone and not the other, it is indicated next to the appropriate column and then repeated on the next day for the other time zone. The ephemeris is shown for midnight, Greenwich Mean Time (GMT). See page 193 for information about how to use this guide on a daily basis.

Symbol Key

Planets				
	☉	Sun	⚶	Vesta
	☽	Moon	♃	Jupiter
	☿	Mercury	♄	Saturn
	♀	Venus	⚷	Chiron
	♂	Mars	♅	Uranus
	⚳	Ceres	♆	Neptune
	⚴	Pallas	♇	Pluto
	⚵	Juno		

Signs				
	♈	Aries	♎	Libra
	♉	Taurus	♏	Scorpio
	♊	Gemini	♐	Sagittarius
	♋	Cancer	♑	Capricorn
	♌	Leo	♒	Aquarius
	♍	Virgo	♓	Pisces

Aspects				
	☌	Conjunction (0°)	△	Trine (120°)
	⚺	Semisextile (30°)	⚼	Sesquiquadrate (135°)
	∠	Semisquare (45°)	⚻	Quincunx (150°)
	✶	Sextile (60°)	☍	Opposition (180°)
	□	Square (90°)		

Motion		
	℞	Retrograde
	D	Direct

2003 — **DECEMBER/JANUARY** — **2004**

30 Tuesday

☉ ♑	□	♂ ♈	12:55 a	
☽ ♈	☌	♂ ♈	4:55 a	**1:55 a**
☽ ♈	□	☉ ♑	5:03 a	**2:03 a**
☽ ♈	□	♄ ♋	8:09 a	**5:09 a**
♀ ≈	⚹	♀ ♈	11:27 a	**8:27 a**
☽ ♈	⚹	♀ ≈	11:31 a	**8:31 a**
☽ ♈	☌	♀ ♈	11:31 a	**8:31 a**
☽ ♈	⚹	♆ ≈	11:36 a	**8:36 a**
♀ ≈	☌	♆ ≈	12:19 p	**9:19 a**
☿ ♑	⚹	♅ ♓	2:30 p	**11:30 a**
☽ ♈	⊥	♅ ♓	6:13 p	**3:13 p**
♆ ≈	⚹	♀ ♈	6:21 p	**3:21 p**
☽ ♈	□	♇ ♐		**9:53 p**
☽ ♈	⊼	♃ ♍		**10:50 p**

1st ♈
♅ enters ♓ 4:14 a **1:14 a**
2nd Quarter 5:03 a **2:03 a**
☿ enters ♐ 2:52 p **11:52 a**

31 Wednesday

☽ ♈	□	♇ ♐	12:53 a	
☽ ♈	⊼	♃ ♍	1:50 a	
☽ ♈	△	♇ ♐	5:00 a	**2:00 a**
☽ ♈	□	♄ ♋	5:33 a	**2:33 a**
☽ ♈	△	☼ ♐	8:26 a	**5:26 a**
☉ ♑	☍	♄ ♋	3:57 p	**12:57 p**
☽ ♈	△	☿ ♐	9:27 p	**6:27 p** ☽ v/c
☽ ♉	⚹	♅ ♓		**9:11 p**
☿ ♐	⊥	♀ ≈		**10:42 p**

2nd ♈
☽ enters ♉ **9:02 p**

New Year's Eve

CAPRICORN ♑
Duality: Feminine
Quality: Cardinal
Element: Earth
House: 10th
Planetary Ruler: Saturn
Rules: Knees, bones, joints
Impulse: Ambition
Keynote: I use

1 Thursday

☽ ♉	⚹	♅ ♓	12:11 a	
☿ ♐	⊥	♀ ≈	1:42 a	
♇ ♐	⊼	♄ ♋	7:09 a	**4:09 a**
☽ ♉	⊡	♃ ♍	7:52 a	**4:52 a**
☽ ♉	⊡	♇ ♐	11:10 a	**8:10 a**
☽ ♉	△	⚷ ♑	1:28 p	**10:28 a**
♂ ♈	□	♄ ♋	3:22 p	**12:22 p**
☽ ♉	⊡	☼ ♐	3:29 p	**12:29 p**
☽ ♉	⚹	♄ ♋	7:34 p	**4:34 p**
☽ ♉	⊻	♂ ♈	7:49 p	**4:49 p**
☽ ♉	△	☉ ♑	10:22 p	**7:22 p**
☽ ♉	□	♆ ≈	11:44 p	**8:44 p**
☽ ♉	⊻	♀ ♈		**9:28 p**
☽ ♉	⊡	☿ ♐		**10:50 p**

2nd ♈
☽ enters ♉ 12:02 a

New Year's Day

Eastern Standard Time in medium type   **Pacific Standard Time in bold type**

JANUARY 2004

2 Friday
2nd ♉

☽ ♉	⊻	♀ ♈	12:28 a	
☽ ♉	⊡	☿ ♐	1:50 a	
☽ ♉	□	♀ ♒	6:28 a	**3:28 a**
☽ ♉	△	⚷ ♑	1:49 p	**10:49 a**
☽ ♉	△	♃ ♍	2:21 p	**11:21 a** ☽ v/c
☉ ♑	⊻	♆ ♒	2:43 p	**11:43 a**
☽ ♉	⋇	⚸ ⊛	4:59 p	**1:59 p**
☽ ♉	⊼	♇ ♐	5:44 p	**2:44 p**
☽ ♉	⊡	♅ ♑	9:26 p	**6:26 p**
☽ ♉	⊼	✹ ♐	10:55 p	**7:55 p**
☽ ♉	∟	♄ ⊛		**10:53 p**

3 Saturday
2nd ♉
☽ enters ♊ 12:58 p **9:58 a**
♃ ℞ 6:57 p **3:57 p**

☽ ♉	∟	♄ ⊛	1:53 a	
☽ ♉	∟	♂ ♈	4:01 a	**1:01 a**
☉ ♑	□	♀ ♈	4:02 a	**1:02 a**
☽ ♉	⊼	☿ ♐	6:54 a	**3:54 a**
☽ ♉	∟	♀ ♈	7:33 a	**4:33 a**
☽ ♉	⊡	☉ ♑	7:49 a	**4:49 a**
☽ ♊	□	♅ ♓	1:21 p	**10:21 a**
☿ ♐	∟	♆ ♒	7:12 p	**4:12 p**
☽ ♊	⊡	⚷ ♑	8:38 p	**5:38 p**
☽ ♊	∟	⚸ ⊛	10:58 p	**7:58 p**

4 Sunday
2nd ♊

☽ ♊	⊼	♅ ♑	5:27 a	**2:27 a**
☽ ♊	⊻	♄ ⊛	8:13 a	**5:13 a**
☽ ♊	⋇	♂ ♈	12:14 p	**9:14 a**
☽ ♊	△	♆ ♒	1:00 p	**10:00 a**
☽ ♊	⋇	♀ ♈	2:38 p	**11:38 a**
☽ ♊	⊼	☉ ♑	5:13 p	**2:13 p**
☽ ♊	△	♀ ♒		**11:33 p**

JANUARY

S	M	T	W	T	F	S
				1	2	3
4	5	6	7	8	9	10
11	12	13	14	15	16	17
18	19	20	21	22	23	24
25	26	27	28	29	30	31

Eastern Standard Time in medium type   **Pacific Standard Time in bold type**

5 Monday

2nd ♊
☽ enters ♋ **10:38 p**

☽♊	△	♀♒	2:33 a	
☽♊	⚻	⚷♑	3:18 a	**12:18 a**
☽♊	□	♃♍	3:21 a	**12:21 a**
♂♈	⚹	♆♒	4:05 a	**1:05 a**
☽♊	⚺	⚳♋	4:47 a	**1:47 a**
☽♊	☍	♇♐	6:53 a	**3:53 a**
♃♍	△	⚷♑	7:47 a	**4:47 a**
♀♒	⚻	♃♍	10:09 a	**7:09 a**
♀♒	⚺	⚷♑	10:22 a	**7:22 a**
☽♊	☍	⚵♐	1:38 p	**10:38 a**
☽♊	☍	☿♐	6:14 p	**3:14 p** ☽ v/c
☽♊	⚼	♆♒	7:21 p	**4:21 p**
♀♒	⚻	⚳♋	9:05 p	**6:05 p**
☽♋	△	♅♓		**11:14 p**
☉♑	∠	♅♓		**11:15 p**

6 Tuesday

2nd ♊
☽ enters ♋ 1:38 a
☿ D 8:44 a **5:44 a**

☽♋	△	♅♓	2:14 a	
☉♑	∠	♅♓	2:15 a	
♄♋	☍	⚶♑	10:42 a	**7:42 a**
☽♋	⚼	♀♒	12:03 p	**9:03 a**
☽♋	☌	♄♋	8:03 p	**5:03 p**
☽♋	☍	⚶♑	8:33 p	**5:33 p**
♀♒	⚹	♇♐	9:44 p	**6:44 p**
☽♋	⚻	♆♒		**10:17 p**

7 Wednesday

2nd ♋
Full Moon 10:40 a **7:40 a**

☽♋	⚻	♆♒	1:17 a	
☽♋	□	♂♈	3:33 a	**12:33 a**
☽♋	□	⚴♈	3:48 a	**12:48 a**
☽♋	⚼	♅♓	8:04 a	**5:04 a**
⚷♑	☍	⚳♋	9:49 a	**6:49 a**
☽♋	☍	☉♑	10:40 a	**7:40 a**
♂♈	☌	⚴♈	11:34 a	**8:34 a**
☽♋	⚹	♃♍	3:00 p	**12:00 p** ☽ v/c
☽♋	☌	⚳♋	3:19 p	**12:19 p**
☽♋	☍	⚷♑	3:28 p	**12:28 p**
☽♋	⚻	♇♐	6:39 p	**3:39 p**
☽♋	⚻	♀♒	8:54p	**5:54 p**
☽♋	⚻	⚵♐		**11:42 p**

8 Thursday

3rd ♋
☽ enters ♌ 12:38 p **9:38 a**

☽♋	⚻	⚵♐	2:42 a	
☽♋	⚻	☿♐	5:54 a	**2:54 a**
♃♍	⚹	⚳♋	8:48 a	**5:48 a**
☽♌	⚻	♅♓	1:25 p	**10:25 a**
☽♌	∠	♃♍	8:05 p	**5:05 p**
☽♌	⚼	♇♐	11:47 p	**8:47 p**

9 Friday

3rd ♌

☽♌	⚺	♄♋	6:03 a	**3:03 a**
☽♌	⚼	⚵♐	8:26 a	**5:26 a**
☉♑	☍	⚳♋	8:52 a	**5:52 a**
☽♌	⚻	⚶♑	9:31 a	**6:31 a**
☽♌	⚼	☿♐	11:33 a	**8:33 a**
☽♌	☍	♆♒	11:39 a	**8:39 a**
☉♑	△	♃♍	1:59 p	**10:59 a**
☿♐	∠	♆♒	2:34 p	**11:34 a**
♀♒	⚼	♄♋	2:46 p	**11:46 a**
☽♌	△	⚴♈	3:01 p	**12:01 p**
☽♌	△	♂♈	4:39 p	**1:39 p**
☽♌	⚺	⚳♋	11:59 p	**8:59 p**
☽♌	⚺	♃♍		**9:39 p**
☽♌	⚻	☉♑		**10:36 p**
☽♌	⚻	⚷♑		**10:37 p**
☉♑	☌	⚷♑		**10:44 p**

10 Saturday

3rd ♌
☽ enters ♍ 9:37 p **6:37 p**

☽♌	⚺	♃♍	12:39 a		
☽♌	⚻	☉♑	1:36 a		
☽♌	⚻	⚷♑	1:37 a		
☉♑	☌	⚷♑	1:44 a		
☽♌	△	♇♐	4:25 a	**1:25 a**	
☽♌	∠	♄♋	10:19 a	**7:19 a**	
☽♌	☍	♀♒	12:31 p	**9:31 a**	
☽♌	△	⚵♐	1:37 p	**10:37 a**	
☽♌	⚼	⚶♑	3:08 p	**12:08 p**	
☽♌	△	☿♐	5:00 p	**2:00 p**	☽ v/c
☽♌	⚼	⚴♈	7:52 p	**4:52 p**	
☽♍	⚼	♂♈	10:20 p	**7:20 p**	
☽♍	☍	♅♓	10:35 p	**7:35 p**	

11 Sunday

3rd ♍

☽♍	∠	⚳♋	3:36 a	**12:36 a**
♂♈	∠	♅♓	4:01 a	**1:01 a**
♀♒	⚹	⚵♐	4:03 a	**1:03 a**
☽♍	⚼	⚷♑	5:56 a	**2:56 a**
☽♍	⚼	☉♑	8:07 a	**5:07 a**
☉♑	⚺	♇♐	1:44 p	**10:44 a**
☽♍	⚹	♄♋	2:06 p	**11:06 a**
♆♒	⚺	⚶♑	2:59 p	**11:59 a**
☽♍	⚻	♆♒	8:00 p	**5:00 p**
☽♍	△	⚶♑	8:12 p	**5:12 p**
☽♍	⚻	⚴♈		**9:12 p**

JANUARY

S	M	T	W	T	F	S
				1	2	3
4	5	6	7	8	9	10
11	12	13	14	15	16	17
18	19	20	21	22	23	24
25	26	27	28	29	30	31

2004 JANUARY 2004

12 Monday
3rd ♍

☽♍	⊼	☿ ♈	12:12 a	
☽♍	⊼	♂ ♈	3:27 a	**12:27 a**
☽♍	⚹	⚷ ⊗	6:46 a	**3:46 a**
☽♍	☌	♃ ♍	8:18 a	**5:18 a**
☽♍	△	⚸ ♑	9:44 a	**6:44 a**
♀♒	∟	⚵ ♑	11:22 a	**8:22 a**
☽♍	□	♇ ♐	12:10 p	**9:10 a**
☽♍	△	☉ ♑	1:59 p	**10:59 a**
☽♍	□	⚳ ♐	10:22 p	**7:22 p**
☽♍	⚹	♆ ♒	11:25 p	**8:25 p**
☽♍	⊼	♀ ♒		**10:27 p**

13 Tuesday
3rd ♍
☽ enters ♎ 4:38 a **1:38 a**

☽♍	⊼	♀ ♒	1:27 a	
☽♍	□	☿ ♐	3:01 a	**12:01 a** ☽ v/c
☽♎	⊼	♅ ♓	5:46 a	**2:46 a**
☽♎	□	♄ ⊗	8:11 p	**5:11 p**
☽♎	△	♆ ♒		**11:20 p**

14 Wednesday
3rd ♎
☿ enters ♑ 6:02 a **3:02 a**
♀ enters ♓ 12:16 p **9:16 a**
4th Quarter 11:46 p **8:46 p**

☽♎	△	♆ ♒	2:20 a	
☽♎	□	⚸ ♑	4:36 a	**1:36 a**
☽♎	⚷	♀ ♒	6:53 a	**3:53 a**
♂♈	□	⚷ ⊗	7:03 a	**4:03 a**
☽♎	☍	☿ ♈	7:17 a	**4:17 a**
☽♎	⚷	♅ ♓	8:34 a	**5:34 a**
☽♎	□	⚷ ⊗	11:37 a	**8:37 a**
☽♎	☍	♂ ♈	11:55 a	**8:55 a**
♀♓	∟	♀ ♈	12:37 p	**9:37 a**
☽♎	⚼	♃ ♍	1:54 p	**10:54 a**
☽♎	□	⚸ ♑	3:46 p	**12:46 p**
☽♎	⚹	♇ ♐	5:52 p	**2:52 p**
♆♒	∟	⚳ ♐	8:27 p	**5:27 p**
☽♎	□	☉ ♑	11:46 p	**8:46 p** ☽ v/c
☿♑	⚹	♅ ♓		**10:53 p**
♀♓	☌	♅ ♓		**11:23 p**

15 Thursday
4th ♎
☽ enters ♏ 9:33 a **6:33 a**

☿♑	⚹	♅ ♓	1:53 a	
♀♓	☌	♅ ♓	2:23 a	
☿♑	⚹	♀ ♓	3:42 a	**12:42 a**
☽♎	⚹	⚳ ♐	4:52 a	**1:52 a**
☽♏	△	♅ ♓	10:48 a	**7:48 a**
☽♏	⚹	☿ ♑	11:24 a	**8:24 a**
☽♏	△	♀ ♓	11:35 a	**8:35 a**
☽♏	∟	♃ ♍	3:53 p	**12:53 p**
☽♏	∟	♇ ♐	7:53 p	**4:53 p**
☽♏	△	♄ ⊗		**9:10 p**

Eastern Standard Time in medium type **Pacific Standard Time in bold type**

16 Friday

4th ♏

☽♏	△	♄♋	12:10 a	
♀♓	⚼	⚳♋	4:13 a	**1:13 a**
♂♈	⚻	♃♍	4:56 a	**1:56 a**
☽♏	□	♆♒	6:29 a	**3:29 a**
☽♏	∟	⚵♐	7:14 a	**4:14 a**
☽♏	⚹	⚶♑	10:34 a	**7:34 a**
☽♏	⚻	⚴♈	12:07 p	**9:07 a**
☽♏	△	⚳♋	2:26 p	**11:26 a**
☽♏	∟	☿♑	2:49 p	**11:49 a**
☽♏	⚹	♃♍	5:18 p	**2:18 p**
☽♏	⚻	♂♈	5:55 p	**2:55 p**
☽♏	⚹	⚷♑	7:34 p	**4:34 p**
☽♏	⚺	♇♐	9:22 p	**6:22 p**
☽♏	⚼	♄♋		**10:22 p**

17 Saturday

4th ♏
☽ enters ♐ 12:18 p **9:18 a**

☽♏	⚼	♄♋	1:22 a	
☽♏	⚹	☉♑	6:48 a	**3:48 a** ☽ v/c
☽♏	⚺	⚵♐	9:02 a	**6:02 a**
♅♓	∟	⚴♈	11:13 a	**8:13 a**
☽♐	∟	⚶♑	12:39 p	**9:39 a**
☽♐	□	♅♓	1:41 p	**10:41 a**
☽♐	⚼	⚴♈	1:43 p	**10:43 a**
☽♐	⚼	⚳♋	3:06 p	**12:06 p**
☽♐	⚺	☿♑	5:45 p	**2:45 p**
☽♐	□	♀♓	6:53 p	**3:53 p**
☽♐	⚼	♂♈	8:02 p	**5:02 p**
☽♐	∟	⚷♑	8:42 p	**5:42 p**
☽♐	⚻	♄♋		**11:07 p**

18 Sunday

4th ♐

☽♐	⚻	♄♋	2:07 a	
☽♐	⚹	♆♒	8:35 a	**5:35 a**
☽♐	∟	☉♑	9:26 a	**6:26 a**
☽♐	⚺	⚶♑	2:17 p	**11:17 a**
♂♈	□	⚷♑	2:26 p	**11:26 a**
☽♐	△	⚴♈	2:54 p	**11:54 a**
☽♐	⚻	⚳♋	3:22 p	**12:22 p**
♀♓	∟	⚷♑	6:18 p	**3:18 p**
☽♐	□	♃♍	6:46 p	**3:46 p**
♅♓	∟	⚶♑	7:20 p	**4:20 p**
☽♐	⚺	⚷♑	9:26 p	**6:26 p**
☽♐	△	♂♈	9:42 p	**6:42 p**
♀♓	∟	♂♈	9:48 p	**6:48 p**
☽♐	☌	♇♐	10:58 p	**7:58 p** ☽ v/c

JANUARY

S	M	T	W	T	F	S
				1	2	3
4	5	6	7	8	9	10
11	12	13	14	15	16	17
18	19	20	21	22	23	24
25	26	27	28	29	30	31

19 Monday

4th ♐
☽ enters ♑ 1:24 p **10:24 a**

⚳♋	□	⚴♈	4:44 a	**1:44 a**
☉♑	⚺	⚵♐	4:55 a	**1:55 a**
☽♐	∠	♆♒	9:06 a	**6:06 a**
☽♐	☌	⚵♐	11:22 a	**8:22 a**
☽♐	⚺	☉♑	11:41 a	**8:41 a**
⚳♋	☍	⚶♑	11:50 a	**8:50 a**
☽♑	⚹	♅♓	2:56 p	**11:56 a**
☽♑	☌	☿♑	10:36 p	**7:36 p**
☽♑	⚹	♀♓		**9:14 p**
☽♑	☍	♄♋		**11:43 p**

20 Tuesday

4th ♑
☉ enters ♒ 12:42 p **9:42 a**

☽♑	⚹	♀♓	12:14 a	
☽♑	☍	♄♋	2:43 a	
⚴♈	□	⚶♑	3:28 a	**12:28 a**
♂♈	△	♇♐	5:02 a	**2:02 a**
☽♑	⚺	♆♒	9:29 a	**6:29 a**
☽♑	∠	♅♓	3:20 p	**12:20 p**
☽♑	☍	⚳♋	3:22 p	**12:22 p**
☽♑	□	⚴♈	4:36 p	**1:36 p**
☽♑	☌	⚶♑	4:49 p	**1:49 p**
♅♓	⚼	⚳♋	4:54 p	**1:54 p**
☽♑	△	♃♍	7:19 p	**4:19 p**
☽♑	☌	⚷♑	10:27 p	**7:27 p**
☽♑	⚺	♇♐	11:46 p	**8:46 p**
☽♑	□	♂♈		**9:34 p** ☽ v/c
☽♑	∠	♀♓		**11:46 p**

21 Wednesday

4th ♑
☽ enters ♒ 2:11 p **11:11 a**
New Moon 4:05 p **1:05 p**

☽♑	□	♂♈	12:34 a	☽ v/c
☽♑	∠	♀♓	2:46 a	
♀♓	△	♄♋	5:04 a	**2:04 a**
☉♒	⚺	♅♓	1:15 p	**10:15 a**
☽♑	⚺	⚵♐	1:15 p	**10:15 a**
☽♒	⚺	♅♓	3:54 p	**12:54 p**
☽♒	☌	☉♒	4:05 p	**1:05 p**
☽♒	⚼	♃♍	7:44 p	**4:44 p**
☿♑	☍	♄♋	11:59 p	**8:59 p**
☽♒	∠	♇♐		**9:24 p**

22 Thursday

1st ♒

☽♒	∠	♇♐	12:24 a	
☽♒	⚻	♄♋	3:28 a	**12:28 a**
☽♒	⚺	☿♑	3:48 a	**12:48 a**
☽♒	⚺	♀♓	5:38 a	**2:38 a**
☽♒	☌	♆♒	10:46 a	**7:46 a**
☽♒	∠	⚵♐	2:40 p	**11:40 a**
☽♒	⚻	⚳♋	3:58 p	**12:58 p**
☽♒	⚹	⚴♈	7:04 p	**4:04 p**
☽♒	⚺	⚶♑	8:08 p	**5:08 p**
☽♒	⚻	♃♍	8:35 p	**5:35 p**
☽♒	⚺	⚷♑		**9:22 p**
☽♒	⚹	♇♐		**10:32 p**

JANUARY 2004

23 Friday

1st ≈
※ enters ♑ 5:32 a **2:32 a**
☽ enters ♓ 4:29 p **1:29 p**

☽ ≈	⊻	⚷ ♑	12:22 a	
☽ ≈	⚹	♇ ♐	1:32 a	
☽ ≈	⚻	♄ ⊗	4:29 a	**1:29 a**
☽ ≈	⚹	♂ ♈	4:33 a	**1:33 a** ☽ v/c
♃ ♍	△	※ ♑	7:18 a	**4:18 a**
☽ ≈	⊥	☿ ♑	7:21 a	**4:21 a**
☽ ♓	⚹	※ ♑	4:45 p	**1:45 p**
☽ ♓	⚻	? ⊗	5:05 p	**2:05 p**
☉ ≈	⚻	♃ ♍	5:46 p	**2:46 p**
☽ ♓	☌	♅ ♓	6:28 p	**3:28 p**
☽ ♓	⊥	♀ ♈	9:15 p	**6:15 p**
☽ ♓	⊻	☉ ≈	10:29 p	**7:29 p**
☽ ♓	⊥	※ ♑	10:46 p	**7:46 p**
☽ ♓	⊥	⚷ ♑		**11:18 p**

24 Saturday

1st ♓

☽ ♓	⊥	⚷ ♑	2:18 a	
☽ ♓	△	♄ ⊗	6:15 a	**3:15 a**
☽ ♓	⊥	♂ ♈	7:42 a	**4:42 a**
☽ ♓	⚹	☿ ♑	11:58 a	**8:58 a**
☽ ♓	☌	♀ ♓	1:48 p	**10:48 a**
☽ ♓	⊻	♆ ≈	2:25 p	**11:25 a**
☽ ♓	△	? ⊗	7:01 p	**4:01 p**
♀ ♓	⊻	♆ ≈	8:49 p	**5:49 p**
☽ ♓	⊻	♀ ♈		**9:23 p**
☽ ♓	☍	♃ ♍		**9:30 p**
☽ ♓	⚹	※ ♑		**11:25 p**

25 Sunday

1st ♓
☽ v/c 6:09 a **3:09 a**
☽ enters ♈ 10:06 p **7:06 p**

☽ ♓	⊻	♀ ♈	12:23 a	
☽ ♓	☍	♃ ♍	12:30 a	
☽ ♓	⚹	※ ♑	2:25 a	
☽ ♓	⊥	☉ ≈	3:12 a	**12:12 a**
♃ ♍	⚼	♀ ♈	4:11 a	**1:11 a**
☽ ♓	⚹	⚷ ♑	5:10 a	**2:10 a**
☽ ♓	□	♇ ♐	6:09 a	**3:09 a** ☽ v/c
☽ ♓	⊻	♂ ♈	11:56 a	**8:56 a**
☿ ♑	⊻	♆ ≈	2:27 p	**11:27 a**
☽ ♓	⊥	♆ ≈	5:38 p	**2:38 p**
☽ ♈	□	※ ♑	11:48 p	**8:48 p**
☽ ♈	⊻	♅ ♓		**9:28 p**

JANUARY

S	M	T	W	T	F	S
				1	2	3
4	5	6	7	8	9	10
11	12	13	14	15	16	17
18	19	20	21	22	23	24
25	26	27	28	29	30	31

Eastern Standard Time in medium type   **Pacific Standard Time in bold type**

26 Monday

1st ♈

☽♈	⚺	♅♓	12:28 a	
☽♈	⚹	☉♒	9:14 a	**6:14 a**
☽♈	□	♄♋	12:38 p	**9:38 a**
♀♓	△	⚳♋	4:28 p	**1:28 p**
☉♒	∠	♇♐	6:39 p	**3:39 p**
☽♈	⚹	♆♒	9:54 p	**6:54 p**
☽♈	□	☿♑		**10:29 p**
☽♈	□	⚳♋		**10:48 p**
☽♈	⚺	♀♓		**11:58 p**

27 Tuesday

1st ♈

☽♈	□	☿♑	1:29 a		
☽♈	□	⚳♋	1:48 a		
☽♈	⚺	♀♓	2:58 a		
☿♑	☍	⚳♋	4:14 a	**1:14 a**	
☽♈	∠	♅♓	5:02 a	**2:02 a**	
♅♓	⚹	⚵♑	6:45 a	**3:45 a**	
☽♈	⚻	♃♍	8:17 a	**5:17 a**	
☽♈	☌	⚴♈	10:00 a	**7:00 a**	
☽♈	□	⚶♑	1:11 p	**10:11 a**	
☽♈	□	⚷♑	2:02 p	**11:02 a**	
☽♈	△	♇♐	2:49 p	**11:49 a**	
☽♈	☌	♂♈	11:59 p	**8:59 p**	☽ v/c
☉♒	⚻	♄♋		**10:25 p**	

28 Wednesday

1st ♈
☽ enters ♉ 7:46 a **4:46 a**
2nd Quarter **10:03 p**

☉♒	⚻	♄♋	1:25 a	
☽♉	⚹	♅♓	10:33 a	**7:33 a**
☽♉	△	⚵♑	11:13 a	**8:13 a**
☽♉	∠	♀♓	11:33 a	**8:33 a**
☿♑	∠	♅♓	11:44 a	**8:44 a**
⚷♑	☌	⚶♑	1:02 p	**10:02 a**
☽♉	⚼	♃♍	1:36 p	**10:36 a**
☽♉	⚼	♇♐	8:33 p	**5:33 p**
☽♉	⚹	♄♋	10:56 p	**7:56 p**
☽♉	□	☉♒		**10:03 p**

29 Thursday

1st ♉
2nd Quarter 1:03 a

☽♉	□	☉♒	1:03 a		
♇♐	⚺	⚶♑	5:10 a	**2:10 a**	
♀♓	☍	♃♍	7:01 a	**4:01 a**	
☽♉	□	♆♒	9:14 a	**6:14 a**	
☽♉	⚹	⚳♋	12:13 p	**9:13 a**	
☿♑	△	♃♍	1:09 p	**10:09 a**	
☽♉	⚼	⚵♑	6:12 p	**3:12 p**	
☽♉	△	♃♍	7:34 p	**4:34 p**	
☽♉	△	☿♑	8:27 p	**5:27 p**	
☽♉	⚹	♀♓	9:04 p	**6:04 p**	☽ v/c
☽♉	⚺	⚴♈	11:30 p	**8:30 p**	
☽♉	△	⚷♑		**11:25 p**	
☽♉	⚻	♇♐		**11:54 p**	

2004 — JANUARY/FEBRUARY — **2004**

30 Friday

2nd ♉

☽ enters ♊ 8:18 p **5:18 p**

☽ ♉	△	⚷ ♑	2:25 a		
☽ ♉	⊼	♇ ♐	2:54 a		
☽ ♉	△	♆ ♑	3:52 a	**12:52 a**
☽ ♉	L	♄ ♋	5:05 a	**2:05 a**
☽ ♉	⋎	♂ ♈	3:42 p	**12:42 p**
☽ ♉	L	⚶ ♋	6:14 p	**3:14 p**
☽ ♊	□	♅ ♓	11:27 p	**8:27 p**
☽ ♊	⊼	⚸ ♑		**10:34 p**

31 Saturday

2nd ♊

☽ ♊	⊼	⚸ ♑	1:34 a	
♀ ♓	⋎	♀ ♈	5:48 a	**2:48 a**
☿ ♑	□	♀ ♈	5:52 a	**2:52 a**
☿ ♑	✶	♀ ♓	6:08 a	**3:08 a**
☽ ♊	L	♀ ♈	6:57 a	**3:57 a**
☽ ♊	⊡	☿ ♑	7:04 a	**4:04 a**
☽ ♊	⊡	⚷ ♑	9:12 a	**6:12 a**
☽ ♊	⋎	♄ ♋	11:28 a	**8:28 a**
☽ ♊	⊡	♆ ♑	11:50 a	**8:50 a**
☽ ♊	△	☉ ♒	7:40 p	**4:40 p**
☽ ♊	△	♆ ♒	10:24 p	**7:24 p**
☽ ♊	L	♂ ♈	11:58 p	**8:58 p**
☽ ♊	⋎	⚶ ♋		**9:19 p**
☿ ♑	☌	⚷ ♑		**10:57 p**

AQUARIUS ♒
Duality: Masculine
Quality: Fixed
Element: Air
House: 11th
Planetary Ruler: Uranus
Rules: Circulation, shins, ankles
Impulse: Truth
Keynote: I know

1 Sunday

2nd ♊

☽ ♊	⋎	⚶ ♋	12:19 a	
☿ ♑	☌	⚷ ♑	1:57 a	
☿ ♑	⋎	♇ ♐	3:56 a	**12:56 a**
♀ ♓	✶	⚷ ♑	5:48 a	**2:48 a**
♀ ♓	□	♇ ♐	7:57 a	**4:57 a**
☽ ♊	□	♃ ♍	8:08 a	**5:08 a**
☽ ♊	✶	♀ ♈	2:20 p	**11:20 a**
☽ ♊	⊼	⚷ ♑	3:52 p	**12:52 p**
☽ ♊	☍	♇ ♐	4:01 p	**1:01 p**
☽ ♊	□	♀ ♓	4:54 p	**1:54 p**
☽ ♊	⊼	☿ ♑	5:38 p	**2:38 p**
☽ ♊	⊼	♆ ♑	7:39 p	**4:39 p**

Eastern Standard Time in medium type — **Pacific Standard Time in bold type**

2004   FEBRUARY   **2004**

2 Monday

☉≈	♂	♀≈	4:29 a	**1:29 a**
☽♊	⚌	♀≈	4:47 a	**1:47 a**
☽♊	⚌	☉≈	4:49 a	**1:49 a**
☽♊	✶	♂♈	7:56 a	**4:56 a** ☽ v/c
☽♋	△	♅♓	12:25 p	**9:25 a**
☽♋	☍	⚹♑	3:54 p	**12:54 p**
☉≈	⚻	⚷♋	6:52 p	**3:52 p**
☿♑	♂	♆♑	7:02 p	**4:02 p**
♇♐	⚺	⚸♑	9:38 p	**6:38 p**
☽♋	♂	♄♋	11:35 p	**8:35 p**

2nd ♊
☽ enters ♋ 9:03 a **6:03 a**

3 Tuesday

☽♋	⚻	♀≈	10:40 a	**7:40 a**
☽♋	♂	⚷♋	11:33 a	**8:33 a**
☽♋	⚻	☉≈	1:18 p	**10:18 a**
♀♓	✶	⚸♑	4:01 p	**1:01 p**
☽♋	⚌	♅♓	6:12 p	**3:12 p**
☽♋	✶	♃♍	7:28 p	**4:28 p**
♇♐	△	♀♈		**11:29 p**

2nd ♋
♂ enters ♉ 5:04 a **2:04 a**

4 Wednesday

♇♐	△	♀♈	2:29 a	
☽♋	⚻	♇♐	3:37 a	**12:37 a**
☽♋	□	♀♈	3:38 a	**12:38 a**
☽♋	☍	⚸♑	3:46 a	**12:46 a**
⚸♑	□	♀♈	9:02 a	**6:02 a**
☽♋	☍	⚹♑	9:36 a	**6:36 a**
☽♋	△	♀♓	10:39 a	**7:39 a**
☽♋	☍	☿♑	12:52 p	**9:52 a** ☽ v/c
☽♌	□	♂♉	9:54 p	**6:54 p**
☽♌	⚻	♅♓	11:19 p	**8:19 p**
☽♌	⚼	♃♍		**9:12 p**

2nd ♋
☽ enters ♌ 7:50 p **4:50 p**

5 Thursday

☽♌	⚼	♃♍	12:12 a	
☽♌	⚻	⚹♑	3:55 a	**12:55 a**
☽♌	⚌	♇♐	8:27 a	**5:27 a**
☽♌	⚺	♄♋	9:28 a	**6:28 a**
☽♌	⚌	♀♓	6:12 p	**3:12 p**
☽♌	☍	♀≈	8:30 p	**5:30 p**
☽♌	⚺	⚷♋	8:31 p	**5:31 p**
♀≈	⚻	⚷♋	10:09 p	**7:09 p**

2nd ♌

Eastern Standard Time in medium type   **Pacific Standard Time in bold type**

2004 FEBRUARY 2004

6 Friday

☽ ♌	☍	☉ ♒	3:47 a	**12:47 a**
☽ ♌	⊼	♃ ♍	4:18 a	**1:18 a**
♂ ♉	⚹	♅ ♓	4:22 a	**1:22 a**
☽ ♌	⚼	✷ ♑	8:52 a	**5:52 a**
☉ ♒	⊼	♃ ♍	9:54 a	**6:54 a**
☽ ♌	△	♇ ♐	12:38 p	**9:38 a** ☽ v/c
☽ ♌	⊼	⚷ ♑	1:03 p	**10:03 a**
☽ ♌	∟	♄ ♋	1:28 p	**10:28 a**
♂ ♉	⚼	♃ ♍	1:44 p	**10:44 a**
☽ ♌	△	♀ ♈	2:13 p	**11:13 a**
♀ ♓	∟	♆ ♒	7:40 p	**4:40 p**
☽ ♌	⊼	⚴ ♑	8:38 p	**5:38 p**
☽ ♌	∟	⚵ ♋		**9:07 p**
☽ ♌	⊼	♀ ♓		**9:56 p**

2nd ♌
Full Moon 3:47 a **12:47 a**
☿ enters ♒ 11:20 p **8:20 p**

7 Saturday

☽ ♌	∟	⚵ ♋	12:07 a	
☽ ♌	⊼	♀ ♓	12:56 a	
☽ ♍	⊼	☿ ♒	4:39 a	**1:39 a**
☽ ♍	☍	♅ ♓	7:37 a	**4:37 a**
☽ ♍	△	♂ ♉	8:53 a	**5:53 a**
☽ ♍	△	✷ ♑	1:11 p	**10:11 a**
☽ ♍	⚼	⚷ ♑	4:48 p	**1:48 p**
☽ ♍	⚹	♄ ♋	4:55 p	**1:55 p**
☽ ♍	⚼	♀ ♈	6:34 p	**3:34 p**
☽ ♍	⚼	⚴ ♑		**10:11 p**

3rd ♌
☽ enters ♍ 4:03 a **1:03 a**

8 Sunday

☽ ♍	⚼	⚴ ♑	1:11 a	
☽ ♍	⚹	⚵ ♋	3:13 a	**12:13 a**
☽ ♍	⊼	♆ ♒	3:54 a	**12:54 a**
☿ ♒	⚼	♃ ♍	6:31 a	**3:31 a**
☿ ♒	⚼	♅ ♓	7:11 a	**4:11 a**
☽ ♍	☌	♃ ♍	10:51 a	**7:51 a**
☽ ♍	⚼	☿ ♒	11:26 a	**8:26 a**
☽ ♍	⚼	♂ ♉	1:28 p	**10:28 a**
☽ ♍	⊼	☉ ♒	3:16 p	**12:16 p**
☽ ♍	□	♇ ♐	7:23 p	**4:23 p** ☽ v/c
☽ ♍	△	⚷ ♑	8:03 p	**5:03 p**
☽ ♍	⊼	♀ ♈	10:25 p	**7:25 p**

3rd ♍
♀ enters ♈ 11:20 a **8:20 a**

FEBRUARY

S	M	T	W	T	F	S
1	2	3	4	5	6	7
8	9	10	11	12	13	14
15	16	17	18	19	20	21
22	23	24	25	26	27	28
29						

Eastern Standard Time in medium type   **Pacific Standard Time in bold type**

9 Monday

3rd ♍
☽ enters ♎ 10:12 a **7:12 a**

☽♍	△	⚶♑	5:14 a	**2:14 a**
☽♍	⚼	♆♒	6:53 a	**3:53 a**
☽♎	☍	♀♈	12:24 p	**9:24 a**
☽♎	⚻	♅♓	1:54 p	**10:54 a**
☿♒	□	♂♉	4:08 p	**1:08 p**
☽♎	⚻	♂♉	5:35 p	**2:35 p**
☽♎	△	☿♒	5:41 p	**2:41 p**
☽♎	⚼	☉♒	8:11 p	**5:11 p**
☽♎	□	⚵♑	8:22 p	**5:22 p**
☽♎	□	♄♋	10:30 p	**7:30 p**
☉♒	∠	⚵♑	11:36 p	**8:36 p**

10 Tuesday

3rd ♎

♀♈	⚺	♅♓	6:26 a	**3:26 a**
☽♎	□	⚳♋	8:16 a	**5:16 a**
☽♎	△	♆♒	9:32 a	**6:32 a**
☽♎	⚺	♃♍	3:45 p	**12:45 p**
☽♎	⚼	♅♓	4:30 p	**1:30 p**
☿♒	⚺	⚵♑	10:28 p	**7:28 p**
☉♒	⚹	♇♐	10:56 p	**7:56 p**
☽♎	⚹	♇♐		**9:35 p**
☽♎	△	☉♒		**9:42 p** ☽ v/c
☽♎	□	⚷♑		**10:28 p**
☉♒	⚼	♄♋		**10:55 p**

11 Wednesday

3rd ♎
☽ enters ♏ 2:58 p **11:58 a**

☽♎	⚹	♇♐	12:35 a	
☽♎	△	☉♒	12:42 a	☽ v/c
☽♎	□	⚷♑	1:28 a	
☉♒	⚼	♄♋	1:55 a	
☽♎	☍	♀♈	4:58 a	**1:58 a**
☿♒	∠	♇♐	9:08 a	**6:08 a**
☿♒	⚻	♄♋	10:40 a	**7:40 a**
☉♒	⚺	⚷♑	12:01 p	**9:01 a**
☽♎	□	⚶♑	12:10 p	**9:10 a**
☽♏	∠	♃♍	5:44 p	**2:44 p**
☽♏	△	♅♓	6:47 p	**3:47 p**
☽♏	⚻	♀♈	10:00 p	**7:00 p**
☽♏	☍	♂♉		**9:42 p**
☽♏	⚹	⚵♑		**11:07 p**
☽♏	∠	♇♐		**11:43 p**
☽♏	△	♄♋		**11:49 p**

12 Thursday

3rd ♏

☽♏	☍	♂♉	12:42 a	
☽♏	⚹	⚵♑	2:07 a	
☽♏	∠	♇♐	2:43 a	
☽♏	△	♄♋	2:49 a	
☽♏	□	☿♒	4:56 a	**1:56 a**
☽♏	△	⚳♋	12:09 p	**9:09 a**
☽♏	□	♆♒	1:55 p	**10:55 a**
☽♏	⚹	♃♍	7:27 p	**4:27 p**
☽♏	⚼	♀♈		**11:15 p**

2004   **FEBRUARY**   **2004**

13 Friday

3rd ♏
4th Quarter 8:39 a **5:39 a**
☽ enters ♐ 6:35 p **3:35 p**

☽♏	⊡	♀♈	2:15 a	
☽♏	⊥	⚹♑	4:32 a	**1:32 a**
☽♏	⊡	♄⊛	4:33 a	**1:33 a**
☽♏	⩗	♇♐	4:35 a	**1:35 a**
♄⊛	☍	⚹♑	5:25 a	**2:25 a**
☽♏	⚹	⚷♑	5:41 a	**2:41 a**
☽♏	□	☉♒	8:39 a	**5:39 a** ☽ v/c
☽♏	⊼	♀♈	10:18 a	**7:18 a**
☽♏	⊡	⚴⊛	1:43 p	**10:43 a**
☽♏	⚹	⚵♑	5:50 p	**2:50 p**
♂♉	⚹	♄⊛	7:50 p	**4:50 p**
♂♉	⊡	♇♐	10:01 p	**7:01 p**
☽♐	□	♅♓	10:33 p	**7:33 p**

14 Saturday

4th ♐
⚵ enters ♒ 2:07 p **11:07 a**

♀♈	□	♄⊛	4:58 a	**1:58 a**
☽♐	⊼	♄⊛	6:02 a	**3:02 a**
☽♐	△	♀♈	6:08 a	**3:08 a**
☽♐	⊼	♂♉	6:33 a	**3:33 a**
☽♐	⩗	⚹♑	6:40 a	**3:40 a**
☽♐	⊥	⚷♑	7:23 a	**4:23 a**
♂♉	△	⚹♑	11:17 a	**8:17 a**
☽♐	⊡	♀♈	12:32 p	**9:32 a**
♀♈	□	⚹♑	2:36 p	**11:36 a**
☽♐	⚹	☿♒	2:46 p	**11:46 a**
☽♐	⊼	⚴⊛	3:02 p	**12:02 p**
♀♈	⩗	♂♉	4:39 p	**1:39 p**
☿♒	⊼	⚴⊛	5:04 p	**2:04 p**
☽♐	⚹	♆♒	5:12 p	**2:12 p**	☉♒ ⚹ ♀♈ 9:16 p **6:16 p**
☽♐	⊥	⚵♒	8:14 p	**5:14 p**	☽♐ □ ⚴♍ 10:06 p **7:06 p**

15 Sunday

4th ♐
☽ enters ♑ 9:14 p **6:14 p**

☽♐	☌	♇♐	7:32 a	**4:32 a**
☽♐	⩗	⚹♑	8:51 a	**5:51 a**
☽♐	⊡	♂♉	9:04 a	**6:04 a**
☿♒	☌	♆♒	12:43 p	**9:43 a**
☽♐	△	♀♈	2:33 p	**11:33 a**
☽♐	⚹	☉♒	3:20 p	**12:20 p** ☽ v/c
☽♐	⊥	♆♒	6:31 p	**3:31 p**
☽♐	⊥	☿♒	7:14 p	**4:14 p**
☽♑	⩗	⚵♒	10:24 p	**7:24 p**
☽♑	⚹	♅♓		**10:20 p**
☉♒	⊡	⚴⊛		**11:15 p**

FEBRUARY

S	M	T	W	T	F	S
1	2	3	4	5	6	7
8	9	10	11	12	13	14
15	16	17	18	19	20	21
22	23	24	25	26	27	28
29						

Eastern Standard Time in medium type   **Pacific Standard Time in bold type**

16 Monday

4th ♑

☽♑ ⚹ ♅♓	1:20 a			
☉♒ ⚼ ⚳♋	2:15 a			
☽♑ ☍ ♄♋	8:23 a	**5:23 a**		
☽♑ ☌ ⚵♑	10:15 a	**7:15 a**		
☽♑ △ ♂♉	11:23 a	**8:23 a**		
☽♑ □ ♀♈	1:05 p	**10:05 a**		
♃♍ ⚼ ⚶♒	2:21 p	**11:21 a**		
☽♑ ☍ ⚳♋	5:09 p	**2:09 p**		
☽♑ ∠ ☉♒	6:22 p	**3:22 p**		
☽♑ ⚺ ♆♒	7:41 p	**4:41 p**		
☽♑ ⚺ ☿♒	11:35 p	**8:35 p**		
☽♑ △ ♃♍		**9:00 p** ☽ v/c		
☽♑ ∠ ♅♓		**11:32 p**		

17 Tuesday

4th ♑
☽ enters ♒ 11:27 p **8:27 p**

☽♑ △ ♃♍	12:00 a		☽ v/c
☿♒ ⚻ ♃♍	12:55 a		
☽♑ ∠ ♅♓	2:32 a		
☿♒ ⚻ ♃♍	3:00 a	**12:00 a**	
☽♑ ⚺ ♇♐	9:51 a	**6:51 a**	
☽♑ ☌ ⚷♑	11:23 a	**8:23 a**	
☽♑ □ ♀♈	6:15 p	**3:15 p**	
☽♑ ⚺ ☉♒	9:22 p	**6:22 p**	
☽♒ ⚼ ♃♍		**9:55 p**	
☽♒ ☌ ⚶♒		**11:30 p**	

18 Wednesday

4th ♒
☉ enters ♓ **11:50 p**

☽♒ ⚼ ♃♍	12:55 a	
☽♒ ☌ ⚶♒	2:30 a	
☽♒ ⚺ ♅♓	3:46 a	**12:46 a**
☽♒ ⚻ ♄♋	10:32 a	**7:32 a**
☽♒ ∠ ♇♐	11:04 a	**8:04 a**
♀♈ □ ⚳♋	1:07 p	**10:07 a**
☽♒ ⚺ ⚵♑	1:38 p	**10:38 a**
☽♒ □ ♂♉	4:02 p	**1:02 p**
☽♒ ⚻ ⚳♋	7:18 p	**4:18 p**
☽♒ ⚹ ♀♈	7:53 p	**4:53 p**
☽♒ ☌ ♆♒	10:12 p	**7:12 p**
☽♒ ⚻ ♃♍		**11:01 p**

19 Thursday

4th ♒
☉ enters ♓ 2:50 a
☽ enters ♓ **11:27 p**

☽♒ ⚻ ♃♍	2:01 a		
☽♒ ☌ ☿♒	8:45 a	**5:45 a**	
☽♒ ⚼ ♄♋	11:55 a	**8:55 a**	
☽♒ ⚹ ♇♐	12:34 p	**9:34 a**	☽ v/c
☽♒ ⚺ ⚷♑	2:21 p	**11:21 a**	
☽♒ ∠ ⚵♑	3:41 p	**12:41 p**	
♅♓ ⚺ ⚶♒	5:46 p	**2:46 p**	
☽♒ ⚼ ⚳♋	8:49 p	**5:49 p**	
☽♒ ⚹ ♀♈	10:39 p	**7:39 p**	
☽♒ ∠ ♀♈	11:48 p	**8:48 p**	
♀♈ ⚹ ♆♒		**10:09 p**	

20 Friday

♀♈	⚹	♆♒	1:09 a	
☽♈	☌	☉♓	4:18 a	**1:18 a**
☽♓	☌	♅♓	7:07 a	**4:07 a**
☽♓	⊻	⚷♒	7:34 a	**4:34 a**
☿♒	⊡	♄♋	10:41 a	**7:41 a**
☽♓	△	♄♋	1:47 p	**10:47 a**
☽♓	∟	⚴♑	4:28 p	**1:28 p**
☿♒	⚹	♇♐	4:42 p	**1:42 p**
☽♓	⚹	⚵♑	6:17 p	**3:17 p**
☽♓	⚹	♂♉	10:10 p	**7:10 p**
☽♓	△	⚶♋	10:52 p	**7:52 p**
☽♓	∟	♀♈		**10:40 p**
☽♓	⊻	♆♒		**11:11 p**

4th ♒

☽ enters ♓ 2:27 a
New Moon 4:18 a **1:18 a**

21 Saturday

☽♓	∟	♀♈	1:40 a	
☽♓	⊻	♆♒	2:11 a	
☽♓	⊻	♀♈	4:27 a	**1:27 a**
☽♓	☍	♃♍	5:34 a	**2:34 a**
☿♒	⊻	⚵♑	9:02 a	**6:02 a**
☽♓	∟	⚷♒	11:02 a	**8:02 a**
♂♉	⚹	⚶♋	12:32 p	**9:32 a**
♀♈	⚻	♃♍	4:19 p	**1:19 p**
☽♓	□	♇♐	5:10 p	**2:10 p** ☽ v/c
☽♓	⚹	⚵♑	7:17 p	**4:17 p**
☽♓	⊻	☿♒	8:44 p	**5:44 p**
☉♓	☌	♅♓	9:07 p	**6:07 p**
☽♓	∟	♂♉		**11:22 p**

1st ♓

22 Sunday

☽♓	∟	♂♉	2:22 a	
☿♒	∟	⚵♑	4:42 a	**1:42 a**
☽♓	∟	♆♒	5:13 a	**2:13 a**
☽♓	⊻	♀♈	5:31 a	**2:31 a**
☽♈	⊻	♅♓	12:56 p	**9:56 a**
☽♈	⊻	☉♓	2:11 p	**11:11 a**
☽♈	⚹	⚷♒	3:23 p	**12:23 p**
☽♈	□	♄♋	7:40 p	**4:40 p**
☽♈	□	⚵♑		**10:51 p**

1st ♓
☽ enters ♈ 7:45 a **4:45 a**

FEBRUARY

S	M	T	W	T	F	S
1	2	3	4	5	6	7
8	9	10	11	12	13	14
15	16	17	18	19	20	21
22	23	24	25	26	27	28
29						

Eastern Standard Time in medium type   **Pacific Standard Time in bold type**

23 Monday

1st ♈

☽♈	□	⚵ ♑	1:51 a	
☽♈	∠	☿ ♒	4:35 a	**1:35 a**
☽♈	□	⚳ ♋	5:20 a	**2:20 a**
☽♈	⚺	♂ ♉	7:34 a	**4:34 a**
☽♈	⚹	♆ ♒	9:08 a	**6:08 a**
☿ ♒	⚼	⚳ ♋	10:03 a	**7:03 a**
☽♈	⚻	♃ ♍	12:02 p	**9:02 a**
☽♈	☌	♀ ♈	4:53 p	**1:53 p**
☽♈	∠	♅ ♓	5:09 p	**2:09 p**
♀♈	∠	♅ ♓	8:01 p	**5:01 p**
☉♓	⚺	⚶ ♒	8:24 p	**5:24 p**
☽♈	∠	☉ ♓	8:46 p	**5:46 p**
☽♈	△	♇ ♐		**10:02 p**

24 Tuesday

1st ♈
☽ enters ♉ 4:30 p **1:30 p**
♀ enters ♉ **10:33 p**

☽♈	△	♇ ♐	1:02 a	
☽♈	□	⚷ ♑	3:34 a	**12:34 a**
☽♈	⚹	☿ ♒	1:55 p	**10:55 a** ☽ v/c
☽♈	☌	♀ ♈	4:10 p	**1:10 p**
♂♉	□	♆ ♒	4:32 p	**1:32 p**
☽♉	⚼	♃ ♍	4:35 p	**1:35 p**
☽♉	⚹	♅ ♓	10:18 p	**7:18 p**
♃♍	⚼	♀ ♈		**10:18 p**

25 Wednesday

1st ♉
♀ enters ♉ 1:33 a
☿ enters ♓ 7:58 a **4:58 a**
⚳ D 1:38 p **10:38 a**

♃♍	⚼	♀ ♈	1:18 a	
☽♉	□	⚶ ♒	3:08 a	**12:08 a**
☽♉	⚹	☉ ♓	4:30 a	**1:30 a**
☽♉	⚹	♄ ♋	5:04 a	**2:04 a**
☽♉	⚼	♇ ♐	6:18 a	**3:18 a**
☿♓	⚹	♀ ♉	10:04 a	**7:04 a**
☉♓	△	♄ ♋	11:15 a	**8:15 a**
☽♉	△	⚵ ♑	1:11 p	**10:11 a**
☽♉	⚹	⚳ ♋	3:24 p	**12:24 p**
☽♉	□	♆ ♒	7:39 p	**4:39 p**
☽♉	☌	♂ ♉	9:05 p	**6:05 p**
☽♉	△	♃ ♍	9:55 p	**6:55 p** ☽ v/c

26 Thursday

1st ♉

☽♉	⚺	♀ ♈	9:52 a	**6:52 a**
♂♉	△	♃ ♍	10:12 a	**7:12 a**
☽♉	∠	♄ ♋	10:57 a	**7:57 a**
☽♉	⚻	♇ ♐	12:17 p	**9:17 a**
☽♉	△	⚷ ♑	3:15 p	**12:15 p**
☽♉	⚼	⚵ ♑	8:02 p	**5:02 p**
☽♉	∠	⚳ ♋	9:32 p	**6:32 p**
♄♋	⚻	⚶ ♒	11:44 p	**8:44 p**
☿ ♓	☌	♅ ♓		**10:21 p**

27 Friday

1st ♉
☽ enters ♊ 4:22 a **1:22 a**
2nd Quarter 10:24 p **7:24 p**

☿♓	☌	♅♓	1:21 a	
☽♊	⚺	♀♉	6:20 a	**3:20 a**
☽♊	□	♅♓	10:40 a	**7:40 a**
♀♈	△	♇♐	11:34 a	**8:34 a**
☽♊	□	☿♓	12:18 p	**9:18 a**
☉♓	∠	⚷♑	3:29 p	**12:29 p**
☽♊	⚺	♄♋	5:17 p	**2:17 p**
☽♊	△	⚶♒	6:06 p	**3:06 p**
☽♊	∠	♀♈	7:28 p	**4:28 p**
☽♊	⚼	⚷♑	9:51 p	**6:51 p**
☽♊	□	☉♓	10:24 p	**7:24 p**

28 Saturday

2nd ♊

☽♊	⚻	⚵♑	3:14 a	**12:14 a**
☽♊	⚺	⚳♋	4:02 a	**1:02 a**
☽♊	△	♆♒	8:29 a	**5:29 a**
♇♐	∠	⚶♒	8:54 a	**5:54 a**
☽♊	□	♃♍	9:57 a	**6:57 a**
☽♊	⚺	♂♉	1:15 p	**10:15 a**
☽♊	∠	♀♉	2:00 p	**11:00 a**
☿♓	△	♄♋	8:23 p	**5:23 p**
♀♈	□	⚷♑	9:53 p	**6:53 p**
☽♊	☍	♇♐		**10:13 p**
☽♊	⚼	⚶♒		**10:55 p**

29 Sunday

2nd ♊
☽ enters ♋ 5:12 p **2:12 p**

☽♊	☍	♇♐	1:13 a	
☽♊	⚼	⚶♒	1:55 a	
☽♊	⚻	⚷♑	4:29 a	**1:29 a**
☽♊	⚹	♀♈	5:08 a	**2:08 a** ☽ v/c
☿♓	⚺	⚶♒	1:56 p	**10:56 a**
⚳♋	☍	⚵♑	2:37 p	**11:37 a**
☽♊	⚼	♆♒	2:57 p	**11:57 a**
☽♋	∠	♂♉	9:18 p	**6:18 p**
☽♋	⚹	♀♉	9:30 p	**6:30 p**
☽♋	△	♅♓	11:44 p	**8:44 p**

FEBRUARY

S	M	T	W	T	F	S
1	2	3	4	5	6	7
8	9	10	11	12	13	14
15	16	17	18	19	20	21
22	23	24	25	26	27	28
29						

2004 MARCH 2004

PISCES ♓
Duality: Feminine
Quality: Mutable
Element: Water
House: 12th
Planetary Ruler: Neptune
Rules: Feet, lymph system
Impulse: Unity
Keynote: I believe

1 Monday
2nd ♋

☿ ♓	⊥	♂ ♑	4:02 a	**1:02 a**
☽ ♋	☌	♄ ♋	5:52 a	**2:52 a**
☽ ♋	⊼	♆ ♒	9:24 a	**6:24 a**
☽ ♋	△	☿ ♓	11:58 a	**8:58 a**
☽ ♋	△	☉ ♓	4:27 p	**1:27 p**
☽ ♋	☌	? ♋	4:36 p	**1:36 p**
☽ ♋	☍	⚵ ♑	5:09 p	**2:09 p**
☉ ♓	△	? ♋	6:17 p	**3:17 p**
☽ ♋	⊼	♆ ♒	8:58 p	**5:58 p**
☽ ♋	✶	♃ ♍	9:35 p	**6:35 p**

2 Tuesday
2nd ♋

☉ ♓	✶	⚵ ♑	3:55 a	**12:55 a**
☽ ♋	✶	♂ ♉	4:45 a	**1:45 a**
☽ ♋	⚻	♅ ♓	5:38 a	**2:38 a**
☽ ♋	⊼	♇ ♐	1:02 p	**10:02 a**
☽ ♋	☍	♂ ♑	4:28 p	**1:28 p**
☿ ♓	△	? ♋	6:26 p	**3:26 p**
☽ ♋	⚻	☿ ♓	10:41 p	**7:41 p**
☽ ♋	□	♀ ♈	10:42 p	**7:42 p** ☽ v/c
☿ ♓	⊥	♀ ♈	10:50 p	**7:50 p**
☽ ♋	⚻	☉ ♓		**9:24 p**
☿ ♓	✶	⚵ ♑		**11:25 p**
☽ ♋	⊥	♃ ♍		**11:32 p**

3 Wednesday
2nd ♋
☽ enters ♌ 4:18 a **1:18 a**

☽ ♋	⚻	☉ ♓	12:24 a	
☿ ♓	✶	⚵ ♑	2:25 a	
☽ ♋	⊥	♃ ♍	2:32 a	
☽ ♌	□	♀ ♉	10:36 a	**7:36 a**
☽ ♌	⊼	♅ ♓	10:47 a	**7:47 a**
☽ ♌	⚼	♄ ♋	4:19 p	**1:19 p**
♅ ♓	✶	♀ ♉	4:32 p	**1:32 p**
☽ ♌	⚻	♇ ♐	5:54 p	**2:54 p**
♃ ♍	⊼	♆ ♒	7:12 p	**4:12 p**
☉ ♓	☌	☿ ♓	8:43 p	**5:43 p**
☽ ♌	☍	♆ ♒	10:08 p	**7:08 p**
☿ ♓	☍	♃ ♍	10:36 p	**7:36 p**
☿ ♓	⚼	♆ ♒	10:54 p	**7:54 p**
☉ ♓	☍	♃ ♍		**9:05 p**
☉ ♓	⚼	♆ ♒		**9:55 p**
☽ ♌	⚼	? ♋		**11:45 p**

Eastern Standard Time in medium type | **Pacific Standard Time in bold type**

4 Thursday

2nd ♌

☉♓	☍	♃♍	12:05 a	
☉♓	⚺	♆♒	12:55 a	
☽♌	⚺	⚳♋	2:45 a	
☽♌	⚻	⚵♑	4:22 a	**1:22 a**
☽♌	⚺	♃♍	6:41 a	**3:41 a**
☽♌	☍	♆♒	6:50 a	**3:50 a**
☽♌	⚻	☉♓	7:19 a	**4:19 a**
☽♌	⚻	☿♓	8:11 a	**5:11 a**
♀♈	⚼	♃♍	1:18 p	**10:18 a**
☽♌	□	♂♉	5:02 p	**2:02 p**
☽♌	∠	♄♋	8:22 p	**5:22 p**
☽♌	△	♇♐	9:56 p	**6:56 p**
☽♌	⚻	⚷♑		**10:25 p**

5 Friday

2nd ♌
☽ enters ♍ 12:18 p **9:18 a**
♀ enters ♉ 1:12 p **10:12 a**

☽♌	⚻	⚷♑	1:25 a	
☽♌	∠	⚳♋	6:38 a	**3:38 a**
☽♌	⚼	⚵♑	8:41 a	**5:41 a**
☽♌	△	♀♈	12:13 p	**9:13 a** ☽ v/c
☽♍	☍	♅♓	6:40 p	**3:40 p**
☽♍	△	♀♉	8:15 p	**5:15 p**
☽♍	⚹	♄♋	11:39 p	**8:39 p**

6 Saturday

2nd ♍
Full Moon 6:14 p **3:14 p**

☽♍	⚼	⚷♑	4:43 a	**1:43 a**
☽♍	⚻	⚶♒	7:18 a	**4:18 a**
☽♍	⚹	⚳♋	9:47 a	**6:47 a**
☽♍	△	⚵♑	12:13 p	**9:13 a**
☽♍	☌	♃♍	12:46 p	**9:46 a**
☽♍	⚻	♆♒	1:34 p	**10:34 a**
☽♍	⚼	♀♉	5:30 p	**2:30 p**
☽♍	☍	☉♓	6:14 p	**3:14 p**
☽♍	☍	☿♓	11:41 p	**8:41 p**
☽♍	⚼	♀♉	11:54 p	**8:54 p**
☿♓	∠	♀♉		**10:35 p**
☽♍	△	♂♉		**10:47 p**

7 Sunday

3rd ♍
♄ D 11:51 a **8:15 a**
☽ enters ♎ 5:31 p **2:31 p**

☿♓	∠	♀♉	1:35 a	
☽♍	△	♂♉	1:47 a	
☽♍	□	♇♐	3:49 a	**12:49 a** ☽ v/c
♃♍	△	⚵♑	6:43 a	**3:43 a**
☽♍	△	⚷♑	7:23 a	**4:23 a**
☽♍	⚼	⚶♒	10:47 a	**7:47 a**
♂♉	∠	♄♋	12:19 p	**9:19 a**
☽♍	⚼	♆♒	3:59 p	**12:59 p**
☿♓	⚹	♂♉	8:41 p	**5:41 p**
☽♎	⚻	♀♉	10:04 p	**7:04 p**
☽♎	⚻	♅♓	11:51 p	**8:51 p**
☽♎	⚻	♀♉		**11:59 p**

Purim

8 Monday

3rd ♎

☽♎	⚻	♀♉	2:59 a	
☽♎	□	♄♋	4:25 a	**1:25 a**
☿♓	□	♇♐	4:52 a	**1:52 a**
☽♎	⚼	♂♉	5:11 a	**2:11 a**
☽♎	△	⚶♒	1:44 p	**10:44 a**
☽♎	□	⚳♋	2:29 p	**11:29 a**
☽♎	⚺	♃♍	4:35 p	**1:35 p**
☽♎	□	⚵♑	5:34 p	**2:34 p**
☽♎	△	♆♒	5:58 p	**2:58 p**
♀♉	⚹	♅♓	9:37 p	**6:37 p**
♂♉	⚻	♇♐	9:46 p	**6:46 p**
☽♎	⚼	♅♓		**10:46 p**
☽♎	⚻	☉♓		**11:23 p**

9 Tuesday

3rd ♎
☽ enters ♏ 9:03 p **6:03 p**

☽♎	⚼	♅♓	1:46 a	
☽♎	⚻	☉♓	2:23 a	
☿♓	⚹	⚷♑	7:17 a	**4:17 a**
☽♎	⚹	♇♐	7:43 a	**4:43 a** ☽ v/c
☽♎	⚻	♂♉	8:11 a	**5:11 a**
☽♎	□	⚷♑	11:23 a	**8:23 a**
☽♎	⚻	☿♓	12:02 p	**9:02 a**
⚳♋	⚻	⚶♒	2:38 p	**11:38 a**
♆♒	⚺	⚵♑	4:40 p	**1:40 p**
☽♎	∠	♃♍	6:00 p	**3:00 p**
♄♋	⚹	♀♉	9:28 p	**6:28 p**

10 Wednesday

3rd ♏

☽♏	△	♅♓	3:28 a	**12:28 a**
☽♏	☍	♀♉	5:50 a	**2:50 a**
☽♏	⚼	☉♓	5:54 a	**2:54 a**
☽♏	△	♄♋	7:45 a	**4:45 a**
☽♏	☍	♀♉	8:06 a	**5:06 a**
☽♏	∠	♇♐	9:17 a	**6:17 a**
☉♓	∠	♀♉	2:51 p	**11:51 a**
☽♏	⚼	☿♓	5:40 p	**2:40 p**
☽♏	△	⚳♋	5:59 p	**2:59 p**
☽♏	□	⚶♒	6:47 p	**3:47 p**
☽♏	⚹	♃♍	7:16 p	**4:16 p**
☽♏	□	♆♒	9:13 p	**6:13 p**
☽♏	⚹	⚵♑	9:41 p	**6:41 p**

11 Thursday

3rd ♏
☽ enters ♐ 11:57 p **8:57 p**

☿♓	∠	⚶♒	4:10 a	**1:10 a**
♃♍	⚻	⚶♒	5:45 a	**2:45 a**
♀♉	⚹	♄♋	6:44 a	**3:44 a**
☽♏	⚼	♄♋	9:13 a	**6:13 a**
☽♏	△	☉♓	9:17 a	**6:17 a**
☽♏	⚺	♇♐	10:44 a	**7:44 a**
☽♏	☍	♂♉	1:35 p	**10:35 a**
☽♏	⚹	⚷♑	2:35 p	**11:35 a**
♇♐	⚼	♀♉	7:27 p	**4:27 p**
☽♏	⚼	⚳♋	7:35 p	**4:35 p**
☿♓	∠	♆♒	7:36 p	**4:36 p**
☽♏	△	☿♓	11:11 p	**8:11 p** ☽ v/c
☽♏	∠	⚵♑	11:36 p	**8:36 p**
♀♉	⚼	♇♐		**11:44 p**

12 Friday

3rd ♐
☿ enters ♈ 4:44 a **1:44 a**

♀♉	⚼	♇♐	2:44 a	
☉♓	□	♇♐	5:57 a	**2:57 a**
☽♐	□	♅♓	6:32 a	**3:32 a**
♀♉	☌	⚴♉	8:24 a	**5:24 a**
☽♐	⚻	♄♋	10:38 a	**7:38 a**
☽♐	⚻	⚴♉	12:44 p	**9:44 a**
☽♐	⚻	♀♉	12:56 p	**9:56 a**
♂♉	△	⚷♑	1:41 p	**10:41 a**
☉♓	∠	⚴♉	3:30 p	**12:30 p**
☽♐	∠	⚷♑	4:06 p	**1:06 p**
☽♐	⚻	⚳♋	9:12 p	**6:12 p**
☽♐	□	♃♍	9:40 p	**6:40 p**
☽♐	⚹	⚶♒	11:29 p	**8:29 p**
☽♐	⚹	♆♒		**9:10 p**
☽♐	⚺	⚵♑		**10:30 p**

13 Saturday

3rd ♐
4th Quarter 4:01 p **1:01 p**
☽ enters ♑ **11:51 p**

☽♐	⚹	♆♒	12:10 a	
☽♐	⚺	⚵♑	1:30 a	
☽♐	☌	♇♐	1:37 p	**10:37 a**
☽♐	⚼	⚴♉	3:05 p	**12:05 p**
☽♐	□	☉♓	4:01 p	**1:01 p** ☽ v/c
☽♐	⚼	♀♉	4:30 p	**1:30 p**
☽♐	⚺	⚷♑	5:40 p	**2:40 p**
☽♐	⚻	♂♉	6:53 p	**3:53 p**
♆♒	☌	⚶♒	8:39 p	**5:39 p**
♃♍	⚹	⚳♋		**9:23 p**
☽♐	∠	♆♒		**10:42 p**
☽♐	∠	⚶♒		**10:53 p**

14 Sunday

4th ♐
☽ enters ♑ 2:51 a

♃♍	⚹	⚳♋	12:23 a	
☽♐	∠	♆♒	1:42 a	
☽♐	∠	⚶♒	1:53 a	
☿♈	⚺	♅♓	5:49 a	**2:49 a**
☽♑	⚹	♅♓	9:41 a	**6:41 a**
☽♑	□	☿♈	10:17 a	**7:17 a**
☽♑	☍	♄♋	1:39 p	**10:39 a**
☉♓	⚹	⚷♑	4:55 p	**1:55 p**
☽♑	△	⚴♉	5:31 p	**2:31 p**
☽♑	△	♀♉	8:08 p	**5:08 p**
☽♑	⚼	♂♉	9:38 p	**6:38 p**
☽♑	△	♃♍		**9:14 p**
☽♑	☍	⚳♋		**9:40 p**

MARCH

S	M	T	W	T	F	S
	1	2	3	4	5	6
7	8	9	10	11	12	13
14	15	16	17	18	19	20
21	22	23	24	25	26	27
28	29	30	31			

15 Monday

4th ♑

☽♑	△	♃♍	12:14 a	
☽♑	☍	⚳♋	12:40 a	
☽♑	⚺	♆♒	3:20 a	**12:20 a**
☽♑	⚺	⚴♒	4:23 a	**1:23 a**
☽♑	☌	⚵♑	5:31 a	**2:31 a**
☿♈	□	♄♋	10:57 a	**7:57 a**
☽♑	∠	♅♓	11:23 a	**8:23 a**
☽♑	⚺	♇♐	4:49 p	**1:49 p**
☽♑	☌	⚷♑	9:06 p	**6:06 p**
☽♑	⚹	☉♓	11:08 p	**8:08 p**
☽♑	△	♂♉		**9:34 p** ☽ v/c
☽♑	⚼	♃♍		**10:43 p**

16 Tuesday

4th ♑
☽ enters ♒ 6:10 a **3:10 a**

☽♑	△	♂♉	12:34 a	☽ v/c
☽♑	⚼	♃♍	1:43 a	
☽♒	⚺	♅♓	1:17 p	**10:17 a**
☽♒	⚻	♄♋	5:09 p	**2:09 p**
☽♒	∠	♇♐	6:39 p	**3:39 p**
♀♉	△	♃♍	9:00 p	**6:00 p**
☽♒	⚹	☿♈	9:56 p	**6:56 p**
☽♒	□	♀♉	10:55 p	**7:55 p**

17 Wednesday

4th ♒

☽♒	∠	☉♓	3:02 a	**12:02 a**
☽♒	⚻	♃♍	3:24 a	**12:24 a**
☽♒	□	♀♉	4:00 a	**1:00 a**
☽♒	⚻	⚳♋	4:47 a	**1:47 a**
☽♒	☌	♆♒	7:08 a	**4:08 a**
☿♈	⚺	♀♉	7:24 a	**4:24 a**
☽♒	☌	⚴♒	9:59 a	**6:59 a**
☽♒	⚺	⚵♑	10:11 a	**7:11 a**
♀♉	⚹	⚳♋	3:37 p	**12:37 p**
☽♒	⚼	♄♋	7:17 p	**4:17 p**
☽♒	⚹	♇♐	8:46 p	**5:46 p**
⚵♑	⚺	⚴♒	9:26 p	**6:26 p**
☽♒	⚺	⚷♑		**10:21 p**

St. Patrick's Day

18 Thursday

4th ♒
☽ enters ♓ 10:26 a **7:26 a**

☽♒	⚺	⚷♑	1:21 a	
☽♒	∠	☿♈	4:13 a	**1:13 a**
☉♓	⚹	♂♉	4:47 a	**1:47 a**
☽♒	□	♂♉	7:15 a	**4:15 a** ☽ v/c
☽♒	⚼	⚳♋	7:18 a	**4:18 a**
☽♒	⚺	☉♓	7:19 a	**4:19 a**
♂♉	∠	⚳♋	8:29 a	**5:29 a**
☿♈	⚻	♃♍	12:31 p	**9:31 a**
☽♓	∠	⚵♑	1:00 p	**10:00 a**
☽♓	☌	♅♓	5:56 p	**2:56 p**
☽♓	△	♄♋	9:47 p	**6:47 p**
♀♉	□	♆♒	10:02 p	**7:02 p**

19 Friday

4th ♓
☉ enters ♈ **10:49 p**

☽ ♓	∠	⚷ ♑	4:02 a	**1:02 a**
☿ ♈	□	⚳ ♋	5:01 a	**2:01 a**
☽ ♓	⚹	⚴ ♉	5:39 a	**2:39 a**
☽ ♓	☍	♃ ♍	7:48 a	**4:48 a**
☽ ♓	△	⚳ ♋	10:17 a	**7:17 a**
☽ ♓	⚺	☿ ♈	11:01 a	**8:01 a**
☽ ♓	⚺	♆ ♒	12:15 p	**9:15 a**
☽ ♓	⚹	♀ ♉	1:26 p	**10:26 a**
☉ ♓	∠	♆ ♒	1:29 p	**10:29 a**
☿ ♈	∠	♂ ♉	1:53 p	**10:53 a**
☽ ♓	⚹	⚵ ♑	4:18 p	**1:18 p**
☽ ♓	⚺	⚶ ♒	5:06 p	**2:06 p**
☿ ♈	⚹	♆ ♒	8:22 p	**5:22 p**
☽ ♓	□	♇ ♐		**11:17 p**

20 Saturday

4th ♓
☉ enters ♈ 1:49 a
☽ enters ♈ 4:29 p **1:49 p**
New Moon 5:41 p **2:41 p**
♂ enters ♊ **11:39 p**

☽ ♓	□	♇ ♐	2:17 a	
☽ ♓	⚹	⚷ ♑	7:15 a	**4:15 a**
☽ ♓	∠	⚴ ♉	9:52 a	**6:52 a**
☽ ♓	∠	♆ ♒	3:36 p	**12:36 p**
☽ ♓	⚹	♂ ♉	3:57 p	**12:57 p** ☽ v/c
☽ ♈	☌	☉ ♈	5:41 p	**2:41 p**
☽ ♈	∠	♀ ♉	7:07 p	**4:07 p**
☽ ♈	∠	⚶ ♒	9:34 p	**6:34 p**
☽ ♈	⚺	♅ ♓		**9:33 p**

Spring Equinox/ International Astrology Day

21 Sunday

1st ♈
♂ enters ♊ 2:39 a

☽ ♈	⚺	♅ ♓	12:33 a	
☽ ♈	□	♄ ♋	4:26 a	**1:26 a**
♃ ♍	△	⚴ ♉	4:50 a	**1:50 a**
☿ ♈	⚺	⚴ ♉	5:35 a	**2:35 a**
☿ ♈	□	⚵ ♑	9:13 a	**6:13 a**
♀ ♉	△	⚵ ♑	12:08 p	**9:08 a**
☽ ♈	⚻	♃ ♍	2:19 p	**11:19 a**
☽ ♈	⚺	⚴ ♉	2:48 p	**11:48 a**
☽ ♈	□	⚳ ♋	6:06 p	**3:06 p**
☽ ♈	⚹	♆ ♒	7:37 p	**4:37 p**
☽ ♈	∠	♂ ♊	9:24 p	**6:24 p**
☽ ♈	□	⚵ ♑		**9:48 p**
☽ ♈	⚺	♀ ♉		**10:40 p**
☿ ♈	⚹	⚶ ♒		**11:36 p**
☽ ♈	⚹	⚶ ♒		**11:48 p**
☽ ♈	☌	☿ ♈		**11:49 p**

MARCH

S	M	T	W	T	F	S
	1	2	3	4	5	6
7	8	9	10	11	12	13
14	15	16	17	18	19	20
21	22	23	24	25	26	27
28	29	30	31			

22 Monday

1st ♈
☽ enters ♉ **10:10 p**

☽♈	□	⚵♑	12:48 a	
☽♈	⚺	♀♉	1:40 a	
☿♈	⚹	⚶♒	2:36 a	
☽♈	⚹	⚶♒	2:48 a	
☽♈	☌	☿♈	2:49 a	
☽♈	∠	♅♓	4:51 a	**1:51 a**
☽♈	△	♇♐	10:14 a	**7:14 a** ☽ v/c
☽♈	□	⚷♑	3:41 p	**12:41 p**
☽♈	⚼	♃♍	6:36 p	**3:36 p**
☿♈	∠	♅♓	7:16 p	**4:16 p**
♀♉	□	⚶♒		**11:29 p**

23 Tuesday

1st ♈
☽ enters ♉ 1:10 a

♀♉	□	⚶♒	2:29 a	
☽♉	⚺	♂♊	3:42 a	**12:42 a**
☽♉	⚺	☉♈	7:24 a	**4:24 a**
☽♉	⚹	♅♓	9:53 a	**6:53 a**
☽♉	⚹	♄♋	1:52 p	**10:52 a**
☽♉	⚼	♇♐	3:17 p	**12:17 p**
☽♉	△	♃♍	11:35 p	**8:35 p**

24 Wednesday

1st ♉
♇ ℞ 10:09 a **7:09 a**

☽♉	☌	♀♉	3:08 a	**12:08 a**
☽♉	⚹	⚳♋	4:55 a	**1:55 a**
☽♉	□	♆♒	5:49 a	**2:49 a**
☽♉	△	⚵♑	12:17 p	**9:17 a**
☽♉	∠	☉♈	3:36 p	**12:36 p**
☽♉	□	⚶♒	3:39 p	**12:39 p**
☿♈	△	♇♐	3:41 p	**12:41 p**
☉♈	⚺	♅♓	3:54 p	**12:54 p**
☉♈	∠	⚶♒	4:43 p	**1:43 p**
☽♉	☌	♀♉	5:29 p	**2:29 p** ☽ v/c
☽♉	∠	♄♋	7:38 p	**4:38 p**
☽♉	⚻	♇♐	9:00 p	**6:00 p**
☽♉	⚺	☿♈	9:43 p	**6:43 p**
☽♉	△	⚷♑		**11:57 p**

25 Thursday

1st ♉
☽ enters ♊ 12:35 p **9:35 a**

☽♉	△	⚷♑	2:57 a	
☽♉	∠	⚳♋	11:21 a	**8:21 a**
☽♊	☌	♂♊	6:36 p	**3:36 p**
☽♊	⚼	⚵♑	6:58 p	**3:58 p**
♀♉	∠	♄♋	7:54 p	**4:54 p**
☽♊	□	♅♓	9:54 p	**6:54 p**
☽♊	⚹	☉♈		**9:29 p**
☽♊	⚺	♄♋		**10:56 p**

26 Friday

1st ♊

☽♊	⚹	☉♈	12:29 a	
☽♊	⚺	♄♋	1:56 a	
♂♊	⚼	⚵♑	4:43 a	**1:43 a**
☽♊	∠	☿♈	7:49 a	**4:49 a**
☽♊	⚼	⚷♑	9:21 a	**6:21 a**
☽♊	□	♃♍	11:14 a	**8:14 a**
♀♉	⚻	♇♐	11:19 a	**8:19 a**
☽♊	⚺	♀♉	6:08 p	**3:08 p**
☽♊	⚺	⚳♋	6:12 p	**3:12 p**
☉♈	□	♄♋	6:15 p	**3:15 p**
☽♊	△	♆♒	6:19 p	**3:19 p**
⚳♋	⚹	♀♉	8:42 p	**5:42 p**
♆♒	□	♀♉	10:40 p	**7:40 p**
☿♈	□	⚷♑	10:52 p	**7:52 p**
☽♊	⚻	⚵♑		**10:58 p**
♆♒	⚻	⚳♋		**11:30 p**

27 Saturday

1st ♊
☽ enters ♋ **10:23 p**

☽♊	⚻	⚵♑	1:58 a	
♆♒	⚻	⚳♋	2:30 a	
☽♊	△	⚶♒	6:46 a	**3:46 a**
☽♊	☍	♇♐	9:40 a	**6:40 a**
☽♊	⚺	♀♉	11:44 a	**8:44 a**
☿♈	⚼	♃♍	2:39 p	**11:39 a**
☽♊	⚻	⚷♑	3:55 p	**12:55 p**
☽♊	⚹	☿♈	5:44 p	**2:44 p** ☽ v/c
☽♊	⚼	♆♒		**9:49 p**
☽♋	∠	♀♉		**10:57 p**

28 Sunday

1st ♊
☽ enters ♋ 1:23 a
2nd Quarter 6:48 p **3:48 p**

☽♊	⚼	♆♒	12:49 a	
☽♋	∠	♀♉	1:57 a	
☽♋	⚺	♂♊	10:53 a	**7:53 a**
☽♋	△	♅♓	10:59 a	**7:59 a**
♂♊	□	♅♓	12:40 p	**9:40 a**
☽♋	⚼	⚶♒	2:24 p	**11:24 a**
☽♋	☌	♄♋	2:55 p	**11:55 a**
☽♋	□	☉♈	6:48 p	**3:48 p**
☽♋	∠	♀♉	8:49 p	**5:49 p**
☽♋	⚹	♃♍	11:25 p	**8:25 p**

MARCH

S	M	T	W	T	F	S
	1	2	3	4	5	6
7	8	9	10	11	12	13
14	15	16	17	18	19	20
21	22	23	24	25	26	27
28	29	30	31			

MARCH 2004

29 Monday
2nd ♋

♄ ⊗	⊡	⚨ ≈	4:19 a **1:19 a**
☽ ⊗	⊼	♆ ≈	7:03 a **4:03 a**
☽ ⊗	♂	⚷ ♋	7:49 a **4:49 a**
☽ ⊗	⚹	♀ ♉	9:26 a **6:26 a**
☽ ⊗	☍	⚵ ♑	3:32 p **12:32 p**
♀ ♉	△	⚵ ♑	3:47 p **12:47 p**
☽ ⊗	⊡	♅ ♓	5:06 p **2:06 p**
☽ ⊗	∟	♂ ♊	6:34 p **3:34 p**
☽ ⊗	⊼	⚨ ≈	9:33 p **6:33 p**
☽ ⊗	⊼	♇ ♐	9:54 p **6:54 p**

30 Tuesday
2nd ♋
☽ enters ♌ 1:07 p **10:07 a**

☽ ⊗	☍	⚵ ♑	4:12 a **1:12 a**
☽ ⊗	∟	♃ ♍	4:56 a **1:56 a**
☽ ⊗	⚹	♀ ♉	5:14 a **2:14 a**
♇ ♐	⚹	⚨ ≈	6:31 a **3:31 a**
☽ ⊗	□	☿ ♈	11:00 a **8:00 a** ☽ v/c
☉ ♈	⊼	♃ ♍	9:53 p **6:53 p**
☽ ♌	⊼	♅ ♓	10:34 p **7:34 p**
☽ ♌	⚹	♂ ♊	**10:27 p**
☽ ♌	⚼	♄ ⊗	**11:17 p**

31 Wednesday
2nd ♌
☿ enters ♉ 9:27 p **6:27 p**

☽ ♌	⚹	♂ ♊	**1:27 a**
☽ ♌	⚼	♄ ⊗	**2:17 a**
☽ ♌	⊡	♇ ♐	3:06 a **12:06 a**
☽ ♌	⚼	♃ ♍	9:43 a **6:43 a**
☽ ♌	△	☉ ♈	10:49 a **7:49 a**
☽ ♌	☍	♆ ≈	5:33 p **2:33 p**
♂ ♊	⚼	♄ ⊗	6:42 p **3:42 p**
☽ ♌	⚼	⚷ ♋	7:07 p **4:07 p**
☽ ♌	□	♀ ♉	10:09 p **7:09 p**
☽ ♌	⊼	⚵ ♑	**11:25 p**

ARIES ♈
Duality: Masculine
Quality: Cardinal
Element: Fire
House: 1st
Planetary Ruler: Mars
Rules: Head
Impulse: Action
Keynote: I am

Eastern Standard Time in medium type   Pacific Standard Time in bold type

1 Thursday

2nd ♌
☽ enters ♍ 9:45 p 6:45 p

☽♌	⚻	⚵♑	2:25 a		
☽♌	∟	♄♋	6:44 a	**3:44 a**	
☽♌	△	♇♐	7:26 a	**4:26 a**	
☽♌	☍	⚶♒	9:18 a	**6:18 a**	
☽♌	⚻	⚷♑	1:33 p	**10:33 a**	
☽♌	⚼	☉♈	5:12 p	**2:12 p**	
☽♌	□	♀♉	6:56 p	**3:56 p**	☽ v/c
♃♍	⚼	⚷♑	9:03 p	**6:03 p**	
☽♍	△	☿♉	10:56 p	**7:56 p**	
☽♍	∟	⚳♋	11:24 p	**8:24 p**	

April Fools' Day

2 Friday

2nd ♍

☽♍	⚼	⚵♑	6:25 a	**3:25 a**
☽♍	☍	♅♓	6:49 a	**3:49 a**
☽♍	⚹	♄♋	10:16 a	**7:16 a**
☽♍	□	♂♊	12:07 p	**9:07 a**
☽♍	☌	♃♍	4:40 p	**1:40 p**
☽♍	⚼	⚷♑	4:51 p	**1:51 p**
☽♍	⚻	☉♈	10:26 p	**7:26 p**
☽♍	⚻	♆♒		**9:29 p**
☽♍	⚹	⚳♋		**11:45 p**
☽♍	⚼	☿♉		**11:51 p**

3 Saturday

2nd ♍
♀ enters ♊ 9:57 a **6:57 a**
☽ enters ♎ **11:52 p**

☽♍	⚻	♆♒	12:29 a		
☽♍	⚹	⚳♋	2:45 a		
☽♍	⚼	☿♉	2:51 a		
☽♍	△	⚴♉	6:53 a	**3:53 a**	
☽♍	△	⚵♑	9:31 a	**6:31 a**	
☽♍	□	♇♐	1:23 p	**10:23 a**	☽ v/c
♅♓	∟	⚵♑	3:44 p	**12:44 p**	
☽♍	⚻	⚶♒	5:03 p	**2:03 p**	
☽♍	△	⚷♑	7:18 p	**4:18 p**	
☽♍	⚼	♆♒		**11:41 p**	

4 Sunday

2nd ♍
☽ enters ♎ 3:52 a

☽♍	⚼	♆♒	3:41 a	
☉♈	⚹	♆♒	4:06 a	**12:06 a**
☽♎	△	♀♊	5:05 a	**1:05 a**
☽♎	⚻	☿♉	6:36 a	**3:36 a**
☽♎	⚼	⚴♉	10:52 a	**7:52 a**
☽♎	⚻	♅♓	12:35 p	**9:35 a**
☽♎	□	♄♋	3:51 p	**12:51 p**
☽♎	△	♂♊	7:54 p	**4:54 p**
☽♎	⚼	⚶♒	8:38 p	**5:38 p**
☽♎	⚺	♃♍	9:24 p	**6:24 p**

Palm Sunday

Daylight Saving Time begins at 2:00 am
(calendar observes Daylight Saving Time)

2004 APRIL 2004

5 Monday
2nd ♎
Full Moon 7:03 a **4:03 a**

♀ ♊	ㄴ	? ⊗	4:26 a	**1:26 a**	
☽ ♎	△	♆ ♒	5:14 a	**2:14 a**	
☽ ♎	☍	☉ ♈	7:03 a	**4:03 a**	
☽ ♎	□	? ⊗	8:09 a	**5:09 a**	
☽ ♎	⊡	♀ ♊	8:20 a	**5:20 a**	
☿ ♉	⊻	♀ ♊	10:01 a	**7:01 a**	
☽ ♎	⚻	♀ ♉	1:12 p	**10:12 a**	
☽ ♎	⊡	♅ ♓	1:59 p	**10:59 a**	
☽ ♎	□	⚹ j	2:28 p	**11:28 a**	
☽ ♎	⚹	♇ ♐	5:26 p	**2:26 p** ☽ v/c	
☽ ♎	⊡	♂ ♊	10:15 p	**7:15 p**	
☽ ♎	ㄴ	♃ ♍	10:24 p	**7:24 p**	
☽ ♎	△	⚷ ♒	10:39 p	**7:39 p**	
☽ ♎	□	⚸ ♑	11:15 p	**8:15 p**	
♂ ♊		♃ ♍		**10:16 p**	

6 Tuesday
3rd ♎
☽ enters ♏ 6:24 a **3:42 a**
☿ ℞ 4:28 p **1:28 p**

♂ ♊	□	♃ ♍	1:16 a		
☉ ♈	□	? ⊗	3:47 a	**12:47 a**	
☽ ♏	☍	☿ ♉	9:35 a	**6:35 a**	
☽ ♏	⚻	♀ ♊	11:02 a	**8:02 a**	
☽ ♏	△	♅ ♓	2:59 p	**11:59 a**	
☽ ♏	△	♄ ⊗	6:11 p	**3:11 p**	
☽ ♏	ㄴ	♇ ♐	6:19 p	**3:19 p**	
⚸ ♑	⊻	⚷ ♒	6:44 p	**3:44 p**	
♂ ♊	⊡	⚸ ♑	9:50 p	**6:50 p**	
☽ ♏	⚹	♃ ♍	11:06 p	**8:06 p**	
☽ ♏	⚻	♂ ♊		**9:13 p**	

Passover begins

7 Wednesday
3rd ♏

☽ ♏	⚻	♂ ♊	12:13 a		
☽ ♏	□	♆ ♒	7:06 a	**4:06 a** ☽ v/c	
☽ ♏	△	? ⊗	10:43 a	**7:43 a**	
☽ ♏	⚻	☉ ♈	12:24 p	**9:24 a**	
☽ ♏	☍	♀ ♉	4:43 p	**1:43 p**	
☽ ♏	⚹	⚸ ♑	4:44 p	**1:44 p**	
♀ ♉	△	⚸ ♑	5:20 p	**2:20 p**	
☽ ♏	⊡	♄ ⊗	6:58 p	**3:58 p**	
☽ ♏	⚹	♇ ♐	7:00 p	**4:00 p**	
☽ ♏	⚹	⚸ ♑		**9:52 p**	
☽ ♏	□	⚷ ♒		**10:46 p**	

8 Thursday
3rd ♏
☽ enters ♐ 7:50 a **4:50a**

☽ ♏	⚹	⚸ ♑	12:52 a		
☽ ♏	□	⚷ ♒	1:46 a		
☽ ♐	⚻	☿ ♉	10:44 a	**7:44 a**	
☽ ♐	⊡	? ⊗	11:49 a	**8:49 a**	
☽ ♐	⊡	☉ ♈	2:52 p	**11:52 a**	
☽ ♐	☍	♀ ♊	3:43 p	**12:43 p**	
☽ ♐	□	♅ ♓	4:32 p	**1:32 p**	
☽ ♐	ㄴ	⚸ ♑	5:44 p	**2:44 p**	
☽ ♐	⚻	♄ ⊗	7:46 p	**4:46 p**	
☽ ♐	□	♃ ♍		**9:13 p**	
☽ ♐	ㄴ	⚸ ♑		**10:37 p**	

Eastern Daylight Time in medium type **Pacific Daylight Time in bold type**

9 Friday

3rd ♐

☽♐	□	♃♍	12:13 a	
☽♐	∠	⚷♑	1:37 a	
☽♐	☍	♂♊	3:53 a	**12:53 a**
♀♊	□	♅♓	5:51 a	**2:51 a**
☽♐	⚹	♆♒	8:36 a	**5:36 a**
☽♐	⚼	☿♉	11:05 a	**8:05 a**
☽♐	⚻	⚳♋	1:01 p	**10:01 a**
☉♈	∠	♅♓	4:45 p	**1:45 p**
☽♐	△	☉♈	5:28 p	**2:28 p**
☽♐	⚺	⚵♑	6:52 p	**3:52 p**
☽♐	⚻	⚴♉	8:07 p	**5:07 p**
☽♐	☌	♇♐	8:30 p	**5:30 p** ☽ v/c
☽♐	⚺	⚷♑		**11:34 p**

Good Friday

Orthodox Good Friday

10 Saturday

3rd ♐

☽ enters ♑ 9:33 a **6:33 a**

☽♐	⚺	⚷♑	2:34 a	
☽♐	⚹	⚶♒	5:01 a	**2:01 a**
♇♐	⚻	⚴♉	5:57 a	**2:57 a**
♀♊	⚼	⚵♑	8:50 a	**5:50 a**
☽♑	∠	♆♒	9:36 a	**6:36 a**
☽♑	△	☿♉	11:30 a	**8:30 a**
♄♋	∠	⚴♉	1:27 p	**10:27 a**
☉♈	□	⚵♑	6:08 p	**3:08 p**
☽♑	⚹	♅♓	6:34 p	**3:34 p**
☽♑	⚻	♀♊	8:52 p	**5:52 p**
☽♑	☍	♄♋	9:55 p	**6:55 p**
☽♑	⚼	⚴♉	10:13 p	**7:13 p**
☽♑	△	♃♍		**11:00 p**

11 Sunday

3rd ♑

4th Quarter 11:46 p **8:46 p**

☽♑	△	♃♍	2:00 a	
☽♑	∠	⚶♒	7:05 a	**4:05 a**
☽♑	⚻	♂♊	8:23 a	**5:23 a**
☽♑	⚺	♆♒	10:55 a	**7:55 a**
☉♈	△	♇♐	1:35 p	**10:35 a**
♀♊	⚺	♄♋	3:27 p	**12:27 p**
☽♑	☍	⚳♋	4:20 p	**1:20 p**
☽♑	∠	♅♓	8:05 p	**5:05 p**
☽♑	☌	⚵♑	10:02 p	**7:02 p**
☽♑	⚺	♇♐	11:03 p	**8:03 p**
☽♑	□	☉♈	11:46 p	**8:46 p** ☽ v/c
☽♑	⚼	♀♊	12:00 p	**9:00 p**
☽♑	△	⚴♉		**9:43 p**

Easter

Orthodox Easter

APRIL

S	M	T	W	T	F	S
				1	2	3
4	5	6	7	8	9	10
11	12	13	14	15	16	17
18	19	20	21	22	23	24
25	26	27	28	29	30	

2004 APRIL 2004

12 Monday

4th ♑
☽ enters ♒ 12:33 p **9:33 a**
☿ enters ♈ 9:23 p **6:23 p**

☽ ♑	△	♀ ♉	12:43 a	
☽ ♑	⊡	♃ ♍	3:26 a	12:26 a
☽ ♑	☌	⚷ ♑	5:26 a	2:26 a
☽ ♑	⊻	♆ ♒	9:34 a	6:34 a
☽ ♑	⊡	♂ ♊	11:17 a	8:17 a
☽ ♒	□	♀ ♉	12:53 p	9:53 a
☽ ♒	⊻	♅ ♓	10:02 p	7:02 p
☉ ♈	L	♀ ♊	11:28 p	8:28 p
☽ ♒	L	♇ ♐		9:57 p
☽ ♒	⊼	♄ ⊗		10:33 p

Passover ends

13 Tuesday

4th ♒

☽ ♒	L	♇ ♐	12:57 a	
☽ ♒	⊼	♄ ⊗	1:33 a	
☽ ♒	△	♀ ♊	3:39 a	12:39 a
☉ ♈	⊻	♀ ♉	4:53 a	1:53 a
☽ ♒	⊼	♃ ♍	5:18 a	2:18 a
☿ ♈	L	♂ ♊	6:28 a	3:28 a
☽ ♒	△	♂ ♊	2:43 p	11:43 a
☽ ♒	☌	♆ ♒	2:52 p	11:52 a
♂ ♊	△	♆ ♒	6:02 p	3:02 p
☽ ♒	⊼	? ⊗	9:26 p	6:26 p
☉ ♈	⊡	♃ ♍		9:56 p
☽ ♒	⊻	⚹ ♑		11:58 p

14 Wednesday

4th ♒
☽ enters ♓ 5:24 p **2:24 p**

☉ ♈	⊡	♃ ♍	12:56 a	
☽ ♒	⊻	⚹ ♑	2:58 a	
☽ ♒	⚹	♇ ♐	3:20 a	12:20 a
☽ ♒	⊡	♄ ⊗	4:06 a	1:06 a
♀ ♊	□	♃ ♍	4:57 a	1:57 a
☽ ♒	□	♀ ♉	7:18 a	4:18 a
☿ ♈	⚹	♆ ♒	7:21 a	4:21 a
☽ ♒	⚹	☉ ♈	8:14 a	5:14 a
☽ ♒	⊻	⚷ ♑	10:06 a	7:06 a
☽ ♒	⚹	☿ ♈	3:27 p	12:27 p ☽ v/c
☽ ♒	☌	♆ ♒	4:09 p	1:09 p
☽ ♓	⊡	? ⊗		9:49 p

15 Thursday

4th ♓

☽ ♓	⊡	? ⊗	12:49 a	
☽ ♓	☌	♅ ♓	3:25 a	12:25 a
☽ ♓	L	⚹ ♑	6:14 a	3:14 a
☽ ♓	△	♄ ⊗	7:12 a	4:12 a
♇ ♐	⊻	⚹ ♑	7:57 a	4:57 a
☉ ♈	□	⚷ ♑	10:30 a	7:30 a
☽ ♓	☍	♃ ♍	10:34 a	7:34 a
☽ ♓	□	♀ ♊	12:41 p	9:41 a
☽ ♓	L	⚷ ♑	1:13 p	10:13 a
☽ ♓	L	☉ ♈	1:26 p	10:26 a
☽ ♓	L	☿ ♈	5:18 p	2:18 p
☽ ♓	⊻	♆ ♒	8:51 p	5:51 p
♀ ♊	⊡	⚷ ♑	9:39 p	6:39 p
☽ ♓	□	♂ ♊	11:23 p	8:23 p

Eastern Daylight Time in medium type   **Pacific Daylight Time in bold type**

2004 APRIL 2004

16 Friday

☽ ♓	△	♆ ♋	4:47 a	**1:47 a**
☽ ♓	□	♇ ♐	9:43 a	**6:43 a** ☽ v/c
☽ ♓	✶	⛢ ♑	10:03 a	**7:03 a**
☽ ♓	✶	♀ ♉	4:18 p	**1:18 p**
☽ ♓	✶	⚷ ♑	4:54 p	**1:54 p**
☽ ♓	⌄	☉ ♈	7:21 p	**4:21 p**
☽ ♓	⌄	☿ ♈	7:34 p	**4:34 p**
☉ ♈	☌	☿ ♈	9:05 p	**6:05 p**
☽ ♈	⌊	♆ ♒		**9:40 p**
☽ ♈	⌄	⚸ ♓		**10:04 p**

4th ♓
⚸ enters ♓ 5:46 a **2:46 p**
☽ enters ♈ 9:24 p

17 Saturday

☽ ♈	⌊	♆ ♒	12:40 a	
☽ ♈	⌄	⚸ ♓	1:04 a	
☿ ♈	⌊	♀ ♊	6:53 a	**3:53 a**
⚷ ♑	△	♀ ♉	6:57 a	**3:57 a**
☽ ♈	⌄	⛢ ♓	11:02 a	**8:02 a**
☽ ♈	□	♄ ♋	3:05 p	**12:05 p**
☽ ♈	⚻	♃ ♍	6:03 p	**3:03 p**
☽ ♈	⌊	♀ ♉	9:46 p	**6:46 p**
☽ ♈	✶	♀ ♊		**9:16 p**

4th ♈
☽ enters ♈ 12:24 a

18 Sunday

☽ ♈	✶	♀ ♊	12:16 a	
☿ ♈	⌄	♀ ♉	3:16 a	**12:16 a**
☽ ♈	✶	♆ ♒	5:05 a	**2:05 a**
☽ ♈	⌊	⚸ ♓	6:29 a	**3:29 a**
☽ ♈	✶	♂ ♊	10:40 a	**7:40 a**
☽ ♈	□	♆ ♋	2:34 p	**11:34 a**
☽ ♈	⌊	⛢ ♓	3:42 p	**12:42 p**
☿ ♈	□	⚷ ♑	5:53 p	**2:53 p**
☽ ♈	△	♇ ♐	6:21 p	**3:21 p**
☽ ♈	□	⛢ ♑	7:26 p	**4:26 p**
☽ ♈	⚼	♃ ♍	10:40 p	**7:40 p**
☽ ♈	☌	☿ ♈		**10:32 p**
☽ ♈	□	⚷ ♑		**10:59 p**

4th ♈

APRIL

S	M	T	W	T	F	S
				1	2	3
4	5	6	7	8	9	10
11	12	13	14	15	16	17
18	19	20	21	22	23	24
25	26	27	28	29	30	

Eastern Daylight Time in medium type   **Pacific Daylight Time in bold type**

19 Monday

4th ♈
New Moon 9:21 a **6:21 a**
☽ enters ♉ 9:43 a **6:43 a**
☉ enters ♉ 1:50 p **10:50 a**

☽♈	☌	☿♈	1:32 a		
☽♈	□	⚷♑	1:59 a		
☽♈	⚺	♀♉	3:55 a	**12:55 a**	
☽♈	∠	♀♊	7:02 a	**4:02 a**	
☽♈	☌	☉♈	9:21 a	**6:21 a**	☽ v/c
☽♉	⚹	⚶♓	12:32 p	**9:32 a**	
☽♉	∠	♂♊	5:19 p	**2:19 p**	
☽♉	⚹	♅♓	8:57 p	**5:57 p**	
☽♉	⚼	♇♐	11:31 p	**8:31 p**	
☽♉	⚹	♄♋		**10:20 p**	

Solar Eclipse 29° ♈ 49' 9:35 a **6:35 a**

20 Tuesday

1st ♉

☽♉	⚹	♄♋	1:20 a		
☽♉	△	♃♍	3:50 a	**12:50 a**	
☽♉	⚺	♀♊	2:25 p	**11:25 a**	
☽♉	□	□♒	3:36 p	**12:36 p**	☽ v/c
♅♓	⚼	⚳♋	10:41 p	**7:41 p**	
☽♉	⚺	♂♊		**9:35 p**	
☽♉	⚹	⚳♋		**11:49 p**	

21 Wednesday

1st ♉
☽ enters ♊ 9:10 p **6:10 p**

☽♉	⚺	♂♊	12:35 a	
☽♉	⚹	⚳♋	2:49 a	
☽♉	⚻	♇♐	5:13 a	**2:13 a**
☽♉	△	⚵♑	7:05 a	**4:05 a**
☽♉	∠	♄♋	7:16 a	**4:16 a**
☽♉	⚺	☿♈	9:33 a	**6:33 a**
☿♈	⚼	♃♍	10:01 a	**7:01 a**
♀♊	△	♆♒	10:17 a	**7:17 a**
☽♉	△	⚷♑	1:15 p	**10:15 a**
☽♉	☌	♀♉	6:03 p	**3:03 p**
☽♊	⚺	☉♉		**11:06 p**
☽♊	□	⚶♓		**11:20 p**

22 Thursday

1st ♊

☽♊	⚺	☉♉	2:06 a	
☽♊	□	⚶♓	2:20 a	
☉♉	⚹	⚶♓	7:15 a	**4:15 a**
☽♊	□	♅♓	8:57 a	**5:57 a**
☽♊	∠	⚳♋	9:42 a	**6:42 a**
☽♊	⚼	⚵♑	1:35 p	**10:35 a**
☽♊	⚺	♄♋	1:38 p	**10:38 a**
☽♊	∠	☿♈	2:16 p	**11:16 a**
☽♊	□	♃♍	3:37 p	**12:37 p**
☽♊	⚼	⚷♑	7:31 p	**4:31 p**
☿♈	□	⚵♑		**11:09 p**

Earth Day

2004   **APRIL**   **2004**

23 Friday

1st ♊

☿ ♈	□	✶ ♑	2:09 a	
☽ ♊	△	♆ ♒	3:57 a	**12:57 a**
☽ ♊	♂	♀ ♊	6:34 a	**3:34 a**
☽ ♊	⊥	☉ ♉	11:10 a	**8:10 a**
☽ ♊	♂	♂ ♊	4:30 p	**1:30 p**
☽ ♊	⊻	♆ ♋	4:54 p	**1:54 p**
☽ ♊	☍	♇ ♐	5:42 p	**2:42 p**
☽ ♊	✶	☿ ♈	7:22 p	**4:22 p** ☽ v/c
☽ ♊	⊼	✶ ♑	8:19 p	**5:19 p**
☽ ♊	⊼	♄ ♋		**11:00 p**

24 Saturday

1st ♊
☽ enters ♋ 9:56 a **6:56 a**
♀ enters ♊ 12:55 p **9:55 p**

☽ ♊	⊼	♄ ♋	2:00 a	
♂ ♊	⊻	♆ ♋	6:24 a	**3:24 a**
☽ ♊	⊻	♀ ♉	9:47 a	**6:47 a**
☽ ♋	⊡	♆ ♒	10:26 a	**7:26 a**
♂ ♊	☍	♇ ♐	2:13 p	**11:13 a**
☽ ♋	△	⚷ ♓	5:27 p	**2:27 p**
☽ ♋	✶	☉ ♉	8:21 p	**5:21 p**
☽ ♋	△	♅ ♓	9:58 p	**6:58 p**
♇ ♐	⊼	♆ ♋	10:16 p	**7:16 p**
☿ ♈	✶	♂ ♊		**9:30 p**
☽ ♋	♂	♄ ♋		**11:54 p**

25 Sunday

1st ♋

☿ ♈	✶	♂ ♊	12:30 a	
☽ ♋	♂	♄ ♋	2:54 a	
☽ ♋	✶	♃ ♍	4:18 a	**1:18 a**
☿ ♈	□	⚷ ♋	8:51 a	**5:51 a**
☉ ♉	✶	♅ ♓	4:40 p	**1:40 p**
☽ ♋	⊼	♆ ♒	4:49 p	**1:49 p**
☽ ♋	⊥	♀ ♊	5:37 p	**2:37 p**
☿ ♈	△	♇ ♐	6:13 p	**3:13 p**
☽ ♋	⊻	♀ ♊	10:57 p	**7:57 p**
☽ ♋	⊡	⚷ ♓		**9:50 p**

	APRIL					
S	M	T	W	T	F	S
				1	2	3
4	5	6	7	8	9	10
11	12	13	14	15	16	17
18	19	20	21	22	23	24
25	26	27	28	29	30	

Eastern Daylight Time in medium type   **Pacific Daylight Time in bold type**

26 Monday

1st ♋
☽ enters ♌ 10:14 p **7:14 p**

☽♋	⚼	⚵♓	12:50 a	
☽♋	⚼	♅♓	4:17 a	**1:17 a**
☽♋	□	☿♈	5:56 a	**2:56 a** ☽ v/c
☽♋	⚻	♇♐	6:15 a	**3:15 a**
☽♋	☌	⚳♋	7:09 a	**4:09 a**
☽♋	⚺	♂♊	8:33 a	**5:33 a**
☽♋	☍	⚵♑	9:30 a	**6:30 a**
☽♋	∟	♃♍	10:22 a	**7:22 a**
☽♋	☍	⚷♑	2:32 p	**11:32 a**
☉♉	⚼	♇♐	5:11 p	**2:11 p**
☽♌	⚹	♀♊		**10:00 p**

27 Tuesday

1st ♌
2nd Quarter 1:32 p **10:32 a**

☽♌	⚹	♀♊	1:00 a	
♂♊	⚻	⚵♑	5:42 a	**2:42 a**
☽♌	∟	♀♊	6:25 a	**3:25 a**
☽♌	⚻	⚵♓	7:43 a	**4:43 a**
☽♌	⚻	♅♓	10:06 a	**7:06 a**
☽♌	⚼	♇♐	11:54 a	**8:54 a**
☽♌	□	☉♉	1:32 p	**10:32 a**
☽♌	⚺	♄♋	3:05 p	**12:05 p**
☽♌	∟	♂♊	3:48 p	**12:48 p**
☽♌	⚺	♃♍	3:54 p	**12:54 p**

28 Wednesday

2nd ♌

☽♌	☍	♆♒	4:06 a	**1:06 a**
☉♉	⚹	♄♋	10:52 a	**7:52 a**
☽♌	⚹	♀♊	12:58 p	**9:58 a**
☽♌	△	☿♈	3:29 p	**12:29 p**
☽♌	△	♇♐	4:48 p	**1:48 p**
☉♉	△	♃♍	6:54 p	**3:54 p**
☽♌	⚺	⚳♋	7:13 p	**4:13 p**
☽♌	∟	♄♋	8:08 p	**5:08 p**
☽♌	⚻	⚵♑	8:25 p	**5:25 p**
☽♌	⚹	♂♊	10:08 p	**7:08 p** ☽ v/c
☽♌	⚻	⚷♑		**9:44 p**

29 Thursday

2nd ♌
☽ enters ♍ 8:00 a **5:00 a**

☽♌	⚻	⚷♑	12:44 a	
☽♍	□	♀♊	1:14 p	**10:14 a**
☽♍	☍	⚵♓	6:50 p	**3:50 p**
☽♍	☍	♅♓	7:19 p	**4:19 p**
☽♍	⚼	☿♈	7:21 p	**4:21 p**
☽♍	∟	⚳♋	11:51 p	**8:51 p**
☽♍	⚹	♄♋		**9:13 p**
☽♍	⚼	⚵♑		**9:31 p**
☽♍	☌	♃♍		**9:32 p**
♃♍	⚼	⚵♑		**10:35 p**
☽♍	△	☉♉		**11:56 p**

2004 APRIL/MAY 2004

30 Friday
2nd ♍
☿ D 9:05 a **6:05 a**

☽ ♍	⚹	♄ ♋	12:13 a		
☽ ♍	⚼	⛢ ♑	12:31 a		
☽ ♍	☌	♃ ♍	12:32 a		
♃ ♍	⚼	⛢ ♑	1:35 a		
☽ ♍	△	☉ ♉	2:56 a		
☽ ♍	⚼	⚷ ♓	4:30 a	**1:30 a**	
☿ ♈	∟	⛢ ♓	5:20 a	**2:20 a**	
☿ ♈	∟	⚳ ♓	10:41 a	**7:41 a**	
⛢ ♓	☌	⚳ ♓	11:11 a	**8:11 a**	
☽ ♍	⚻	♆ ♒	12:04 p	**9:04 a**	
☿ ♈	⚹	♀ ♊	4:02 p	**1:02 p**	
☉ ♉	∟	♂ ♊	8:05 p	**5:05 p**	
☽ ♍	⚻	☿ ♈	10:28 p	**7:28 p**	☽ ♍ □ ♇ ♐ 11:48 p **8:48 p**
☽ ♍	□	♀ ♊	10:43 p	**7:43 p**	♃ ♍ ∟ ⚳ ♋ **11:20 p**
					♂ ♊ ⚻ ⚷ ♑ **11:28 p**

TAURUS ♉
Duality: Feminine
Quality: Fixed
Element: Earth
House: 2nd
Planetary Ruler: Venus
Rules: Neck and throat
Impulse: Stability
Keynote: I have

1 Saturday
2nd ♍
☽ enters ♎ 2:03 p **11:03 a**
⚷ ℞ **10:12 p**

♃ ♍	∟	⚳ ♋	2:20 a		
♂ ♊	⚻	⚷ ♑	2:28 a		
☽ ♍	⚹	⚳ ♋	3:27 a	**12:27 a**	
☽ ♍	△	⚷ ♑	3:37 a	**12:37 a**	
☽ ♍	△	⚷ ♑	7:17 a	**4:17 a**	
☽ ♍	□	♂ ♊	7:31 a	**4:31 a** ☽ v/c	
☽ ♍	⚼	☉ ♉	7:49 a	**4:49 a**	
⚳ ♋	☍	⚷ ♑	12:46 p	**9:46 a**	
☽ ♎	⚼	♆ ♒	2:37 p	**11:37 a**	
♃ ♍	⚹	♄ ♋	4:31 p	**1:31 p**	
☽ ♎	△	♀ ♊	9:12 p	**6:12 p**	
☽ ♎	⚼	⛢ ♓		**9:42 p**	
☽ ♎	⚻	⚳ ♓		**10:46 p**	
♀ ♊	☍	♇ ♐		**11:07 p**	

2 Sunday
2nd ♎
⚷ ℞ **1:12 a**

☽ ♎	⚻	⛢ ♓	12:42 a	
☽ ♎	⚻	⚳ ♓	1:46 a	
♀ ♊	☍	♇ ♐	2:07 a	
☽ ♎	⚺	♃ ♍	5:25 a	**2:25 a**
☽ ♎	□	♄ ♋	5:30 a	**2:30 a**
☽ ♎	⚻	☉ ♉	11:35 a	**8:35 a**
☽ ♎	△	♆ ♒	4:16 p	**1:16 p**
☽ ♎	⚼	♀ ♊	11:41 p	**8:41 p**
☽ ♎	⚼	⛢ ♓		**11:06 p**
☽ ♎	☍	☿ ♈		**11:27 p**

Eastern Daylight Time in medium type   **Pacific Daylight Time in bold type**

3 Monday

2nd ♎
☽ enters ♏ 4:38 p **1:38 p**

☽♎	⚼	♅♓	2:06 a		
☽♎	☍	☿♈	2:27 a		
☽♎	⚹	♇♐	3:10 a	**12:10 a**	
☽♎	⚼	⚶♓	3:49 a	**12:49 a**	
☽♎	△	♀♊	4:05 a	**1:05 a**	
☽♎	∟	♃♍	6:36 a	**3:36 a**	
☽♎	□	⚵♑	7:06 a	**4:06 a**	
☽♎	□	⚳♋	7:51 a	**4:51 a**	
☽♎	□	⚷♑	10:16 a	**7:16 a**	
☽♎	△	♂♊	12:49 p	**9:49 a**	☽ v/c
☽♏	⚻	♀♊		**10:26 p**	
☽♏	△	♅♓		**11:50 p**	

4 Tuesday

2nd ♏
Full Moon 4:33 p **1:33 p**
♃ D 11:06 p **8:06 p**

☽♏	⚻	♀♊	1:26 a		
☽♏	△	♅♓	2:50 a		
☽♏	∟	♇♐	3:48 a	**12:48 a**	
☽♏	△	⚶♓	5:10 a	**2:10 a**	
☽♏	⚼	♀♊	5:32 a	**2:32 a**	
☽♏	⚹	♃♍	7:12 a	**4:12 a**	
☽♏	△	♄♋	7:37 a	**4:37 a**	
☿♈	△	♇♐	1:51 p	**10:51 a**	
☽♏	⚼	♂♊	2:23 p	**11:23 a**	
☽♏	☍	☉♉	4:33 p	**1:33 p**	
☽♏	□	♆♒	5:36 p	**2:36 p**	☽ v/c

Lunar Eclipse 14° ♏ 42' 4:31 p **1:31 p**

5 Wednesday

3rd ♏
☽ enters ♐ 5:08 p **2:08 p**

☽♏	⊻	♇♐	4:00 a	**1:00 a**	
☽♏	⚻	☿♈	4:21 a	**1:21 a**	
☽♏	⚻	♀♊	6:28 a	**3:28 a**	
☽♏	⚼	♄♋	7:57 a	**4:57 a**	
☽♏	⚹	⚵♑	8:06 a	**5:06 a**	
☉♉	□	♆♒	8:49 a	**5:49 a**	
☽♏	△	⚳♋	9:42 a	**6:42 a**	
☽♏	⚹	⚷♑	10:56 a	**7:56 a**	
☽♏	⚻	♂♊	3:34 p	**12:34 p**	
♅♓	□	♀♊	3:48 p	**12:48 p**	

Cinco de Mayo

6 Thursday

3rd ♐

☽♐	□	♅♓	3:12 a	**12:12 a**
☽♐	☍	♀♊	3:38 a	**12:38 a**
☽♐	⚼	☿♈	5:03 a	**2:03 a**
☽♐	□	⚶♓	6:44 a	**3:44 a**
☽♐	□	♃♍	7:24 a	**4:24 a**
☽♐	⚻	♄♋	8:06 a	**5:06 a**
☽♐	∟	⚵♑	8:12 a	**5:12 a**
☽♐	⚼	⚳♋	10:16 a	**7:16 a**
☽♐	∟	⚷♑	10:55 a	**7:55 a**
☽♐	⚹	♆♒	5:43 p	**2:43 p**
☽♐	⚻	☉♉	7:58 p	**4:58 p**

7 Friday

3rd ♐
♂ enters ♋ 4:45 a **1:45 a**
☽ enters ♑ 5:17 p **2:17 p**

☽♐	☌	♇♐	4:00 a	**1:00 a**	
☽♐	△	☿♈	5:54 a	**2:54 a**	
☽♐	☍	♀♊	7:50 a	**4:50 a**	☽ v/c
♃♍	☍	⚶♓	7:52 a	**4:52 a**	
☽♐	⚺	⚵♑	8:22 a	**5:22 a**	
☽♐	⚻	⚳♋	10:54 a	**7:54 a**	
☽♐	⚺	⚷♑	11:00 a	**8:00 a**	
⚷♑	☍	⚳♋	2:54 p	**11:54 a**	
☽♑	☍	♂♋	5:50 p	**2:50 p**	
☽♑	∠	♆♒	5:52 p	**2:52 p**	
♂♋	⚼	♆♒	6:42 p	**3:42 p**	
☽♑	⚼	☉♉	9:50 p	**6:50 p**	

8 Saturday

3rd ♑

☽♑	⚹	♅♓	3:35 a	**12:35 a**
☽♑	⚻	♀♊	5:54 a	**2:54 a**
☽♑	△	♃♍	7:48 a	**4:48 a**
☽♑	⚹	⚶♓	8:27 a	**5:27 a**
☽♑	☍	♄♋	8:49 a	**5:49 a**
♀♊	⚻	⚵♑	10:03 a	**7:03 a**
☽♑	⚺	♆♒	6:23 p	**3:23 p**
⚵♑	∠	⚶♓	10:12 p	**7:12 p**
☿♈	⚼	♃♍	10:48 p	**7:48 p**
☽♑	△	☉♉		**9:10 p**
♄♋	△	⚶♓		**11:14 p**

9 Sunday

3rd ♑
☽ enters ♒ 6:46 p **3:46 p**

☽♑	△	☉♉	12:10 a		
♄♋	△	⚶♓	2:14 a		
☽♑	∠	♅♓	4:19 a	**1:19 a**	
☽♑	⚺	♇♐	4:54 a	**1:54 a**	
☽♑	⚼	♀♊	7:39 a	**4:39 a**	
☽♑	⚼	♃♍	8:36 a	**5:36 a**	
☽♑	□	☿♈	9:03 a	**6:03 a**	☽ v/c
☽♑	☌	⚵♑	9:40 a	**6:40 a**	
☽♑	∠	⚶♓	9:57 a	**6:57 a**	
☽♑	⚻	♀♊	10:07 a	**7:07 a**	
☽♑	☌	⚷♑	12:12 p	**9:12 a**	
☽♑	☍	⚳♋	1:21 p	**10:21 a**	
☽♒	⚻	♂♋	9:40 p	**6:40 p**	
☿♈	□	⚵♑	10:44 p	**7:44 p**	

Mother's Day

MAY

S	M	T	W	T	F	S
						1
2	3	4	5	6	7	8
9	10	11	12	13	14	15
16	17	18	19	20	21	22
23	24	25	26	27	28	29
30	31					

10 Monday

3rd ♒

☽ ♒	⊻	♅ ♓	5:38 a	**2:38 a**
☽ ♒	∠	♇ ♐	6:09 a	**3:09 a**
♃ ♍	□	⚴ ♊	7:49 a	**4:49 a**
☽ ♒	⊼	♃ ♍	10:01 a	**7:01 a**
☽ ♒	△	⚴ ♊	10:07 a	**7:07 a**
☽ ♒	⊼	♄ ♋	11:24 a	**8:24 a**
☽ ♒	⚼	♀ ♊	12:04 p	**9:04 a**
☽ ♒	⊻	⚶ ♓	12:07 p	**9:07 a**
☿ ♈	✶	♀ ♊	7:47 p	**4:47 p**
☽ ♒	☌	♆ ♒	9:06 p	**6:06 p**
☿ ♈	∠	⚶ ♓		**9:17 p**
☽ ♒	⚼	♂ ♋		**9:40 p**

11 Tuesday

3rd ♒
4th Quarter 7:04 a **4:04 a**
☽ enters ♓ 10:52 p **7:52 p**

☿ ♈	∠	⚶ ♓	12:17 a	
☽ ♒	⚼	♂ ♋	12:40 a	
☽ ♒	□	☉ ♉	7:04 a	**4:04 a**
☽ ♒	✶	♇ ♐	8:07 a	**5:07 a**
⚴ ♊	⚼	⚵ ♑	1:00 p	**10:00 a**
☽ ♒	⊻	⚵ ♑	1:22 p	**10:22 a**
☽ ♒	⚼	♄ ♋	1:45 p	**10:45 a**
☽ ♒	△	♀ ♊	2:44 p	**11:44 a**
☽ ♒	✶	☿ ♈	3:31 p	**12:31 p** ☽ v/c
☽ ♒	⊻	⚷ ♑	3:52 p	**12:52 p**
☽ ♒	⊼	⚳ ♋	6:30 p	**3:30 p**
☿ ♈	□	⚷ ♑	9:23 p	**6:23 p**
☉ ♉	⊼	♇ ♐	9:29 p	**6:29 p**
♄ ♋	⊻	♀ ♊	11:29 p	**8:29 p**

12 Wednesday

4th ♓

☽ ♓	△	♂ ♋	4:32 a	**1:32 a**
☽ ♓	☌	♅ ♓	10:29 a	**7:29 a**
☽ ♓	☍	♃ ♍	3:06 p	**12:06 p**
☽ ♓	∠	⚵ ♑	4:21 p	**1:21 p**
☽ ♓	△	♄ ♋	4:53 p	**1:53 p**
☽ ♓	□	⚴ ♊	5:33 p	**2:33 p**
⚷ ♑	∠	⚶ ♓	6:23 p	**3:23 p**
☽ ♓	∠	⚷ ♑	6:51 p	**3:51 p**
☽ ♓	☌	⚶ ♓	6:52 p	**3:52 p**
☽ ♓	∠	☿ ♈	8:20 p	**5:20 p**
☽ ♓	⚼	⚳ ♋	10:20 p	**7:20 p**
☽ ♓	⊻	♆ ♒		**11:47 p**

13 Thursday

4th ♓

☽ ♓	⊻	♆ ♒	2:47 a	
☽ ♓	□	♇ ♐	2:20 p	**11:20 a**
☽ ♓	✶	☉ ♉	5:44 p	**2:44 p**
☽ ♓	✶	⚵ ♑	8:06 p	**5:06 p**
☽ ♓	□	♀ ♊	10:14 p	**7:14 p** ☽ v/c
⚷ ♑	⚼	⚴ ♊	10:25 p	**7:25 p**
☽ ♓	✶	⚷ ♑	10:35 p	**7:35 p**
☽ ♓	⊻	☿ ♈		**11:16 p**

2004   **MAY**   **2004**

14 Friday

4th ♓
☽ enters ♈ 6:02 a **3:02 a**

☽ ♓	⚻	☿ ♈	2:16 a	
☽ ♓	△	? ⊗	3:00 a	**12:00 a**
☽ ♈	⚹	♆ ♒	6:47 a	**3:47 a**
☽ ♈	□	♂ ⊗	2:57 p	**11:57 a**
☿ ♈	□	? ⊗	5:31 p	**2:31 p**
☽ ♈	⚻	♅ ♓	6:23 p	**3:23 p**
☽ ♈	⚼	♃ ♍	11:17 p	**8:17 p**
☽ ♈	⚿	☉ ♉		**9:27 p**
☽ ♈	□	♄ ⊗		**10:30 p**
☉ ♉	△	✻ ♑		**10:51 p**

15 Saturday

4th ♈
☿ enters ♉ **11:54 p**

☽ ♈	⚿	☉ ♉	12:27 a	
☽ ♈	□	♄ ⊗	1:30 a	
☉ ♉	△	✻ ♑	1:51 a	
☽ ♈	⚹	♀ ♊	4:28 a	**1:28 a**
☽ ♈	⚻	⚷ ♓	4:54 a	**1:54 a**
♀ ♊	⚼	♆ ♑	7:16 a	**4:16 a**
☽ ♈	⚹	♆ ♒	11:27 a	**8:27 a**
☉ ♉	⚿	♄ ⊗	3:37 p	**12:37 p**
☽ ♈	⚿	♅ ♓	11:22 p	**8:22 p**
☽ ♈	△	♇ ♐	11:27 p	**8:27 p**

16 Sunday

4th ♈
✻ ℞ **11:49 p**
☿ enters ♉ 2:54 a
☽ enters ♉ 3:57 p **12:57 p**

☽ ♈	⚋	♃ ♍	4:23 a	**1:23 a**
☽ ♈	□	✻ ♑	5:38 a	**2:38 a**
♀ ♊	□	⚷ ♓	5:57 a	**2:57 a**
☽ ♈	⚻	☉ ♉	7:59 a	**4:59 a**
☽ ♈	□	⚸ ♑	8:06 a	**5:06 a**
☽ ♈	⚹	♀ ♊	8:17 a	**5:17 a** ☽ v/c
☉ ♉	△	⚸ ♑	9:22 a	**6:22 a**
☽ ♈	⚻	⚷ ♓	10:58 a	**7:58 a**
☽ ♈	⚼	♀ ♊	11:03 a	**8:03 a**
☉ ♉	⚻	♀ ♊	11:59 a	**8:59 a**
☽ ♈	□	? ⊗	2:32 p	**11:32 a**
☽ ♉	☌	☿ ♉	5:11 p	**2:11 p**

	MAY					
S	M	T	W	T	F	S
						1
2	3	4	5	6	7	8
9	10	11	12	13	14	15
16	17	18	19	20	21	22
23	24	25	26	27	28	29
30	31					

Eastern Daylight Time in medium type   **Pacific Daylight Time in bold type**

2004   **MAY**   **2004**

17 Monday

4th ♉

			EDT	PDT
☽	♉ ✶	♂ ♋	4:26 a	**1:26 a**
☽	♉ ⚼	♇ ♐	4:52 a	**1:52 a**
☽	♉ ✶	♅ ♓	4:54 a	**1:54 a**
☽	♉ △	♃ ♍	10:02 a	**7:02 a**
☽	♉ ✶	♄ ♋	12:42 p	**9:42 a**
♂ ♋	△	♅ ♓	1:28 p	**10:28 a**
☽	♉ ⊥	♀ ♊	1:59 p	**10:59 a**
☽	♉ ✶	⚳ ♓	5:35 p	**2:35 p**
☽	♉ ⚻	♀ ♊	6:14 p	**3:14 p**
☽	♉ □	♆ ♒	10:28 p	**7:28 p**

☿ ℞ 2:49 a
♆ ℞ 8:13 a **5:13 a**
♀ ℞ 6:29 p **3:29 p**

18 Tuesday

4th ♉

			EDT	PDT
☽	♉ ⚻	♇ ♐	10:43 a	**7:43 a**
☽	♉ ⊥	♂ ♋	12:01 p	**9:01 a**
☽	♉ △	⚳ ♑	5:12 p	**2:12 p**
☽	♉ ⊥	♄ ♋	6:58 p	**3:58 p**
☽	♉ △	⚵ ♑	7:38 p	**4:38 p**
☽	♉ ⚻	♀ ♊	7:58 p	**4:58 p**
☽	♉ ☌	☉ ♉		**9:52 p** ☽ v/c

⚴ enters ♌ 1:59 p **10:59 a**
New Moon **9:52 p**

19 Wednesday

1st ♉

			EDT	PDT
☽ ♉	☌	☉ ♉	12:52 a	☽ v/c
☽ ♊	✶	⚴ ♌	4:13 a	**1:13 a**
☽ ♊	⚻	☿ ♉	11:22 a	**8:22 a**
☽ ♊	□	♅ ♓	5:07 p	**2:07 p**
☽ ♊	⚻	♂ ♋	7:57 p	**4:57 p**
☽ ♊	□	♃ ♍	10:29 p	**7:29 p**
☽ ♊	⚼	⚳ ♑	11:26 p	**8:26 p**
☽ ♊	⚻	♄ ♋		**10:32 p**
☽ ♊	⚼	⚵ ♑		**10:52 p**

New Moon 12:52 a
☽ enters ♊ 3:47 a **12:47 a**

20 Thursday

1st ♊

			EDT	PDT
☽ ♊	⚻	♄ ♋	1:32 a	
☽ ♊	⚼	⚵ ♑	1:52 a	
☽ ♊	□	⚳ ♓	7:54 a	**4:54 a**
☽ ♊	☌	♀ ♊	9:45 a	**6:45 a**
☽ ♊	△	♆ ♒	10:55 a	**7:55 a**
☽ ♊	⊥	⚴ ♌	11:33 a	**8:33 a**
☽ ♊	⚻	☿ ♉	9:17 p	**6:17 p**
☽ ♊	☍	♇ ♐	11:14 p	**8:14 p**

☉ enters ♊ 12:59 p **9:59 a**

Eastern Daylight Time in medium type   **Pacific Daylight Time in bold type**

2004   **MAY**   **2004**

21 Friday

1st ♊
☽ enters ♋ 4:35 p **1:35 p**

♀ ♊	⊼	⚷ ♑	5:37 a	**2:37 a**	
☽ ♊	⊼	⚹ ♑	5:49 a	**2:49 a**	
☽ ♊	☌	♀ ♊	8:13 a	**5:13 a** ☽ v/c
☽ ♊	⊼	⚷ ♑	8:15 a	**5:15 a**	
♆ ♒	△	♀ ♊	9:24 a	**6:24 a**	
⚥ ♉	⚼	♇ ♐	3:02 p	**12:02 p**	
☽ ♋	⚼	♆ ♒	5:22 p	**2:22 p**	
☉ ♊	⚹	⚴ ♌	6:20 p	**3:20 p**	
⚥ ♉	⚹	♅ ♓	6:43 p	**3:43 p**	
☽ ♋	⊻	⚴ ♌	6:59 p	**3:59 p**	
☽ ♋	⊻	☉ ♊	7:01 p	**4:01 p**	
♂ ♋	⚹	♃ ♍	11:05 p	**8:05 p**	

22 Saturday

1st ♋

☽ ♋	△	♅ ♓	6:04 a	**3:04 a**	
☽ ♋	⚹	⚥ ♉	7:28 a	**4:28 a**	
☽ ♋	⚹	♃ ♍	11:36 a	**8:36 a**	
☽ ♋	☌	♂ ♋	12:14 p	**9:14 a**	
☽ ♋	☌	♄ ♋	2:58 p	**11:58 a** ☽ v/c
☽ ♋	△	⚷ ♓	10:39 p	**7:39 p**	
☽ ♋	⊼	♆ ♒	11:45 p	**8:45 p**	
☽ ♋	⊻	♀ ♊		**10:45 p**	

23 Sunday

1st ♋

☽ ♋	⊻	♀ ♊	1:45 a		
☽ ♋	∟	☉ ♊	4:05 a	**1:05 a**	
☽ ♋	⊼	♇ ♐	11:52 a	**8:52 a**	
☽ ♋	⚼	♅ ♓	12:25 p	**9:25 a**	
☽ ♋	∟	♃ ♍	6:00 p	**3:00 p**	
☽ ♋	☍	⚷ ♑	6:21 p	**3:21 p**	
☽ ♋	⊻	♀ ♊	7:55 p	**4:55 p**	
☽ ♋	☍	⚷ ♑	8:47 p	**5:47 p**	
⚥ ♉	△	♃ ♍	8:51 p	**5:51 p**	

		MAY				
S	M	T	W	T	F	S
						1
2	3	4	5	6	7	8
9	10	11	12	13	14	15
16	17	18	19	20	21	22
23	24	25	26	27	28	29
30	31					

Eastern Daylight Time in medium type   **Pacific Daylight Time in bold type**

2004 MAY 2004

24 Monday
1st ♋
☽ enters ♌ 5:07 a **2:07 a**

☽ ♌	⚻	⚹ ♓	5:43 a	**2:43 a**
☽ ♌	∟	♀ ♊	9:25 a	**6:25 a**
☽ ♌	☌	♃ ♌	9:26 a	**6:26 a**
☿ ♉	∟	♀ ♊	10:33 a	**7:33 a**
♃ ♌	∟	♀ ♊	11:00 a	**8:00 a**
♆ ♒	⚼	⚹ ♓	11:23 a	**8:23 a**
☽ ♌	⚹	☉ ♊	12:46 p	**9:46 a**
☽ ♌	⚻	♇ ♐	5:47 p	**2:47 p**
☽ ♌	⚻	♅ ♓	6:25 p	**3:25 p**
☽ ♌	⚼	♃ ♍		**9:02 p**
☽ ♌	∟	♀ ♊		**10:08 p**
♂ ♋	☌	♄ ♋		**10:39 p**

25 Tuesday
1st ♌

☽ ♌	⚼	♃ ♍	12:02 a	
☽ ♌	∟	♀ ♊	1:08 a	
♂ ♋	☌	♄ ♋	1:39 a	
☽ ♌	□	☿ ♉	3:28 a	**12:28 a**
☽ ♌	⚼	♄ ♋	3:35 a	**12:35 a**
☽ ♌	⚼	♂ ♋	3:41 a	**12:41 a**
☿ ♉	⚹	♄ ♋	4:39 a	**1:39 a**
☿ ♉	⚹	♂ ♋	6:33 a	**3:33 a**
☽ ♌	☍	♆ ♒	11:33 a	**8:33 a**
♃ ♍	⚻	✵ ♑	11:48 a	**8:48 a**
☽ ♌	⚻	♅ ♓	12:16 p	**9:16 a**
☽ ♌	⚹	♀ ♊	4:31 p	**1:31 p**
☽ ♌	△	♇ ♐	11:10 p	**8:10 p**

26 Wednesday
1st ♌
☽ enters ♍ 3:52 p **12:52 p**

☽ ♌	⚻	✵ ♑	5:19 a	**2:19 a**
☽ ♌	⚹	♀ ♊	5:42 a	**2:42 a** ☽ v/c
☽ ♌	⚻	♅ ♑	7:44 a	**4:44 a**
☽ ♌	∟	♄ ♋	9:05 a	**6:05 a**
☽ ♌	∟	♂ ♋	10:27 a	**7:27 a**
☽ ♍	⚼	♃ ♌	9:48 p	**6:48 p**
♀ ♊	⚻	✵ ♑	9:55 p	**6:55 p**

Shavuot

27 Thursday
1st ♍
2nd Quarter 3:57 a **12:57 a**

☽ ♍	□	☉ ♊	3:57 a	**12:57 a**
☽ ♍	☍	♅ ♓	4:36 a	**1:36 a**
☽ ♍	⚻	✵ ♑	9:44 a	**6:44 a**
☽ ♍	☌	♃ ♍	10:09 a	**7:09 a**
☽ ♍	⚻	♅ ♑	12:08 p	**9:08 a**
☉ ♊	□	♅ ♓	12:43 p	**9:43 a**
☽ ♍	⚹	♄ ♋	1:46 p	**10:46 a**
☽ ♍	⚹	♂ ♋	4:18 p	**1:18 p**
☽ ♍	△	☿ ♉	8:42 p	**5:42 p**
☽ ♍	⚻	♆ ♒	8:45 p	**5:45 p**
☿ ♉	□	♆ ♒	9:14 p	**6:14 p**
☽ ♍	☍	⚹ ♓	11:01 p	**8:01 p**
☽ ♍	∟	♇ ♌		**11:41 p**

Eastern Daylight Time in medium type   **Pacific Daylight Time in bold type**

2004 MAY 2004

28 Friday

2nd ♍
☽ enters ♎ 11:22 p **8:22 p**

☽ ♍	⊥	♃ ♌	2:41 a	
☽ ♍	□	☿ ♊	4:09 a	**1:09 a**
☽ ♍	□	♇ ♐	7:37 a	**4:37 a**
☽ ♍	□	♀ ♊	12:17 p	**9:17 a** ☽ v/c
☽ ♍	△	⚸ ♑	1:14 p	**10:14 a**
☽ ♍	△	⚷ ♑	3:38 p	**12:38 p**
☿ ♉	⚹	⚳ ♓	8:24 p	**5:24 p**
☽ ♎	⚇	♆ ♒		**9:01 p**

---

29 Saturday

2nd ♎

☽ ♎	⚇	♆ ♒	12:01 a	
☽ ♎	⚇	☿ ♉	3:35 a	**12:35 a**
☽ ♎	⚹	♃ ♌	6:32 a	**3:32 a**
☽ ♎	⊼	♅ ♓	11:19 a	**8:19 a**
☽ ♎	△	☉ ♊	2:47 p	**11:47 a**
☽ ♎	☌	♄ ♍	4:43 p	**1:43 p**
☽ ♎	□	♄ ♋	8:16 p	**5:16 p**
☽ ♎	□	♂ ♋		**9:45 p**
☽ ♎	△	♆ ♒		**11:18 p**

---

30 Sunday

2nd ♎

☽ ♎	□	♂ ♋	12:45 a	
☽ ♎	△	♆ ♒	2:18 a	
☉ ♊	⚇	⚸ ♑	4:07 a	**1:07 a**
☽ ♎	⊼	⚳ ♓	5:44 a	**2:44 a**
☽ ♎	⊼	☿ ♉	9:13 a	**6:13 a**
☽ ♎	△	♀ ♊	11:32 a	**8:32 a**
☽ ♎	⚹	♇ ♐	12:21 p	**9:21 a**
☽ ♎	⚇	♅ ♓	1:15 p	**10:15 a**
☽ ♎	△	♀ ♊	3:09 p	**12:09 p** ☽ v/c
☽ ♎	□	⚸ ♑	5:25 p	**2:25 p**
☽ ♎	⚇	☉ ♊	6:27 p	**3:27 p**
☽ ♎	⊥	♃ ♍	6:35 p	**3:35 p**
☽ ♎	□	⚷ ♑	7:48 p	**4:48 p**
☉ ♊	□	♃ ♍	8:34 p	**5:34 p**

Pentecost

MAY

S	M	T	W	T	F	S
						1
2	3	4	5	6	7	8
9	10	11	12	13	14	15
16	17	18	19	20	21	22
23	24	25	26	27	28	29
30	31					

Eastern Daylight Time in medium type   **Pacific Daylight Time in bold type**

MAY/JUNE 2004

31 Monday

2nd ♎
☽ enters ♏ 3:08 a **12:08 a**

♇ ♐	☌	♀ ♊	6:04 a	**3:04 a**
☽ ♏	⚏	⚵ ♓	7:38 a	**4:38 a**
♂ ♋	⚻	♆ ♒	10:42 a	**7:42 a**
☿ ♉	⚻	♇ ♐	11:10 a	**8:10 a**
☽ ♏	□	⚴ ♌	11:14 a	**8:14 a**
☽ ♏	⚼	♇ ♐	1:23 p	**10:23 a**
☽ ♏	⚏	♀ ♊	1:43 p	**10:43 a**
☉ ♊	⚏	⚵ ♑	1:45 p	**10:45 a**
☿ ♉	⚹	♀ ♊	2:00 p	**11:00 a**
☽ ♏	△	♅ ♓	2:19 p	**11:19 a**
☽ ♏	⚏	♀ ♊	3:19 p	**12:19 p**
☽ ♏	⚹	♃ ♍	7:37 p	**4:37 p**
☽ ♏	⚻	☉ ♊	9:06 p	**6:06 p**
☽ ♏	△	♄ ♋	11:05 p	**8:05 p**
☿ ♉	⚹	♀ ♊		**9:43 p**

GEMINI ♊
Duality: Masculine
Quality: Mutable
Element: Air
House: 3rd
Planetary Ruler: Mercury
Rules: Hands, arms, and shoulders
Impulse: Diversity
Keynote: I think

1 Tuesday

2nd ♏

☿ ♉	⚹	♀ ♊	12:43 a	
☽ ♏	□	♆ ♒	4:20 a	**1:20 a**
☽ ♏	△	♂ ♋	5:08 a	**2:08 a**
☽ ♏	△	⚵ ♓	8:43 a	**5:43 a**
♀ ♊	☌	♀ ♊	11:23 a	**8:23 a**
☽ ♏	⚹	♇ ♐	1:44 p	**10:44 a**
☽ ♏	⚻	♀ ♊	2:50 p	**11:50 a**
☽ ♏	⚻	♀ ♊	3:06 p	**12:06 p**
☽ ♏	☍	☿ ♉	5:15 p	**2:15 p** ☽ v/c
☽ ♏	⚹	⚶ ♑	6:21 p	**3:21 p**
☽ ♏	⚹	⚵ ♑	8:46 p	**5:46 p**
☽ ♏	⚏	♄ ♋	11:27 p	**8:27 p**
☿ ♉	△	⚶ ♑		**11:06 p**

2 Wednesday

2nd ♏
☽ enters ♐ 3:52 a **12:52 a**
Full Moon **9:20 p**

☿ ♉	△	⚶ ♑	2:06 a	
☽ ♐	⚏	♂ ♋	6:14 a	**3:14 a**
☉ ♊	⚹	♄ ♋	7:42 a	**4:42 a**
☽ ♐	△	⚴ ♌	12:54 p	**9:54 a**
☽ ♐	□	♅ ♓	2:36 p	**11:36 a**
☽ ♐	⚼	⚶ ♑	6:02 p	**3:02 p**
☽ ♐	□	♃ ♍	7:56 p	**4:56 p**
☽ ♐	⚼	⚵ ♑	8:31 p	**5:31 p**
♀ ♊	☍	♇ ♐	9:24 p	**6:24 p**
☿ ♉	△	⚵ ♑	10:22 p	**7:22 p**
☽ ♐	⚻	♄ ♋	11:24 p	**8:24 p**
☽ ♐	☍	☉ ♊		**9:20 p**

Eastern Daylight Time in medium type   Pacific Daylight Time in bold type

2004 JUNE 2004

3 Thursday

3rd ♐
Full Moon 12:20 a

☽ ♐	☌	☉ ♊	12:20 a	
☽ ♐	⚹	♆ ♒	4:05 a	**1:05 a**
♀ ♊	⊥	♃ ♌	4:43 a	**1:43 a**
☽ ♐	⊼	♂ ♋	6:57 a	**3:57 a**
☽ ♐	□	⛢ ♓	9:24 a	**6:24 a**
☽ ♐	☌	♀ ♊	12:39 p	**9:39 a**
☽ ♐	⚻	♃ ♌	1:10 p	**10:10 a**
☽ ♐	☌	♇ ♐	1:12 p	**10:12 a** ☽ v/c
♇ ♐	⚻	♃ ♌	2:18 p	**11:18 a**
☽ ♐	☌	♀ ♊	4:33 p	**1:33 p**
☽ ♐	⚺	⚹ ♑	5:30 p	**2:30 p**
☽ ♐	⚺	⚷ ♑	8:04 p	**5:04 p**
☽ ♐	⊼	☿ ♉	11:04 p	**8:04 p**
☿ ♉	⊥	♄ ♋		**9:15 p**

4 Friday

3rd ♐
☽ enters ♑ 3:12 a **12:12 a**

☿ ♉	⊥	♄ ♋	12:15 a	
☽ ♑	⊥	♆ ♒	3:41 a	**12:41 a**
☽ ♑	⊼	♃ ♌	1:27 p	**10:27 a**
♀ ♊	⊼	⚹ ♑	1:33 p	**10:33 a**
☽ ♑	⚹	⛢ ♓	1:55 p	**10:55 a**
☽ ♑	△	♃ ♍	7:30 p	**4:30 p**
☽ ♑	☍	♄ ♋	11:07 p	**8:07 p**
☽ ♑	⚻	☿ ♉		**11:09 p**
☽ ♑	⊼	☉ ♊		**11:53 p**

5 Saturday

3rd ♑
☿ enters ♊ 8:47 a **5:47 a**

☽ ♑	⚻	☿ ♉	2:09 a	
☽ ♑	⊼	☉ ♊	2:53 a	
☽ ♑	⚺	♆ ♒	3:27 a	**12:27 a**
⛢ ♓	⊼	♃ ♌	7:13 a	**4:13 a**
☽ ♑	☌	♂ ♋	8:28 a	**5:28 a** ☽ v/c
☽ ♑	⚹	⛢ ♓	9:54 a	**6:54 a**
☽ ♑	⊼	♀ ♊	10:22 a	**7:22 a**
☉ ♊	△	♆ ♒	11:40 a	**8:40 a**
☽ ♑	⚺	♇ ♐	12:41 p	**9:41 a**
☽ ♑	⊥	⛢ ♓	1:51 p	**10:51 a**
☽ ♑	☌	⚹ ♑	4:49 p	**1:49 p**
♀ ♊	□	⛢ ♓	5:41 p	**2:41 p**
☽ ♑	⊼	♀ ♊	6:10 p	**3:10 p**
♃ ♍	⊥	⚷ ♑	6:54 p	**3:54 p**
☽ ♑	☌	⚷ ♑	7:40 p	**4:40 p**
☽ ♑	⊥	♃ ♍	7:41 p	**4:41 p**

6 Sunday

3rd ♑
☽ enters ♒ 3:10 a **12:10 a**

☽ ♒	⊥	☉ ♊	4:45 a	**1:45 a**
☽ ♒	△	☿ ♊	5:54 a	**2:54 a**
♀ ♊	⚺	♂ ♋	8:03 a	**5:03 a**
☽ ♒	⊥	♀ ♊	9:44 a	**6:44 a**
☽ ♒	L	⛢ ♓	10:46 a	**7:46 a**
☽ ♒	⊥	♇ ♐	1:03 p	**10:03 a**
☽ ♒	⚺	⛢ ♓	2:18 p	**11:18 a**
☽ ♒	☍	♃ ♌	3:10 p	**12:10 p**
☽ ♒	⊥	♀ ♊	7:47 p	**4:47 p**
☽ ♒	⊼	♃ ♍	8:27 p	**5:27 p**
☽ ♒	⊼	♄ ♋		**9:21 p**

Eastern Daylight Time in medium type   **Pacific Daylight Time in bold type**

2004 JUNE 2004

7 Monday
3rd ≈

☽ ≈	⊼	♄ ⊙	12:21 a	
☽ ≈	☌	♆ ≈	4:27 a	1:27 a
⚷ ♑	⊼	♀ ♊	5:27 a	2:27 a
☽ ≈	△	☉ ♊	7:25 a	4:25 a
☽ ≈	△	♀ ♊	9:42 a	6:42 a
☽ ≈	⊼	♂ ⊙	12:05 p	9:05 a
☽ ≈	⊻	⚷ ♓	12:23 p	9:23 a
☽ ≈	✶	♇ ♐	2:09 p	11:09 a ☽ v/c
☽ ≈	⊻	⚹ ♑	6:12 p	3:12 p
☽ ≈	⊻	⚷ ♑	9:31 p	6:31 p
☽ ≈	△	♀ ♊	10:17 p	7:17 p
☿ ♊	⊐	♂ ⊙	11:47 p	8:47 p
♂ ⊙	△	⚷ ♓		9:32 p
☽ ≈	⊡	♄ ⊙		11:06 p

8 Tuesday
3rd ≈
☽ enters ♓ 5:38 a **2:38 a**

♂ ⊙	△	⚷ ♓	12:32 a	
☽ ≈	⊡	♄ ⊙	2:06 a	
☉ ♊	☌	♀ ♊	4:43 a	1:43 a
☽ ♓	⊡	♂ ⊙	3:17 p	12:17 p
☽ ♓	□	☿ ♊	5:08 p	2:08 p
☽ ♓	☌	♅ ♓	5:34 p	2:34 p
☽ ♓	⊼	⚴ ♌	8:03 p	5:03 p
☿ ♊	□	♅ ♓	8:05 p	5:05 p
☽ ♓	⊐	⚹ ♑	8:08 p	5:08 p
☽ ♓	⊐	⚷ ♑	11:44 p	8:44 p
☽ ♓	☍	♃ ♍		9:31 p

9 Wednesday
3rd ♓
4th Quarter 4:02 p **1:02 p**

☽ ♓	☍	♃ ♍	12:31 a	
☽ ♓	△	♄ ⊙	4:48 a	1:48 a
♂ ⊙	⊼	♇ ♐	8:29 a	5:29 a
☽ ♓	⊻	♆ ≈	8:42 a	5:42 a
☽ ♓	□	♀ ♊	11:59 a	8:59 a
☿ ♊	⊡	⚹ ♑	12:07 p	9:07 a
☽ ♓	□	☉ ♊	4:02 p	1:02 p
☿ ♊	✶	⚴ ♌	4:45 p	1:45 p
☽ ♓	☌	⚷ ♓	6:29 p	3:29 p
☽ ♓	□	♇ ♐	7:03 p	4:03 p
☽ ♓	△	♂ ⊙	7:37 p	4:37 p ☽ v/c
☽ ♓	✶	⚹ ♑	11:00 p	8:00 p
☽ ♓	⊡	⚴ ♌		9:04 p
☽ ♓	✶	⚷ ♑		11:55 p

10 Thursday
4th ♓
♅ ℞ 11:47 a **8:47 a**
☽ enters ♈ 11:49 a **8:49 a**

☽ ♓	⊡	⚴ ♌	12:04 a	
☽ ♓	✶	⚷ ♑	2:55 a	
☽ ♓	□	♀ ♊	6:30 a	3:30 a
☿ ♊	⊡	⚷ ♑	11:57 a	8:57 a
☽ ♈	⊐	♆ ≈	12:16 p	9:16 a
♂ ⊙	⊡	♅ ♓	4:23 p	1:23 p
♇ ♐	□	⚷ ♓	6:14 p	3:14 p
☿ ♊	□	♃ ♍	7:51 p	4:51 p
☽ ♈	⊻	♅ ♓		9:38 p

Eastern Daylight Time in medium type **Pacific Daylight Time in bold type**

11 Friday

4th ♈

☽♈	⚺	♅♓	12:38 a	
☽♈	△	⚳♌	5:08 a	**2:08 a**
☉♊	☍	♇♐	8:26 a	**5:26 a**
☽♈	⚻	♃♍	8:31 a	**5:31 a**
☽♈	⚹	☿♊	10:56 a	**7:56 a**
☽♈	□	♄♋	1:13 p	**10:13 a**
☉♊	□	⚴♓	3:02 p	**12:02 p**
☽♈	⚹	♆♒	4:45 p	**1:45 p**
☽♈	⚹	♀♊	5:40 p	**2:40 p**
☿♊	⚺	♄♋		**10:12 p**

12 Saturday

4th ♈

☽ enters ♉ 9:37 p **6:37 p**

☿♊	⚺	♄♋	1:12 a	
☽♈	△	♇♐	3:44 a	**12:44 a**
☽♈	⚺	⚴♓	4:36 a	**1:36 a**
♂♋	☍	⚵♑	5:13 a	**2:13 a**
☽♈	⚹	☉♊	5:24 a	**2:24 a**
☽♈	∠	♅♓	5:30 a	**2:30 a**
☽♈	□	⚵♑	7:22 a	**4:22 a**
☽♈	□	♂♋	7:31 a	**4:31 a** ☽ v/c
☽♈	□	⚷♑	11:59 a	**8:59 a**
♀♊	△	♆♒	1:08 p	**10:08 a**
☽♈	⚼	♃♍	1:51 p	**10:51 a**
☽♈	⚹	☿♊	6:57 p	**3:57 p**
☿♊	☌	♀♊	7:24 p	**4:24 p**
☿♊	△	♆♒	9:05 p	**6:05 p**
☽♉	∠	♀♊	9:37 p	**6:37 p**
☽♉	∠	☿♊	10:13 p	**7:13 p**

13 Sunday

4th ♉

☉♊	⚻	⚵♑	3:32 a	**12:32 a**
☽♉	⚼	♇♐	9:12 a	**6:12 a**
☽♉	∠	⚴♓	10:51 a	**7:51 a**
☽♉	⚹	♅♓	11:05 a	**8:05 a**
☽♉	∠	☉♊	1:31 p	**10:31 a**
☽♉	□	⚳♌	5:51 p	**2:51 p**
☽♉	△	♃♍	7:52 p	**4:52 p**
☽♉	⚹	♄♋		**9:52 p**
☽♉	⚺	♀♊		**11:08 p**
☽♉	∠	☿♊		**11:21 p**

JUNE

S	M	T	W	T	F	S
		1	2	3	4	5
6	7	8	9	10	11	12
13	14	15	16	17	18	19
20	21	22	23	24	25	26
27	28	29	30			

14 Monday

4th ♉
⚴ enters ♋ **10:09 p**

☽♉	⚹	♄♋	12:52 a	
☽♉	⚺	♀♊	2:08 a	
☽♉	∠	♀♊	2:21 a	
☽♉	□	♆♒	3:52 a	**12:52 a**
☽♉	⚺	☿♊	10:41 a	**7:41 a**
☽♉	⚻	♇♐	3:11 p	**12:11 p**
☽♉	⚹	⚶♓	5:37 p	**2:37 p**
☽♉	△	⚵♑	6:18 p	**3:18 p**
☽♉	⚺	☉♊	10:15 p	**7:15 p**
☽♉	⚹	♂♋	10:34 p	**7:34 p** ☽ v/c
☽♉	△	⚷♑	11:35 p	**8:35 p**
♀♊	⚺	♄♋		**9:32 p**

Flag Day

15 Tuesday

4th ♉
⚴ enters ♋ 1:09 a
☽ enters ♊ 9:44 a **6:44 a**

♀♊	⚺	♄♋	12:32 a	
☽♉	∠	♄♋	7:25 a	4:25 a
♆♒	⚼	⚴♋	8:09 a	**5:09 a**
☉♊	⚺	♂♋	9:15 a	**6:15 a**
☽♊	⚺	⚴♋	10:11 a	**7:11 a**
☿♊	☍	♇♐	11:07 a	**8:07 a**
⚵♑	⚹	⚶♓	12:30 p	**9:30 a**
☉♊	⚻	⚷♑	2:11 p	**11:11 a**
♂♋	☍	⚷♑	4:32 p	**1:32 p**
☽♊	□	♅♓	11:29 p	**8:29 p**
☽♊	⚼	⚵♑		**9:14 p**
☿♊	⚻	⚵♑		**10:56 p**

16 Wednesday

4th ♊

☽♊	⚼	⚵♑	12:14 a	
☿♊	⚻	⚵♑	1:56 a	
☿♊	□	⚶♓	4:57 a	**1:57 a**
☽♊	⚼	⚷♑	5:51 a	**2:51 a**
☽♊	∠	♂♋	6:40 a	**3:40 a**
☽♊	⚹	⚳♌	8:35 a	**5:35 a**
☽♊	□	♃♍	9:01 a	**6:01 a**
☽♊	☌	♀♊	12:12 p	**9:12 a**
☽♊	⚺	♄♋	2:10 p	**11:10 a**
☽♊	△	♆♒	4:29 p	**1:29 p**
♃♍	⚺	⚳♌		**10:44 p**

17 Thursday

4th ♊
New Moon 4:27 p **1:27 p**
☽ enters ♋ 10:37 p **7:37 p**

♃♍	⚺	⚳♌	1:44 a	
☽♊	☍	♇♐	3:51 a	**12:51 a**
☽♊	⚻	⚵♑	6:16 a	**3:16 a**
☿♊	⚻	⚷♑	7:46 a	**4:46 a**
☽♊	□	⚶♓	7:50 a	**4:50 a**
☉♊	∠	⚳♌	10:08 a	**7:08 a**
☽♊	⚻	⚷♑	12:12 p	**9:12 a**
☽♊	☌	☿♊	1:14 p	**10:14 a**
☽♊	⚺	♂♋	2:51 p	**11:51 a**
☽♊	∠	⚳♌	4:09 p	**1:09 p**
☽♊	☌	☉♊	4:27 p	**1:27 p** ☽ v/c
☽♋	⚼	♆♒	10:54 p	**7:54 p**
☿♊	⚺	♂♋		**9:47 p**
☽♋	☌	⚴♋		**11:19 p**

18 Friday

1st ♋

☿♊	⚺	♂♋	12:47 a	
☽♋	☌	⚴♋	2:19 a	
♅♓	∠	⚵♑	4:57 a	**1:57 a**
☿♊	∠	⚳♌	7:55 a	**4:55 a**
♀♊	⚹	⚳♌	11:10 a	**8:10 a**
♂♋	∠	♃♍	12:17 p	**9:17 a**
☽♋	△	♅♓	12:20 p	**9:20 a**
☉♊	☌	☿♊	5:24 p	**2:24 p**
♀♊	∠	♂♋	9:05 p	**6:05 p**
☽♋	⚹	♃♍	10:28 p	**7:28 p**
☽♋	⚺	♀♊	10:46 p	**7:46 p**
☽♋	⚺	⚳♌	11:37 p	**8:37 p**

19 Saturday

1st ♋
☿ enters ♋ 3:49 p **12:49 p**

☽♋	☌	♄♋	3:37 a	**12:37 a**
☽♋	⚻	♆♒	5:12 a	**2:12 a**
♀♊	□	♃♍	5:29 a	**2:29 a**
☽♋	⚻	♇♐	4:25 p	**1:25 p**
☿♋	⚼	♆♒	4:59 p	**1:59 p**
☽♋	☍	⚵♑	6:01 p	**3:01 p**
☽♋	⚼	♅♓	6:34 p	**3:34 p**
☽♋	△	⚶♓	9:47 p	**6:47 p**
☽♋	☍	⚷♑		**9:32 p**

20 Sunday

1st ♋
☽ enters ♌ 11:05 a **8:05 a**
☉ enters ♋ 8:57 p **5:57 p**

☽♋	☍	⚷♑	12:32 a	
☽♋	∠	♀♊	3:59 a	**12:59 a**
☽♋	∠	♃♍	4:57 a	**1:57 a**
☽♋	☌	♂♋	6:46 a	**3:46 a** ☽ v/c
☽♋	⚺	☉♊	10:14 a	**7:14 a**
☽♌	⚺	☿♋	3:22 p	**12:22 p**
☽♌	⚺	♀♋	5:53 p	**2:53 p**
☽♌	⚼	♇♐	10:21 p	**7:21 p**
☉♋	⚼	♆♒	11:06 p	**8:06 p**
☽♌	⚻	♅♓		**9:32 p**

Father's Day
Summer Solstice

JUNE

S	M	T	W	T	F	S
		1	2	3	4	5
6	7	8	9	10	11	12
13	14	15	16	17	18	19
20	21	22	23	24	25	26
27	28	29	30			

21 Monday

1st ♌

			EDT	PDT
☽♌	⚻	♅♓	12:32 a	
☽♌	⚼	⚶♓	4:20 a	**1:20 a**
☽♌	⚹	♀♊	9:00 a	**6:00 a**
☿♋	☌	☿♋	9:35 a	**6:35 a**
☽♌	⚺	♃♍	11:07 a	**8:07 a**
☽♌	☌	⚳♌	1:46 p	**10:46 a**
☽♌	⚺	♄♋	4:11 p	**1:11 p**
☽♌	☍	♆♒	5:00 p	**2:00 p**
☽♌	∠	☉♋	6:33 p	**3:33 p**
☽♌	∠	☿♋		**10:05 p**

22 Tuesday

1st ♌

☽ enters ♍ 10:10 p **7:10 p**

			EDT	PDT
☽♌	∠	☿♋	1:05 a	
☽♌	∠	☿♋	3:30 a	**12:30 a**
☽♌	△	♇♐	3:54 a	**12:54 a** ☽ v/c
☽♌	⚻	⚵♑	4:41 a	**1:41 a**
☽♌	⚻	⚶♓	10:26 a	**7:26 a**
☽♌	⚻	⚷♑	11:41 a	**8:41 a**
☿♋	△	♅♓	6:11 p	**3:11 p**
☽♌	⚺	♂♋	9:10 p	**6:10 p**
☽♌	∠	♄♋	9:48 p	**6:48 p**
☽♍	⚹	☉♋		**11:16 p**

23 Wednesday

1st ♍

♂ enters ♌ 4:50 p **1:50 p**

			EDT	PDT
☽♍	⚹	☉♋	2:16 a	
☽♍	⚹	☿♋	7:43 a	**4:43 a**
☽♍	⚼	⚵♑	9:18 a	**6:18 a**
☽♍	☍	♅♓	11:07 a	**8:07 a**
☽♍	⚹	☿♋	2:38 p	**11:38 a**
☽♍	⚼	⚷♑	4:30 p	**1:30 p**
☽♍	□	♀♊	6:02 p	**3:02 p**
☽♍	☌	♃♍	9:57 p	**6:57 p**
☽♍	⚺	⚳♌		**10:54 p**
☽♍	⚹	♄♋		**11:48 p**
☽♍	⚻	♆♒		**11:55 p**

24 Thursday

1st ♍

			EDT	PDT
☽♍	⚺	⚳♌	1:54 a	
☽♍	⚹	♄♋	2:48 a	
☽♍	⚻	♆♒	2:55 a	
☽♍	∠	♂♌	3:23 a	**12:23 a**
☿♋	⚺	♀♊	9:11 a	**6:11 a**
♇♐	⚺	⚵♑	11:23 a	**8:23 a**
♄♋	⚻	♆♒	12:40 p	**9:40 a**
☽♍	△	⚵♑	1:18 p	**10:18 a**
☽♍	□	♇♐	1:19 p	**10:19 a** ☽ v/c
⚷♑	⚹	⚶♓	5:23 p	**2:23 p**
☽♍	△	⚷♑	8:37 p	**5:37 p**
☽♍	☍	⚶♓	8:42 p	**5:42 p**

2004   **JUNE**   **2004**

25 Friday

1st ♍
☽ enters ♎ 6:50 a **3:50 a**
2nd Quarter 3:08 p **12:08 p**

☽ ♍	⊥	♃ ♌	6:49 a	**3:49 a**
☽ ♎	⚏	♆ ♒	6:51 a	**3:51 a**
♆ ♒	☍	♃ ♌	7:31 a	**4:31 a**
☽ ♎	✶	♂ ♌	8:45 a	**5:45 a**
☿ ⊗	✶	♃ ♍	12:48 p	**9:48 p**
☽ ♎	□	☉ ⊗	3:08 p	**12:08 p**
♄ ⊗	⊼	♃ ♌	4:55 p	**1:55 p**
☽ ♎	□	♀ ⊗	6:33 p	**3:33 p**
☽ ♎	⊼	♅ ♓	7:04 p	**4:04 p**
☽ ♎	△	♀ ♊		**9:50 p**

26 Saturday

2nd ♎

☽ ♎	△	♀ ♊	12:50 a	
♅ ♓	△	♀ ⊗	5:45 a	**2:45 a**
☽ ♎	⚹	♃ ♍	5:53 a	**2:53 a**
☽ ♎	□	☿ ⊗	8:48 a	**5:48 a**
☽ ♎	△	♆ ♒	9:56 a	**6:56 a**
☽ ♎	□	♄ ⊗	10:26 a	**7:26 a**
☽ ♎	✶	♃ ♌	10:50 a	**7:50 a**
☿ ⊗	⊼	♆ ♒	4:11 p	**1:11 p**
☽ ♎	□	※ ♑	6:56 p	**3:56 p**
☽ ♎	✶	♇ ♐	7:41 p	**4:41 p** ☽ v/c
☿ ⊗	♂	♄ ⊗	8:07 p	**5:07 p**
☽ ♎	⚏	♅ ♓	9:46 p	**6:46 p**
☿ ⊗	⊼	♃ ♌		**10:04 p**
☽ ♎	□	⚵ ♑		**11:26 p**

27 Sunday

2nd ♎
☽ enters ♏ 12:13 p **9:13 p**

☿ ⊗	⊼	♃ ♌	1:04 a	
☽ ♎	□	⚵ ♑	2:26 a	
☽ ♎	⚏	♀ ♊	3:09 a	**12:09 a**
☽ ♎	⊼	✦ ♓	3:33 p	**12:33 p**
☽ ♎	⊥	♃ ♍	8:32 a	**5:32 a**
☽ ♏	□	♂ ♌	4:31 p	**1:31 p**
☉ ⊗	△	♅ ♓	8:55 p	**5:55 p**
☽ ♏	⊥	♇ ♐	9:34 p	**6:34 p**
☽ ♏	△	♅ ♓	11:37 p	**8:37 p**
☽ ♏	△	☉ ⊗	11:49 p	**8:49 p**
☽ ♏	△	♀ ⊗		**10:30 p**

	JUNE					
S	M	T	W	T	F	S
		1	2	3	4	5
6	7	8	9	10	11	12
13	14	15	16	17	18	19
20	21	22	23	24	25	26
27	28	29	30			

Eastern Daylight Time in medium type   **Pacific Daylight Time in bold type**

JUNE 2004

28 Monday
2nd ♏

☽♏	△	♀ ☊	1:30 a		
☽♏	⊼	♀ ♊	4:41 a	1:41 a	
☽♏	⚏	⚷ ♓	5:36 a	2:36 a	
☽♏	⚹	♃ ♍	10:18 a	7:18 a	
☽♏	□	♆ ♒	1:31 p	10:31 a	
☽♏	△	♄ ☊	2:31 p	11:31 a	
☽♏	⚼	☊ ♌	3:59 p	12:59 p	
☽♏	△	☿ ☊	8:57 p	5:57 p	☽ v/c
☽♏	⚹	※ ♑	9:17 p	6:17 p	
☽♏	⚺	♇ ♐	10:38 p	7:38 p	
☿ ☊	☌	※ ♑	11:07 p	8:07 p	
☽♏	⚏	☉ ☊		11:36 p	

29 Tuesday
2nd ♏
☽ enters ♐ 2:15 p **11:15 a**
♀ D 7:16 p **4:16 p**

☽♏	⚏	☉ ☊	2:36 a		
☽♏	⚏	♀ ☊	3:33 a	12:33 a	
☽♏	⚹	⚴ ♑	4:51 a	1:51 a	
☽♏	△	⚷ ♓	6:49 a	3:49 a	
☿ ☊	⊼	♇ ♐	9:12 a	6:12 a	
☽♐	⚏	♄ ☊	3:21 p	12:21 p	
☽♐	△	♂ ♌	8:31 p	5:31 p	
☽♐	⚺	※ ♑	9:22 p	6:22 p	
☿ ☊	⚏	♅ ♓		9:00 p	
☽♐	□	♅ ♓		9:59 p	
☽♐	⚏	☿ ☊		10:07 p	

30 Wednesday
2nd ♐

☿ ☊	⚏	♅ ♓	12:00 a		
☽♐	□	♅ ♓	12:59 a		
☽♐	⚏	☿ ☊	1:07 a		
☽♐	⊼	☉ ☊	4:34 a	1:34 a	
☽♐	⊼	♀ ☊	4:52 a	1:52 a	
☽♐	⚺	⚴ ♑	5:02 a	2:02 a	
☽♐	☍	♀ ♊	5:45 a	2:45 a	
☽♐	□	♃ ♍	11:37 a	8:37 a	
☽♐	⚹	♆ ♒	2:10 p	11:10 a	
☽♐	⊼	♄ ☊	3:36 p	12:36 p	
☉☊	☌	♀ ☊	4:27 p	1:27 p	
☽♐	△	☊ ♌	6:00 p	3:00 p	
☽♐	⚺	※ ♑	8:57 p	5:57 p	
☽♐	⚏	♂ ♌	9:30 p	6:30 p	
☽♐	☌	♇ ♐	10:53 p	7:53 p	☽ v/c
☉☊	⚺	♀ ♊	11:52 p	8:52 p	

CANCER ☊
Duality: Feminine
Quality: Cardinal
Element: Water
House: 4th
Planetary Ruler: Moon
Rules: Breasts and stomach
Impulse: Sympathy
Keynote: I feel

Eastern Daylight Time in medium type Pacific Daylight Time in bold type

1 Thursday

2nd ♐
☽ enters ♑ 2:01 p **11:01 a**

☽♐	⚻	☿♋	4:28 a	**1:28 a**
♀♊	⚺	⚴♋	4:40 a	**1:40 a**
☽♐	⚺	⚷♑	4:45 a	**1:45 a**
☿♋	☍	⚷♑	6:42 a	**3:42 a**
☽♐	□	⚶♓	7:26 a	**4:26 a**
☽♐	∠	♆♒	1:50 p	**10:50 a**
☿♋	∠	♀♊	1:55 p	**10:55 a**
☽♑	⚼	⚳♌	6:21 p	**3:21 p**
☽♑	⚻	♂♌	10:10 p	**7:10 p**
☽♑	⚹	♅♓		**9:25 p**

2 Friday

2nd ♑
Full Moon 7:09 a **4:09 a**

☽♑	⚹	♅♓	12:25 a	
☽♑	⚻	♀♊	5:20 a	**2:20 a**
♂♌	⚼	♇♐	5:21 a	**2:21 a**
☽♑	☍	⚴♋	6:13 a	**3:13 a**
☿♋	△	⚶♓	6:30 a	**3:30 a**
☽♑	☍	☉♋	7:09 a	**4:09 a**
☽♑	△	♃♍	11:24 a	**8:24 a**
☽♑	⚺	♆♒	1:23 p	**10:23 a**
☽♑	☍	♄♋	3:17 p	**12:17 p**
☽♑	⚻	⚳♌	6:38 p	**3:38 p**
☽♑	☌	⚵♑	7:30 p	**4:30 p**
☽♑	⚺	♇♐	10:03 p	**7:03 p**
☽♑	∠	♅♓		**9:01 p**

3 Saturday

3rd ♑
☽ enters ♒ 1:22 p **10:22 a**

☽♑	∠	♅♓	12:01 a	
☽♑	☌	⚷♑	3:50 a	**12:50 a**
☽♑	⚼	♀♊	5:10 a	**2:10 a**
☽♑	⚹	⚶♓	7:16 a	**4:16 a**
☽♑	☍	☿♋	10:25 a	**7:25 a** ☽ v/c
☽♑	⚼	♃♍	11:21 a	**8:21 a**
⚳♌	⚻	⚵♑	3:05 p	**12:05 p**
☿♋	∠	♃♍	6:49 p	**3:49 p**
☽♒	∠	♇♐	9:53 p	**6:53 p**
☽♒	☍	♂♌	11:44 p	**8:44 p**
☽♒	⚺	♅♓	11:54 p	**8:54 p**

4 Sunday

3rd ♒
☿ enters ♌ 10:52 a **7:52 a**

♂♌	⚻	♅♓	3:27 a	**12:27 a**
☽♒	△	♀♊	5:25 a	**2:25 a**
☽♒	∠	⚶♓	7:36 a	**4:36 a**
☽♒	⚻	⚴♋	7:55 a	**4:55 a**
☽♒	⚻	☉♋	10:10 a	**7:10 a**
☽♒	⚻	♃♍	11:45 a	**8:45 a**
☽♒	☌	♆♒	1:15 p	**10:15 a**
☽♒	⚻	♄♋	3:43 p	**12:43 p**
☽♒	⚺	⚵♑	6:56 p	**3:56 p**
☽♒	☍	⚳♌	8:14 p	**5:14 p**
☽♒	⚹	♇♐	10:15 p	**7:15 p** ☽ v/c

Independence Day

5 Monday

3rd ♒
☽ enters ♓ 2:26 p **11:26 a**

☽ ♒	⚺	⚷ ♑	4:12 a	**1:12 a**	
☽ ♒	⚺	⚶ ♓	8:35 a	**5:35 a**	
☽ ♒	⚼	⚴ ♋	9:42 a	**6:42 a**	
☽ ♒	⚼	☉ ♋	12:43 p	**9:43 a**	
☉ ♋	⚹	♃ ♍	2:59 p	**11:59 a**	
☽ ♓	⚼	♄ ♋	4:55 p	**1:55 p**	
☽ ♓	⚻	☿ ♌	6:23 p	**3:23 p**	
☽ ♓	∠	⚵ ♑	7:36 p	**4:36 p**	
☽ ♓	☌	♅ ♓		**10:33 p**	

6 Tuesday

3rd ♓

☽ ♓	☌	♅ ♓	1:33 a		
☽ ♓	⚻	♂ ♌	3:48 a	**12:48 a**	
☽ ♓	∠	⚷ ♑	5:29 a	**2:29 a**	
☽ ♓	□	♀ ♊	8:15 a	**5:15 a**	
☉ ♋	⚻	♆ ♒	8:56 a	**5:56 a**	
☽ ♓	△	⚴ ♋	12:28 p	**9:28 a**	
☽ ♓	☍	♃ ♍	2:51 p	**11:51 a**	
☽ ♓	⚺	♆ ♒	3:49 p	**12:49 p**	
☽ ♓	△	☉ ♋	4:21 p	**1:21 p**	
☽ ♓	△	♄ ♋	7:03 p	**4:03 p**	
☽ ♓	⚹	⚵ ♑	9:09 p	**6:09 p**	
☽ ♓	⚼	☿ ♌		**9:08 p**	
☽ ♓	⚻	⚳ ♌		**10:06 p**	
☽ ♓	□	♇ ♐		**10:30 p**	☽ v/c

7 Wednesday

3rd ♓
☽ enters ♈ 7:03 p **4:03 p**

☽ ♓	⚼	☿ ♌	12:08 a		
☽ ♓	⚻	⚳ ♌	1:06 a		
☽ ♓	□	♇ ♐	1:30 a		☽ v/c
☽ ♓	⚼	♂ ♌	7:25 a	**4:25 a**	
☽ ♓	⚹	⚷ ♑	7:46 a	**4:46 a**	
☿ ♌	⚼	♇ ♐	10:46 a	**7:46 a**	
♇ ♐	△	⚳ ♌	12:39 p	**9:39 a**	
☽ ♓	☌	⚶ ♓	1:19 p	**10:19 a**	
☽ ♓	∠	♆ ♒	6:35 p	**3:35 p**	

8 Thursday

3rd ♈

☿ ♌	⚻	♅ ♓	4:37 a	**1:37 a**
☽ ♈	⚼	⚳ ♌	5:14 a	**2:14 a**
☽ ♈	⚺	♅ ♓	7:00 a	**4:00 a**
☽ ♈	△	☿ ♌	7:22 a	**4:22 a**
☽ ♈	△	♂ ♌	12:17 p	**9:17 a**
☉ ♋	☌	♄ ♋	12:38 p	**9:38 a**
☽ ♈	⚹	♀ ♊	3:30 p	**12:30 p**
☽ ♈	□	⚴ ♋	9:34 p	**6:34 p**
☽ ♈	⚻	♃ ♍	10:09 p	**7:09 p**
☽ ♈	⚹	♆ ♒	10:25 p	**7:25 p**
☉ ♋	☍	⚵ ♑		**9:23 p**
☽ ♈	□	♄ ♋		**11:34 p**

9 Friday

3rd ♈
4th Quarter 3:34 a **12:34 a**

☉♋	☍	⚵♑	12:23 a	
☽♈	□	♄♋	2:34 a	
☽♈	□	⚵♑	3:16 a	**12:16 a**
☽♈	□	☉♋	3:34 a	**12:34 a**
☽♈	△	♇♐	8:52 a	**5:52 a** ☽ v/c
☽♈	△	⚳♌	10:32 a	**7:32 a**
☽♈	∠	♅♓	11:18 a	**8:18 a**
♃♍	⚹	⚴♋	2:11 p	**11:11 a**
♆♒	⚻	⚴♋	3:03 p	**12:03 p**
☽♈	□	⚷♑	3:27 p	**12:27 p**
♃♍	⚻	♆♒	5:10 p	**2:10 p**
☽♈	∠	♀♊	8:56 p	**5:56 p**
☽♈	⚺	⚶♓	10:20 p	**7:20 p**
♄♋	☍	⚵♑		**11:50 p**

10 Saturday

4th ♈
☽ enters ♉ 3:51 a **12:51 a**

♄♋	☍	⚵♑	2:50 a	
☽♈	⚼	♃♍	3:23 a	**12:23 a**
☽♉	⚼	♇♐	2:00 p	**11:00 a**
☽♉	⚹	♅♓	4:30 p	**1:30 p**
☿♌	☌	♂♌	7:50 p	**4:50 p**
☽♉	□	♂♌		**10:25 p**
☽♉	□	☿♌		**10:55 p**

11 Sunday

4th ♉

☽♉	□	♂♌	1:25 a	
☽♉	□	☿♌	1:55 a	
☽♉	⚺	♀♊	3:23 a	**12:23 a**
☽♉	∠	⚶♓	4:12 a	**1:12 a**
☽♉	□	♆♒	8:51 a	**5:51 a**
☽♉	△	♃♍	9:28 a	**6:28 a**
☽♉	⚹	⚴♋	11:08 a	**8:08 a**
☽♉	△	⚵♑	12:56 p	**9:56 a**
☽♉	⚹	♄♋	1:59 p	**10:59 a**
☿♌	⚹	♀♊	4:30 p	**1:30 p**
☽♉	⚹	☉♋	7:29 p	**4:29 p** ☽ v/c
☽♉	⚻	♇♐	7:51 p	**4:51 p**
☿♌	⚼	⚶♓	8:51 p	**5:51 p**
☉♋	⚻	♇♐	11:53 p	**8:53 p**
☽♉	□	⚳♌	11:58 p	**8:58 p**
☽♉	△	⚷♑		**11:33 p**

JULY

S	M	T	W	T	F	S
				1	2	3
4	5	6	7	8	9	10
11	12	13	14	15	16	17
18	19	20	21	22	23	24
25	26	27	28	29	30	31

12 Monday

4th ♉
☽ enters ♊ 3:45 p **12:45 p**

☽ ♉	△	⚷ ♑	2:33 a	
☽ ♉	⚹	⚶ ♓	10:39 a	**7:39 a**
♀ ♋	☍	⚵ ♑	1:41 p	**10:41 a**
☽ ♊	⚼	⚵ ♑	6:36 p	**3:36 p**
☽ ♊	∠	♀ ♋	6:58 p	**3:58 p**
☽ ♊	∠	♄ ♋	8:36 p	**5:36 p**

13 Tuesday

4th ♊

☽ ♊	∠	☉ ♋	4:28 a	**1:28 a**
☽ ♊	□	♅ ♓	4:42 a	**1:42 a**
☉ ♋	⚼	♅ ♓	7:07 a	**4:07 a**
☿ ♌	☍	♆ ♒	7:31 a	**4:31 a**
☽ ♊	⚼	⚷ ♑	8:47 a	**5:47 a**
☽ ♊	⚹	♂ ♌	5:21 p	**2:21 p**
♂ ♌	⚼	⚶ ♓	5:57 p	**2:57 p**
☽ ♊	☌	♀ ♊	6:11 p	**3:11 p**
☿ ♌	⚺	♃ ♍	7:38 p	**4:38 p**
☽ ♊	△	♆ ♒	9:24 p	**6:24 p**
☽ ♊	□	♃ ♍	11:00 p	**8:00 p**
☽ ♊	⚹	☿ ♌	11:26 p	**8:26 p**
☽ ♊	⚻	⚵ ♑		**9:29 p**

14 Wednesday

4th ♊

☽ ♊	⚻	⚵ ♑	12:29 a	
☽ ♊	⚺	♀ ♋	3:04 a	**12:04 a**
☽ ♊	⚺	♄ ♋	3:25 a	**12:25 a**
☿ ♌	⚻	⚵ ♑	6:52 a	**3:52 a**
☽ ♊	☍	♇ ♐	8:33 a	**5:33 a** ☽ v/c
♄ ♋	☌	♀ ♋	11:54 a	**8:54 a**
☽ ♊	⚺	☉ ♋	1:39 p	**10:39 a**
⚷ ♑	⚻	⚳ ♌	2:11 p	**11:11 a**
☽ ♊	⚻	⚷ ♑	3:07 p	**12:07 p**
☽ ♊	⚹	⚳ ♌	3:10 p	**12:10 p**
☽ ♊	□	⚶ ♓		**9:07 p**
☽ ♊	∠	♂ ♌		**10:32 p**

15 Thursday

4th ♊
☽ enters ♋ 4:40 a **1:40 a**

☽ ♊	□	⚶ ♓	12:07 a	
☽ ♊	∠	♂ ♌	1:32 a	
☽ ♊	⚼	♆ ♒	3:48 a	**12:48 a**
☉ ♋	☍	⚷ ♑	6:59 a	**3:59 a**
☽ ♋	∠	☿ ♌	10:08 a	**7:08 a**
☿ ♌	⚺	♄ ♋	10:44 a	**7:44 a**
☽ ♋	△	♅ ♓	5:28 p	**2:28 p**
♃ ♍	△	⚵ ♑	7:21 p	**4:21 p**
☽ ♋	∠	⚳ ♌	10:43 p	**7:43 p**
☉ ♋	⚺	⚳ ♌	11:18 p	**8:18 p**
☿ ♌	⚺	♀ ♋	11:45 p	**8:45 p**

16 Friday

4th ♋

☽♋	⚺	♂♌	9:32 a	**6:32 a**
☽♋	⚺	♀♊	9:34 a	**6:34 a**
☽♋	⚻	♆♒	10:02 a	**7:02 a**
☽♋	☍	⚵♑	12:02 p	**9:02 a**
☽♋	⚹	♃♍	12:36 p	**9:36 a**
♀♊	⚹	♂♌	12:45 p	**9:45 a**
☽♋	☌	♄♋	4:46 p	**1:46 p**
♂♌	☍	♆♒	6:26 p	**3:26 p**
☽♋	☌	☿♋	6:55 p	**3:55 p**
♀♊	△	♆♒	7:30 p	**4:30 p**
☽♋	⚺	☿♌	8:21 p	**5:21 p**
☽♋	⚻	♇♐	9:03 p	**6:03 p**
☽♋	⚼	♅♓	11:34 p	**8:34 p**
☿♌	△	♇♐		**11:26 p**

17 Saturday

4th ♋
New Moon 7:24 a **4:24 a**
☽ enters ♌ 4:56 p **1:56 p**

☿♌	△	♇♐	2:26 a	
☽♋	☍	⚷♑	3:20 a	**12:20 a**
☽♋	⚺	⚳♌	5:58 a	**2:58 a**
☽♋	☌	☉♋	7:24 a	**4:24 a** ☽ v/c
☽♋	△	⚶♓	12:54 p	**9:54 a**
☽♌	∠	♀♊	4:57 p	**1:57 p**
☽♌	∠	♃♍	6:59 p	**3:59 p**
♂♌	⚻	⚵♑	8:42 p	**5:42 p**
♀♊	⚻	⚵♑		**9:28 p**
☽♌	⚼	♇♐		**11:52 p**

18 Sunday

1st ♌

♀♊	⚻	⚵♑	12:28 a	
☽♌	⚼	♇♐	2:52 a	
☽♌	⚻	♅♓	5:19 a	**2:19 a**
♇♐	⚻	☿♋	12:37 p	**9:37 a**
☽♌	⚼	⚶♓	6:45 p	**3:45 p**
☽♌	☍	♆♒	9:31 p	**6:31 p**
☽♌	⚻	⚵♑	10:29 p	**7:29 p**
☽♌	⚹	♀♊	11:59 p	**8:59 p**
☽♌	☌	♂♌		**9:24 p**
☽♌	⚺	♃♍		**9:59 p**

JULY

S	M	T	W	T	F	S
				1	2	3
4	5	6	7	8	9	10
11	12	13	14	15	16	17
18	19	20	21	22	23	24
25	26	27	28	29	30	31

19 Monday

1st ♌

			EST	PST
☽♌	☌	♂♌	12:24 a	
☽♌	⚺	♃♍	12:59 a	
☽♌	⚺	♄♋	4:50 a	**1:50 a**
☽♌	△	♇♐	8:18 a	**5:18 a**
☿♌	⚻	⚷♑	9:08 a	**6:08 a**
☽♌	⚺	♀♋	9:19 a	**6:19 a**
☽♌	⚻	⚷♑	2:13 p	**11:13 a**
☽♌	☌	☿♌	2:50 p	**11:50 a** ☽ v/c
♂♌	⚺	♃♍	4:00 p	**1:00 p**
☽♌	☌	⚳♌	7:16 p	**4:16 p**
☽♌	⚺	☉♋	11:23 p	**8:23 p**
☽♌	⚻	⚴♓		**9:09 p**

20 Tuesday

1st ♌
☽ enters ♍ 3:44 a **12:44 a**

			EST	PST
☽♌	⚻	⚴♓	12:09 a	
☽♌	⚼	⚵♑	3:09 a	**12:09 a**
♀♊	□	♃♍	4:57 a	**1:57 a**
☉♋	△	⚴♓	9:45 a	**6:45 a**
☽♍	∠	♄♋	10:14 a	**7:14 a**
♅♓	⚼	♀♋	12:35 p	**9:35 a**
☽♍	☍	♅♓	3:38 p	**12:38 p**
☽♍	∠	♀♋	3:48 p	**12:48 p**
☽♍	⚼	⚷♑	7:01 p	**4:01 p**

21 Wednesday

1st ♍

			EST	PST
☽♍	∠	☉♋	6:33 a	**3:33 a**
☽♍	⚻	♆♒	7:20 a	**4:20 a**
☽♍	△	⚵♑	7:23 a	**4:23 a**
♆♒	⚺	⚵♑	10:13 a	**7:13 a**
☽♍	☌	♃♍	11:38 a	**8:38 a**
☽♍	□	♀♊	12:45 p	**9:45 a**
☽♍	⚺	♂♌	1:17 p	**10:17 a**
☽♍	⚹	♄♋	3:08 p	**12:08 p**
☽♍	□	♇♐	5:48 p	**2:48 p** ☽ v/c
☽♍	⚹	♀♋	9:41 p	**6:41 p**
☽♍	△	⚷♑	11:20 p	**8:20 p**

22 Thursday

1st ♍
☉ enters ♌ 7:50 a **4:50 a**
☽ enters ♎ 12:39 p **9:39 a**

			EST	PST
☽♍	⚺	☿♌	6:13 a	**3:13 a**
☽♍	⚺	⚳♌	6:32 a	**3:32 a**
☽♍	☍	⚴♓	9:25 a	**6:25 a**
☽♍	⚼	♆♒	11:30 a	**8:30 a**
☿♌	☌	⚳♌	11:50 a	**8:50 a**
☽♎	⚹	☉♌	1:02 p	**10:02 a**
☽♎	∠	♂♌	6:49 p	**3:49 p**
☽♎	⚻	♅♓	11:58 p	**8:58 p**

23 Friday

1st ♎

⚷♑	☍	⚴♋	6:12 a	**3:12 a**
☽♎	∠	⚳♌	11:14 a	**8:14 a**
♂♌	⚺	♄♋	11:32 a	**8:32 a**
☽♎	∠	☿♌	12:34 p	**9:34 a**
☽♎	□	⚵♑	2:17 p	**11:17 a**
☽♎	△	♆♒	3:03 p	**12:03 p**
☿♌	⚻	⚶♓	7:50 p	**4:50 p**
☽♎	⚺	♃♍	8:02 p	**5:02 p**
♀♊	⚺	♄♋	10:05 p	**7:05 p**
☽♎	□	♄♋	11:09 p	**8:09 p**
☽♎	△	♀♊	11:12 p	**8:12 p**
☽♎	⚹	♂♌	11:37 p	**8:37 p**
☽♎	⚹	♇♐		**10:06 p**

24 Saturday

1st ♎
☽ enters ♏ 7:08 p **4:08 p**
2nd Quarter 11:37 p **8:37 p**

☽♎	⚹	♇♐	1:06 a	
☽♎	⚼	♅♓	3:13 a	**12:13 a**
☽♎	□	⚷♑	6:13 a	**3:13 a**
☿♌	⚼	⚵♑	6:15 a	**3:15 a**
☽♎	□	⚴♋	7:26 a	**4:26 a**
☽♎	⚹	⚳♌	3:11 p	**12:11 p**
☽♎	⚻	⚶♓	4:12 p	**1:12 p**
☉♌	∠	♃♍	4:14 p	**1:14 p**
☽♎	⚹	☿♌	5:54 p	**2:54 p** ☽ v/c
☽♏	∠	♃♍	11:12 p	**8:12 p**
☽♏	□	☉♌	11:37 p	**8:37 p**

25 Sunday

2nd ♏
☿ enters ♍ 9:58 a **6:58 a**

☽♏	⚼	♀♊	3:20 a	**12:20 a**
☽♏	∠	♇♐	3:44 a	**12:44 a**
☽♏	△	♅♓	5:47 a	**2:47 a**
♂♌	△	♇♐	5:52 a	**2:52 a**
♀♊	☍	♇♐	11:00 a	**8:00 a**
☽♏	⚼	⚶♓	6:30 p	**3:30 p**
☽♏	⚹	⚵♑	6:41 p	**3:41 p**
☽♏	□	♆♒	8:06 p	**5:06 p**
⚳♌	⚻	⚶♓	11:09 p	**8:09 p**
⚳♌	⚼	⚵♑		**10:17 p**
☽♏	⚹	♃♍		**10:37 p**

JULY

S	M	T	W	T	F	S
				1	2	3
4	5	6	7	8	9	10
11	12	13	14	15	16	17
18	19	20	21	22	23	24
25	26	27	28	29	30	31

2004   **JULY**   **2004**

26 Monday

2nd ♏
☽ enters ♐ 10:48 p **7:48 p**

⚴ ♌	⚌	⚹ ♑	1:17 a	
☽ ♏	⚹	♃ ♍	1:37 a	
☽ ♏	△	♄ ⊗	4:22 a	**1:22 a**
☽ ♏	⚺	♇ ♐	5:39 a	**2:39 a**
☽ ♏	⚻	♀ ♊	6:40 a	**3:40 a**
☽ ♏	□	♂ ♌	6:48 a	**3:48 a** ☽ v/c
☽ ♏	⚹	⚷ ♑	10:21 a	**7:21 a**
☽ ♏	△	♀ ⊗	2:00 p	**11:00 a**
☽ ♏	⎣	⚹ ♑	7:51 p	**4:51 p**
☽ ♏	△	⚵ ♓	8:05 p	**5:05 p**
☽ ♏	□	⚴ ♌	8:44 p	**5:44 p**
☽ ♐	□	☿ ♍		**10:31 p**

27 Tuesday

2nd ♐
⚵ ℞ 10:45 p **7:45 p**

☽ ♐	□	☿ ♍	1:31 a	
♀ ♊	⚹	♂ ♌	4:30 a	**1:30 a**
☽ ♐	⚌	♄ ⊗	5:53 a	**2:53 a**
☽ ♐	△	☉ ♌	6:42 a	**3:42 a**
☽ ♐	□	♅ ♓	8:46 a	**5:46 a**
☉ ♌	⚌	♇ ♐	9:27 a	**6:27 a**
☽ ♐	⎣	⚷ ♑	11:23 a	**8:23 a**
☽ ♐	⚌	♀ ⊗	4:06 p	**1:06 p**
☽ ♐	⚺	⚹ ♑	8:25 p	**5:25 p**
☽ ♐	⚹	♆ ♒	10:23 p	**7:23 p**

28 Wednesday

2nd ♐
☽ enters ♑ 11:57 p **8:57 p**

☽ ♐	□	♃ ♍	4:20 a	**1:20 a**
☽ ♐	⚻	♄ ⊗	6:46 a	**3:46 a**
☽ ♐	☌	♇ ♐	7:30 a	**4:30 a**
☽ ♐	⚌	☉ ♌	9:03 a	**6:03 a**
☽ ♐	△	♂ ♌	10:53 a	**7:53 a**
☽ ♐	☍	♀ ♊	11:06 a	**8:06 a** ☽ v/c
☽ ♐	⚺	⚷ ♑	11:51 a	**8:51 a**
☉ ♌	⚻	♅ ♓	1:07 p	**10:07 a**
☽ ♐	⚻	♀ ⊗	5:34 p	**2:34 p**
☽ ♐	□	⚵ ♓	9:21 p	**6:21 p**
☽ ♐	⎣	♆ ♒	10:41 p	**7:41 p**
☽ ♐	△	⚴ ♌	11:30 p	**8:30 p**
♀ ♊	⚻	⚹ ♑		**9:54 p**

29 Thursday

2nd ♑
♃ enters ♍ 2:39 p **11:39 a**

♀ ♊	⚻	⚹ ♑	12:54 a	
☽ ♑	△	☿ ♍	5:40 a	**2:40 a**
♂ ♌	⚻	⚹ ♑	7:52 a	**4:52 a**
☽ ♑	⚹	♅ ♓	9:27 a	**6:27 a**
☽ ♑	⚻	☉ ♌	10:53 a	**7:53 a**
☽ ♑	⚌	♂ ♌	12:06 p	**9:06 a**
☽ ♑	☌	⚹ ♑	8:12 p	**5:12 p**
☽ ♑	⚺	♆ ♒	10:40 p	**7:40 p**
☽ ♑	⚌	♃ ♍		**9:15 p**

Eastern Daylight Time in medium type   **Pacific Daylight Time in bold type**

2004 JULY/AUGUST 2004

30 Friday
2nd ♑
☽ enters ≈ 11:54 p **8:54 p**

☽ ♑	⚷	☿ ♍	12:15 a	
☽ ♑	△	♃ ♍	5:10 a	**2:10 a**
☽ ♑	⚷	☿ ♍	6:59 a	**3:59 a**
☽ ♑	☍	♄ ♋	7:21 a	**4:21 a** ☽ v/c
☽ ♑	⚹	♇ ♐	7:37 a	**4:37 a**
☽ ♑	⚸	♅ ♓	9:21 a	**6:21 a**
☽ ♑	☌	⚷ ♑	11:45 a	**8:45 a**
☽ ♑	⚺	♂ ♌	1:05 p	**10:05 a**
☽ ♑	⚺	♀ ♊	1:45 p	**10:45 a**
☿ ♍	⚸	♄ ♋	3:46 p	**12:46 p**
☽ ♑	☍	♀ ♋	7:31 p	**4:31 p**
☽ ♑	⚹	♆ ♓	9:16 p	**6:16 p**
☽ ≈	⚺	⚷ ♍		**9:56 p**

31 Saturday
2nd ≈
Full Moon 2:05 p **11:05 a**

☽ ≈	⚺	⚷ ♍	12:56 a	
☽ ≈	⚷	♃ ♍	5:25 a	**2:25 a**
☽ ≈	⚸	♇ ♐	7:33 a	**4:33 a**
☽ ≈	⚺	☿ ♍	8:11 a	**5:11 a**
☽ ≈	⚹	♅ ♓	9:16 a	**6:16 a**
♄ ♋	⚺	♇ ♐	11:20 a	**8:20 a**
☽ ≈	☍	☉ ♌	2:05 p	**11:05 a**
☽ ≈	⚷	♀ ♊	3:05 p	**12:05 p**
☽ ≈	⚹	✳ ♑	7:35 p	**4:35 p**
☽ ≈	⚸	♆ ♓	9:18 p	**6:18 p**
☽ ≈	☌	♆ ≈	10:36 p	**7:36 p**

LEO ♌
Duality: Masculine
Quality: Fixed
Element: Fire
House: 5th
Planetary Ruler: Sun
Rules: Back, spine, and heart
Impulse: Faith
Keynote: I will

1 Sunday
3rd ≈
☽ enters ♓ **9:34 p**

☽ ≈	⚺	♃ ♍	5:56 a	**2:56 a**
☿ ♍	☍	♅ ♓	6:50 a	**3:50 a**
☽ ≈	⚹	♇ ♐	7:45 a	**4:45 a**
☽ ≈	⚺	♄ ♋	7:57 a	**4:57 a**
☽ ≈	⚸	⚷ ♑	11:51 a	**8:51 a**
♀ ♋	△	♆ ♓	2:03 p	**11:03 a**
☽ ≈	☍	♂ ♌	3:35 p	**12:35 p**
☽ ≈	△	♀ ♊	4:51 p	**1:51 p** ☽ v/c
☽ ≈	⚸	✳ ♑	7:45 p	**4:45 p**
☽ ≈	⚸	♆ ♓	9:44 p	**6:44 p**
☽ ≈	⚺	♀ ♋	10:05 p	**7:05 p**

EasternDaylight Time in medium type   **Pacific Daylight Time in bold type**

2 Monday

3rd ♒

☽ enters ♓ 12:34 a

☽♓	☍	⚳♍	3:12 a	**12:12 a**
☽♓	⚼	♄♋	8:56 a	**5:56 a**
☽♓	☌	♅♓	10:12 a	**7:12 a**
☽♓	☍	☿♍	11:30 a	**8:30 a**
☽♓	∠	⚷♑	12:38 p	**9:38 a**
☽♓	⚻	☉♌	6:56 p	**3:56 p**
☽♓	⚹	⚵♑	8:32 p	**5:32 p**
☽♓	⚺	♆♒		**9:15 p**
☽♓	⚼	⚴♋		**9:21 p**

3 Tuesday

3rd ♓

☽♓	⚺	♆♒	12:15 a	
☽♓	⚼	⚴♋	12:21 a	
☽♓	☍	♃♍	8:47 a	**5:47 a**
☽♓	□	♇♐	9:59 a	**6:59 a**
☽♓	△	♄♋	10:42 a	**7:42 a**
☽♓	⚹	⚷♑	2:12 p	**11:12 a**
☿♍	⚼	⚷♑	2:45 p	**11:45 a**
☉♌	⚻	⚵♑	3:05 p	**12:05 p**
☽♓	⚻	♂♌	8:50 p	**5:50 p**
☽♓	⚼	☉♌	10:48 p	**7:48 p**
☽♓	□	♀♊	10:58 p	**7:58 p** ☽ v/c
☽♓	☌	⚶♓		**9:47 p**
☽♓	∠	♆♒		**11:18 p**

4 Wednesday

3rd ♓

☽ enters ♈ 3:59 a **12:59 a**
⚴ enters ♌ 11:51 a **8:51 a**

☽♓	☌	⚶♓	12:47 a	
☽♓	∠	♆♒	2:18 a	
☽♓	△	⚴♋	3:38 a	**12:38 a**
☽♈	⚻	⚳♍	8:36 a	**5:36 a**
☽♈	⚺	♅♓	2:12 p	**11:12 a**
☉♌	∠	♀♊	5:16 p	**2:16 p**
☽♈	⚻	☿♍	5:46 p	**2:46 p**
♂♌	⚼	⚵♑	7:37 p	**4:37 p**
☽♈	□	⚵♑		**9:47 p**
☽♈	⚼	♂♌		**10:06 p**
☉♌	⚼	⚶♓		**10:24 p**
♀♊	□	⚶♓		**11:26 p**

5 Thursday

3rd ♈

☽♈	□	⚵♑	12:47 a	
☽♈	⚼	♂♌	1:06 a	
☉♌	⚼	⚶♓	1:24 a	
♀♊	□	⚶♓	2:26 a	
☽♈	△	☉♌	3:55 a	**12:55 a**
☽♈	⚹	♆♒	5:22 a	**2:22 a**
☽♈	⚼	⚳♍	12:58 p	**9:58 a**
☽♈	⚻	♃♍	3:31 p	**12:31 p**
☽♈	△	♇♐	3:56 p	**12:56 p**
☽♈	□	♄♋	5:17 p	**2:17 p**
☽♈	∠	♅♓	5:43 p	**2:43 p**
☽♈	□	⚷♑	8:18 p	**5:18 p**
☽♈	⚼	☿♍	10:20 p	**7:20 p**
☉♌	☍	♆♒	11:07 p	**8:07 p**
♀♊	⚼	♆♒		**11:53 p**

2004 AUGUST 2004

6 Friday

3rd ♈
☽ enters ♉ 11:26 a **8:26 a**

♀ ♊	⚿	♆ ≈	2:53 a	
☽ ♈	△	♂ ♌	6:36 a	**3:36 a**
☽ ♈	⊻	⚷ ♓	7:41 a	**4:41 a**
☽ ♈	✶	♀ ♊	9:59 a	**6:59 a** ☽ v/c
☽ ♉	□	♀ ♌	1:45 p	**10:45 a**
♃ ♍	□	♇ ♐	5:31 p	**2:31 p**
☽ ♉	△	♄ ♍	6:30 p	**3:30 p**
☽ ♉	⚿	♇ ♐	8:28 p	**5:28 p**
☽ ♉	⚿	♃ ♍	8:31 p	**5:31 p**
☽ ♉	✶	♅ ♓	10:15 p	**7:15 p**
♂ ♌	⚻	⚷ ♓		**10:47 p**

7 Saturday

3rd ♉
♀ enters ♋ 7:02 a **4:02 a**
4th Quarter 6:01 p **3:01 p**

♂ ♌	⚻	⚷ ♓	1:47 a	
☽ ♉	△	☿ ♍	3:47 a	**12:47 a**
♄ ⊗	⚿	♅ ♓	4:26 a	**1:26 a**
☽ ♉	△	✦ ♑	9:02 a	**6:02 a**
☽ ♉	∟	⚷ ♓	12:35 p	**9:35 a**
☽ ♉	□	♆ ≈	2:33 p	**11:33 a**
☽ ♉	∟	♀ ⊗	5:22 p	**2:22 p**
☽ ♉	□	☉ ♌	6:01 p	**3:01 p**
☽ ♉	⚻	♇ ♐		**10:53 p**
☽ ♉	△	♃ ♍		**11:27 p**

8 Sunday

4th ♉
☽ enters ♊ 10:33 p **7:33 p**

☽ ♉	⚻	♇ ♐	1:53 a	
☽ ♉	△	♃ ♍	2:27 a	
☽ ♉	✶	♄ ⊗	3:59 a	**12:59 a**
☽ ♉	△	⚸ ♑	6:20 a	**3:20 a**
☽ ♉	⚿	✦ ♑	2:26 p	**11:26 a**
☽ ♉	✶	⚷ ♓	6:12 p	**3:12 p**
☽ ♉	□	♂ ♌	8:46 p	**5:46 p** ☽ v/c
☽ ♊	⊻	♀ ⊗		**10:41 p**

	AUGUST				
S	M	T	W	T	F	S
1	2	3	4	5	6	7
8	9	10	11	12	13	14
15	16	17	18	19	20	21
22	23	24	25	26	27	28
29	30	31				

Eastern Daylight Time in medium type   **Pacific Daylight Time in bold type**

9 Monday

4th ♊
☿ ℞ 8:32 p **5:32 p**

☽ ♊	⚺	♀ ♋	1:41 a	
☽ ♊	⚹	⚴ ♌	4:02 a	**1:02 a**
☽ ♊	□	⚳ ♍	8:19 a	**5:19 a**
☽ ♊	□	♅ ♓	9:42 a	**6:42 a**
☽ ♊	∠	♄ ♋	10:25 a	**7:25 a**
☽ ♊	⚼	⚷ ♑	12:22 p	**9:22 a**
☽ ♊	□	☿ ♍	4:16 p	**1:16 p**
☽ ♊	⚻	⚵ ♑	8:20 p	**5:20 p**
☽ ♊	△	♆ ♒		**11:37 p**

10 Tuesday

4th ♊
♂ enters ♍ 6:14 a **3:14 a**

☽ ♊	△	♆ ♒	2:37 a	
☽ ♊	⚹	☉ ♌	11:39 a	**8:39 a**
☽ ♊	∠	⚴ ♌	11:59 a	**8:59 a**
☽ ♊	☍	♇ ♐	2:20 p	**11:20 a**
☽ ♊	□	♃ ♍	3:59 p	**12:59 p** ☽ v/c
☽ ♊	⚺	♄ ♋	5:09 p	**2:09 p**
♅ ♓	☍	⚳ ♍	5:42 p	**2:42 p**
☽ ♊	⚻	⚷ ♑	6:40 p	**3:40 p**

11 Wednesday

4th ♊
☽ enters ♋ 11:20 a **8:20 a**

☽ ♊	□	⚶ ♓	6:26 a	**3:26 a**
☽ ♊	⚼	♆ ♒	9:00 a	**6:00 a**
☽ ♋	⚹	♂ ♍	12:59 p	**9:59 a**
☽ ♋	☌	♀ ♋	7:29 p	**4:29 p**
☽ ♋	⚺	⚴ ♌	7:58 p	**4:58 p**
☉ ♌	△	♇ ♐	8:19 p	**5:19 p**
☽ ♋	∠	☉ ♌	8:45 p	**5:45 p**
☽ ♋	△	♅ ♓	10:19 p	**7:19 p**
☽ ♋	⚹	⚳ ♍	11:33 p	**8:33 p**

12 Thursday

4th ♋

☽ ♋	⚹	☿ ♍	4:35 a	**1:35 a**
☽ ♋	☍	⚵ ♑	8:26 a	**5:26 a**
♄ ♋	∠	⚳ ♍	10:01 a	**7:01 a**
♇ ♐	⚼	⚴ ♌	11:10 a	**8:10 a**
♀ ♋	⚺	⚴ ♌	11:53 a	**8:53 a**
☽ ♋	⚻	♆ ♒	3:13 p	**12:13 p**
☽ ♋	∠	♂ ♍	8:55 p	**5:55 p**
☽ ♋	⚻	♇ ♐		**11:52 p**

13 Friday

4th ♋
☽ enters ♌ 11:30 p **8:30 p**

☽♋	⚻	♇♐	2:52 a	
☽♋	⚼	♅♓	4:23 a	**1:23 a**
☽♋	⚺	☉♌	5:32 a	**2:32 a**
☽♋	⚹	♃♍	5:33 a	**2:33 a**
☉♌	⚺	♃♍	5:49 a	**2:49 a**
☽♋	☌	♄♋	6:17 a	**3:17 a** ☽ v/c
☽♋	∠	⚳♍	6:53 a	**3:53 a**
☽♋	☍	⚷♑	6:56 a	**3:56 a**
♀♋	△	♅♓	6:57 a	**3:57 a**
⚷♑	⚼	⚳♍	8:03 a	**5:03 a**
☽♋	∠	☿♍	10:00 a	**7:00 a**
☉♌	⚺	♄♋	4:07 p	**1:07 p**
♅♓	⚻	☿♌	5:36 p	**2:36 p**
☽♋	△	⚶♓	6:07 p	**3:07 p**
☉♌	⚻	⚷♑	10:07 p	**7:07 p**

14 Saturday

4th ♌

☽♌	⚺	♂♍	4:24 a	**1:24 a**
☽♌	⚼	♇♐	8:36 a	**5:36 a**
☽♌	⚻	♅♓	10:01 a	**7:01 a**
☽♌	☌	☿♌	10:53 a	**7:53 a**
☽♌	∠	♃♍	11:46 a	**8:46 a**
☽♌	⚺	♀♋	12:20 p	**9:20 a**
☽♌	⚺	⚳♍	1:43 p	**10:43 a**
☽♌	⚺	☿♍	2:45 p	**11:45 a**
☽♌	⚻	⚵♑	7:28 p	**4:28 p**
☽♌	⚼	⚶♓	11:18 p	**8:18 p**
☽♌	☍	♆♒		**11:28 p**

15 Sunday

4th ♌
New Moon 9:24 p **6:24 p**

☽♌	☍	♆♒	2:28 a	
☿♍	☌	⚳♍	4:08 a	**1:08 a**
♄♋	☍	⚷♑	4:42 a	**1:42 a**
☿♍	⚹	♀♋	10:10 a	**7:10 a**
☽♌	△	♇♐	1:50 p	**10:50 a**
♃♍	∠	☿♌	3:17 p	**12:17 p**
☽♌	⚺	♃♍	5:27 p	**2:27 p**
☽♌	⚻	⚷♑	5:35 p	**2:35 p**
☽♌	⚺	♄♋	5:45 p	**2:45 p**
☽♌	∠	♀♋	7:55 p	**4:55 p**
☽♌	☌	☉♌	9:24 p	**6:24 p** ☽ v/c
♀♋	⚹	⚳♍	9:54 p	**6:54 p**
♃♍	△	⚷♑	11:59 p	**8:59 p**
☽♌	⚼	⚵♑		**9:17 p**

AUGUST

S	M	T	W	T	F	S
1	2	3	4	5	6	7
8	9	10	11	12	13	14
15	16	17	18	19	20	21
22	23	24	25	26	27	28
29	30	31				

2004 — **AUGUST** — **2004**

16 Monday
1st ♌
☽ enters ♍ 9:49 a **6:49 a**

☽ ♌	⚼	※ ♑	12:17 a		
☽ ♌	⊼	⚝ ♓	3:59 a	**12:59 a**	
☿ ♍	⚹	♀ ♌	8:25 a	**5:25 a**	
☿ ♍	⊥	♄ ♋	1:59 p	**10:59 a**	
☽ ♍	☌	♂ ♍	5:39 p	**2:39 p**	
☽ ♍	☍	♅ ♓	7:48 p	**4:48 p**	
☽ ♍	⚼	⚷ ♑	10:10 p	**7:10 p**	
☽ ♍	☌	☿ ♍	10:14 p	**7:14 p**	
☽ ♍	⊥	♄ ♋	10:42 p	**7:42 p**	
☿ ♍	⚼	⚷ ♑	11:32 p	**8:32 p**	
☽ ♍	⚹	♀ ♌	11:34 p	**8:34 p**	
☽ ♍	☌	⚵ ♍		**10:43 p**	
☽ ♍	⚹	♀ ♋		**11:53 p**	

17 Tuesday
1st ♍

☽ ♍	☌	⚵ ♍	1:43 a		
☽ ♍	⚹	♀ ♋	2:53 a		
☽ ♍	△	※ ♑	4:38 a	**1:38 a**	
☉ ♌	⚼	※ ♑	7:35 a	**4:35 a**	
☽ ♍	⊼	♆ ♒	11:45 a	**8:45 a**	
♃ ♍	⚹	♄ ♋	12:33 p	**9:33 a**	
☽ ♍	□	♇ ♐	10:49 p	**7:49 p**	
♀ ♋	☍	※ ♑		**9:09 p**	
☽ ♍	△	⚷ ♑		**11:16 p**	

18 Wednesday
1st ♍
☽ enters ♎ 6:09 p **3:09 p**

♀ ♋	☍	※ ♑	12:09 a		
☽ ♍	△	⚷ ♑	2:16 a		
☽ ♍	⚹	♄ ♋	3:09 a	**12:09 a**	
☽ ♍	☌	♃ ♍	3:15 a	**12:15 a** ☽ v/c
☽ ♍	⊥	♀ ♌	5:03 a	**2:03 a**	
♂ ♍	☍	♅ ♓	10:14 a	**7:14 a**	
☽ ♍	⚺	☉ ♌	10:43 a	**7:43 a**	
☽ ♍	☍	⚝ ♓	11:50 a	**8:50 a**	
☽ ♍	⚼	♆ ♒	3:40 p	**12:40 p**	
☿ ♍	☌	♂ ♍	3:47 p	**12:47 p**	
☿ ♍	☍	♅ ♓	9:00 p	**6:00 p**	
☉ ♌	⊼	⚝ ♓	11:45 p	**8:45 p**	

19 Thursday
1st ♎

☽ ♎	⚺	☿ ♍	3:17 a	**12:17 a**	
☽ ♎	⊼	♅ ♓	3:38 a	**12:38 a**	
☽ ♎	⚺	♂ ♍	4:35 a	**1:35 a**	
☽ ♎	⚹	♀ ♌	10:00 a	**7:00 a**	
☽ ♎	⚺	♃ ♍	11:32 a	**8:32 a**	
☽ ♎	□	※ ♑	11:58 a	**8:58 a**	
☽ ♎	□	♀ ♋	3:03 p	**12:03 p**	
☽ ♎	⊥	☉ ♌	4:29 p	**1:29 p**	
☽ ♎	△	♆ ♒	7:07 p	**4:07 p**	
♃ ♍	△	※ ♑	10:09 p	**7:09 p**	

Eastern Daylight Time in medium type — **Pacific Daylight Time in bold type**

AUGUST 2004

20 Friday

1st ♎
☽ enters ♏ **9:37 p**

☽ ♎	⊥	☿ ♍	5:02 a	**2:02 a**
☽ ♎	✶	♇ ♐	5:54 a	**2:54 a**
♂ ♍	⚻	⚷ ♑	6:08 a	**3:08 a**
☽ ♎	⚹	♅ ♓	6:52 a	**3:52 a**
☽ ♎	□	⚷ ♑	9:05 a	**6:05 a**
☽ ♎	⊥	♂ ♍	9:14 a	**6:14 a**
☽ ♎	□	♄ ♋	10:35 a	**7:35 a**
☽ ♎	⚺	♃ ♍	11:04 a	**8:04 a**
☽ ♎	⊥	⚸ ♍	3:40 p	**12:40 p**
☽ ♎	⚻	⯰ ♓	5:49 p	**2:49 p**
☽ ♎	✶	☉ ♌	9:39 p	**6:39 p** ☽ v/c
♀ ♌	⚻	✦ ♑		**10:59 p**

21 Saturday

1st ♎
☽ enters ♏ 12:37 a **9:37 a**

♀ ♌	⚻	✦ ♑	1:59 a	
☽ ♏	✶	☿ ♍	6:19 a	**3:19 a**
☽ ♏	⊥	♇ ♐	8:44 a	**5:44 a**
☽ ♏	△	♅ ♓	9:37 a	**6:37 a**
☽ ♏	✶	♂ ♍	1:20 p	**10:20 a**
☽ ♏	⊥	♃ ♍	2:14 p	**11:14 a**
☽ ♏	✶	✦ ♑	5:31 p	**2:31 p**
☽ ♏	□	♀ ♌	6:16 p	**3:16 p**
☽ ♏	✶	⚸ ♍	7:16 p	**4:16 p**
♂ ♍	⊥	♄ ♋	7:28 p	**4:28 p**
☽ ♏	⚻	⯰ ♓	8:06 p	**5:06 p**
♀ ♋	⚻	♆ ♒	8:18 p	**5:18 p**
☽ ♏	□	♆ ♒		**9:36 p**
☽ ♏	△	♀ ♋		**9:57 p**

22 Sunday

1st ♏
☉ enters ♍ 2:53 p **11:53 a**

☽ ♏	□	♆ ♒	12:36 a	
☽ ♏	△	♀ ♋	12:57 a	
☽ ♏	⚺	♇ ♐	11:05 a	**8:05 a**
☽ ♏	✶	⚷ ♑	2:01 p	**11:01 a**
☽ ♏	△	♄ ♋	4:04 p	**1:04 p**
☽ ♏	✶	♃ ♍	4:53 p	**1:53 p** ☽ v/c
☽ ♏	⊥	✦ ♑	7:35 p	**4:35 p**
☽ ♏	△	⯰ ♓	9:54 p	**6:54 p**

	AUGUST					
S	M	T	W	T	F	S
1	2	3	4	5	6	7
8	9	10	11	12	13	14
15	16	17	18	19	20	21
22	23	24	25	26	27	28
29	30	31				

Eastern Daylight Time in medium type   **Pacific Daylight Time in bold type**

2004 AUGUST 2004

23 Monday

♀ ♌	⊡	⚴ ♓	3:43 a	12:43 a
☽ ♏	⊡	♀ ⊛	5:00 a	2:00 a
☽ ♐	□	☉ ♍	6:12 a	3:12 a
☽ ♐	□	☿ ♍	7:31 a	4:31 a
☽ ♐	□	♅ ♓	1:40 p	10:40 a
☽ ♐	⌐	♃ ♑	3:45 p	12:45 p
☉ ♍	♂	☿ ♍	4:50 p	1:50 p
☽ ♐	⊡	♄ ⊛	6:03 p	3:03 p
☽ ♐	□	♂ ♍	7:51 p	4:51 p
☽ ♐	⊻	⚴ ♑	9:11 p	6:11 p
☽ ♐	△	♀ ♌		9:19 p
☽ ♐	□	⚷ ♌		9:50 p
☿ ♍	⌐	♀ ⊛		9:53 p

1st ♏
☽ enters ♐ 5:08 a **2:08 a**
2nd Quarter 6:12 a **3:12 a**

24 Tuesday

☽ ♐	△	♀ ♌	12:19 a	
☽ ♐	□	⚷ ♍	12:50 a	
☿ ♍	⌐	♀ ⊛	12:53 a	
☽ ♐	⚹	♆ ♒	4:09 a	1:09 a
☽ ♐	⊼	♀ ⊛	8:28 a	5:28 a
☽ ♐	♂	♇ ♐	2:20 p	11:20 a
☽ ♐	⊻	♃ ♑	5:02 p	2:02 p
☽ ♐	⊼	♄ ⊛	7:33 p	4:33 p
☽ ♐	□	♃ ♍	8:42 p	5:42 p
♂ ♍	△	⚴ ♑	11:21 p	8:21 p
☽ ♐	□	⚴ ♓		9:06 p
☽ ♐	⊡	♀ ♌		11:33 p

2nd ♐
☿ enters ♌ 9:33 p **6:33 p**

25 Wednesday

☽ ♐	□	⚴ ♓	12:06 a	
☽ ♐	⊡	♀ ♌	2:33 a	
☽ ♐	⌐	♆ ♒	5:15 a	2:15 a
☽ ♐	△	☿ ♌	7:13 a	4:13 a ☽ v/c
☽ ♑	△	☉ ♍	12:24 p	9:24 a
☽ ♑	⚹	♅ ♓	3:53 p	12:53 p
☽ ♑	♂	⚴ ♑	11:09 p	8:09 p
☽ ♑	△	♂ ♍		9:19 p

2nd ♐
☽ enters ♑ 7:46 a **4:46 a**

26 Thursday

☽ ♑	△	♂ ♍	12:19 a	
☽ ♑	⊼	♀ ♌	4:22 a	1:22 a
☽ ♑	△	⚷ ♍	4:29 a	1:29 a
☽ ♑	⊻	♆ ♒	6:00 a	3:00 a
☽ ♑	⊡	☿ ♌	6:41 a	3:41 a
☽ ♑	☍	♀ ⊛	1:59 p	10:59 a
☽ ♑	⊡	☉ ♍	2:53 p	11:53 a
☽ ♑	⊻	♇ ♐	4:01 p	1:01 p
☽ ♑	⌐	♅ ♓	4:31 p	1:31 p
☽ ♑	♂	♃ ♑	6:32 p	3:32 p
⚷ ♍	⊻	♀ ♌	7:03 p	4:03 p
☽ ♑	☍	♄ ⊛	9:30 p	6:30 p
☽ ♑	△	♃ ♍	10:58 p	7:58 p ☽ v/c
☽ ♑	⚹	⚴ ♓		9:53 p
☽ ♑	⊡	♂ ♍		11:04 p

2nd ♑

Eastern Daylight Time in medium type **Pacific Daylight Time in bold type**

27 Friday

2nd ♑
☽ enters ♒ 9:08 a **6:08 a**

☽ ♑	⚹	⚶ ♓	12:53 a	
☽ ♑	□	♂ ♍	2:04 a	
☽ ♑	□	⚳ ♍	5:53 a	**2:53 a**
☽ ♑	⚻	☿ ♌	6:04 a	**3:04 a**
☉ ♍	☍	♅ ♓	2:41 p	**11:41 a**
☽ ♒	∠	♇ ♐	4:35 p	**1:35 p**
☽ ♒	⊻	♅ ♓	5:01 p	**2:01 p**
☽ ♒	⚻	☉ ♍	5:11 p	**2:11 p**
♀ ♋	⚻	♇ ♐	6:58 p	**3:58 p**
♆ ♒	☍	☿ ♌	8:52 p	**5:52 p**
☽ ♒	□	♃ ♍	11:53 p	**8:53 p**
☽ ♒	⊻	⚵ ♑		**9:15 p**
♀ ♋	□	♅ ♓		**9:53 p**
☽ ♒	∠	⚶ ♓		**10:06 p**
♆ ♒	⚻	⚳ ♍		**11:26 p**

28 Saturday

2nd ♒

☽ ♒	⊻	⚵ ♑	12:15 a	
♀ ♋	□	♅ ♓	12:53 a	
☽ ♒	∠	⚶ ♓	1:06 a	
♆ ♒	⚻	⚳ ♍	2:26 a	
☽ ♒	⚻	♂ ♍	3:46 a	**12:46 a**
☽ ♒	☌	♆ ♒	7:06 a	**4:06 a**
☽ ♒	⚻	⚳ ♍	7:16 a	**4:16 a**
☽ ♒	☍	☿ ♌	7:32 a	**4:32 a**
☽ ♒	⚹	♇ ♐	5:13 p	**2:13 p**
☽ ♒	⚻	♀ ♋	6:54 p	**3:54 p**
☽ ♒	⊻	⚷ ♑	7:38 p	**4:38 p**
☉ ♍	□	⚷ ♑	8:23 p	**5:23 p**
☽ ♒	⚻	♄ ♋	11:07 p	**8:07 p**
☽ ♒	∠	⚵ ♑		**9:55 p**
☽ ♒	⚻	♃ ♍		**9:57 p**
☽ ♒	⊻	⚶ ♓		**10:26 p**

29 Sunday

2nd ♒
☽ enters ♓ 10:33 a **7:33 a**
Full Moon 10:22 p **7:22 p**

☽ ♒	∠	⚵ ♑	12:55 a	
☽ ♒	⚻	♃ ♍	12:57 a	
☽ ♒	⊻	⚶ ♓	1:26 a	
♀ ♋	☍	⚷ ♑	4:56 a	**1:56 a**
☽ ♒	☍	☿ ♌	5:23 a	**2:23 a** ☽ v/c
♃ ♍	☍	⚶ ♓	5:28 p	**2:28 p**
☽ ♓	☌	♅ ♓	6:28 p	**3:28 p**
☽ ♓	∠	⚷ ♑	8:33 p	**5:33 p**
☽ ♓	□	♀ ♋	9:49 p	**6:49 p**
☽ ♓	☍	☉ ♍	10:22 p	**7:22 p**
☽ ♓	□	♄ ♋		**9:21 p**
☽ ♓	⚹	⚵ ♑		**10:57 p**

AUGUST

S	M	T	W	T	F	S
1	2	3	4	5	6	7
8	9	10	11	12	13	14
15	16	17	18	19	20	21
22	23	24	25	26	27	28
29	30	31				

2004 AUGUST/SEPTEMBER 2004

30 Monday
3rd ♓
♇ D 3:38 p **12:38 p**

☽ ♓	⛛	♄ ⊗	12:21 a	
☽ ♓	⚹	♆ ♑	1:57 a	
☽ ♓	☍	♂ ♍	8:00 a	**5:00 a**
☽ ♓	⚻	♅ ♒	9:01 a	**6:01 a**
☽ ♓	☍	♃ ♍	10:57 a	**7:57 a**
☽ ♓	⚻	♀ ♌	11:37 a	**8:37 a**
☽ ♓	□	♇ ♐	7:36 p	**4:36 p**
☽ ♓	⚹	♅ ♑	10:01 p	**7:01 p**
☽ ♓	△	♀ ⊗		**10:25 p**
☽ ♓	△	♄ ⊗		**11:09 p**

31 Tuesday
3rd ♓
☽ v/c 4:28 a **1:28 a**
☽ enters ♈ 1:46 p **10:46 a**

☽ ♓	△	♀ ⊗	1:25 a	
☽ ♓	△	♄ ⊗	2:09 a	
☽ ♓	☌	⚷ ♓	3:23 a	**12:23 a**
☽ ♓	☍	♃ ♍	4:28 a	**1:28 a** ☽ v/c
♂ ♍	⚻	♆ ♒	5:47 a	**2:47 a**
☉ ♍	⚼	♄ ⊗	6:42 a	**3:42 a**
☽ ♓	⚻	☿ ♌	6:51 a	**3:51 a**
☽ ♓	⚼	♆ ♒	10:50 a	**7:50 a**
♀ ⊗	☌	♄ ⊗	12:08 p	**9:08 a**
☽ ♈	⛛	♀ ♌	2:40 p	**11:40 a**
☽ ♈	⚻	♅ ♓	9:57 p	**6:57 p**
♀ ⊗	△	⚷ ♓	10:59 p	**7:59 p**
☉ ♍	△	⚹ ♑		**11:39 p**

VIRGO ♍
Duality: Feminine
Quality: Mutable
Element: Earth
House: 6th
Planetary Ruler: Mercury
Rules: Intestines, nervous system
Impulse: Service
Keynote: I analyze

1 Wednesday
3rd ♈
⚹ D 11:45 a **8:45 a**

☉ ♍	△	⚹ ♑	2:39 a	
☽ ♈	□	⚹ ♑	6:01 a	**3:01 a**
☽ ♈	⚼	☉ ♍	6:17 a	**3:17 a**
☽ ♈	⛛	☿ ♌	8:58 a	**5:58 a**
☽ ♈	⚹	♆ ♒	1:28 p	**10:28 a**
☽ ♈	⚼	♂ ♍	3:08 p	**12:08 p**
☽ ♈	⚼	♃ ♍	5:31 p	**2:31 p**
☽ ♈	△	♀ ♌	6:39 p	**3:39 p**
☽ ♈	△	♇ ♐		**9:50 p**
☽ ♈	⚼	♅ ♓		**9:56 p**

Eastern Daylight Time in medium type   **Pacific Daylight Time in bold type**

2 Thursday

3rd ♈
☿ D 9:09 a **6:09 a**
☽ enters ♉ 8:16 p **5:16 p**

☽♈	△	♇♐	12:50 a	
☽♈	∠	♅♓	12:56 a	
♀♋	⚹	♃♍	3:15 a	**12:15 a**
☽♈	□	⚷♑	3:17 a	**12:17 a**
♄♋	△	⚶♓	4:59 a	**1:59 a**
☽♈	⚺	⚶♓	8:11 a	**5:11 a**
☽♈	□	♄♋	8:16 a	**5:16 a**
☽♈	⚻	♃♍	11:13 a	**8:13 a**
☽♈	□	♀♋	11:46 a	**8:46 a**
☽♈	⚼	☉♍	11:51 a	**8:51 a**
☽♈	△	☿♌	12:17 p	**9:17 a** ☽ v/c
☿♌	⚺	♀♋	6:15 p	**3:15 p**
☽♈	⚼	♂♍	8:15 p	**5:15 p**
☉♍	∠	♀♋	9:55 p	**6:55 p**
☽♉	⚼	⚳♍	10:18 p	**7:18 p**

3 Friday

3rd ♉

☽♉	⚼	♇♐	4:51 a	**1:51 a**
☽♉	⚹	♅♓	4:52 a	**1:52 a**
☽♉	∠	⚶♓	11:54 a	**8:54 a**
☽♉	△	⚵♑	1:41 p	**10:41 a**
☽♉	⚼	♃♍	4:04 p	**1:04 p**
☽♉	△	☉♍	6:37 p	**3:37 p**
☽♉	□	♆♒	9:31 p	**6:31 p**
☽♉	△	♂♍		**11:28 p**

4 Saturday

3rd ♉

☽♉	△	♂♍	2:28 a	
☽♉	△	⚳♍	4:09 a	**1:09 a**
☽♉	□	☿♌	5:51 a	**2:51 a**
☽♉	⚻	♇♐	9:47 a	**6:47 a**
☽♉	△	⚷♑	12:15 p	**9:15 a**
☽♉	⚹	⚶♓	4:28 p	**1:28 p**
☽♉	⚹	♄♋	6:10 p	**3:10 p**
☽♉	⚼	⚵♑	6:55 p	**3:55 p**
☽♉	△	♃♍	9:50 p	**6:50 p**
☽♉	□	☿♌	10:54 p	**7:54 p**
☽♉	⚹	♀♋		**11:56 p** ☽ v/c

5 Sunday

3rd ♉
☽ enters ♊ 6:24 a **3:24 a**

☽♉	⚹	♀♋	2:56 a	☽ v/c
☉♍	⚻	♆♒	7:03 a	**4:03 a**
☽♊	□	♅♓	3:18 p	**12:18 p**
☽♊	⚼	⚷♑	5:56 p	**2:56 p**
☽♊	∠	♄♋		**9:17 p**
☽♊	⚻	⚵♑		**9:51 p**

6 Monday

3rd ♊
4th Quarter 11:10 a **8:10 a**
♀ enters ♌ 6:16 p **3:16 p**

☽♊	∠	♄♋	12:17 a	
☽♊	⚻	⚵♑	12:51 a	
☽♊	△	♆♒	8:50 a	**5:50 a**
☽♊	□	☉♍	11:10 a	**8:10 a**
☽♊	∠	♀♋	11:55 a	**8:55 a**
☽♊	□	♂♍	5:29 p	**2:29 p**
☽♊	□	⚳♍	6:14 p	**3:14 p**
☽♊	✶	⚴♌	8:31 p	**5:31 p**
☽♊	☍	♇♐	9:42 p	**6:42 p**
☽♊	⚻	⚷♑		**9:05 p**

Labor Day

7 Tuesday

4th ♊
☽ enters ♋ 6:50 p **3:50 p**

☽♊	⚻	⚷♑	12:05 a	
☽♊	□	⚶♓	3:20 a	**12:20 a**
☽♊	⚺	♄♋	6:49 a	**3:49 a**
☽♊	□	♃♍	11:11 a	**8:11 a**
☽♊	✶	☿♌	2:08 p	**11:08 a** ☽ v/c
☽♊	⚼	♆♒	3:07 p	**12:07 p**
☽♋	⚺	♀♌	9:17 p	**6:17 p**
♇♐	△	⚴♌	10:13 p	**7:13 p**

8 Wednesday

4th ♋

☽♋	△	♅♓	3:40 a	**12:40 a**
☽♋	∠	⚴♌	4:21 a	**1:21 a**
☽♋	☍	⚵♑	1:41 p	**10:41 a**
♂♍	☌	⚳♍	5:29 p	**2:29 p**
☽♋	⚻	♆♒	9:23 p	**6:23 p**
☽♋	∠	☿♌	10:44 p	**7:44 p**

9 Thursday

4th ♋

☽♋	✶	☉♍	5:12 a	**2:12 a**
☽♋	✶	⚳♍	9:17 a	**6:17 a**
☽♋	✶	♂♍	9:32 a	**6:32 a**
☽♋	⚼	♅♓	9:47 a	**6:47 a**
☽♋	⚻	♇♐	10:19 a	**7:19 a**
☽♋	⚺	⚴♌	12:02 p	**9:02 a**
☽♋	☍	⚷♑	12:33 p	**9:33 a**
☽♋	△	⚶♓	2:37 p	**11:37 a**
☽♋	☌	♄♋	7:47 p	**4:47 p**
⚷♑	⚻	⚴♌	10:59 p	**7:59 p**
♂♍	□	♇♐		**9:06 p**
☽♋	✶	♃♍		**9:41 p** ☽ v/c

10 Friday

4th ♋
☿ enters ♍ 3:38 a **12:38 a**
☽ enters ♌ 7:06 a **4:06 a**

♂♍	□	♇♐	12:06 a		
☽♋	⚹	♃♍	12:41 a		☽ v/c
☽♌	⚺	☿♍	7:26 a	**4:26 a**	
♇♐	□	⚳♍	12:12 p	**9:12 a**	
☽♌	∠	☉♍	1:42 p	**10:42 a**	
☽♌	☌	♀♌	3:22 p	**12:22 p**	
☽♌	⚻	♅♓	3:31 p	**12:31 p**	
☽♌	⚼	♇♐	4:08 p	**1:08 p**	
☽♌	∠	⚳♍	4:17 p	**1:17 p**	
♀♌	⚻	♅♓	4:52 p	**1:52 p**	
☽♌	∠	♂♍	5:01 p	**2:01 p**	
☽♌	⚼	⚶♓	7:44 p	**4:44 p**	
♀♌	⚼	♇♐	11:54 p	**8:54 p**	
☽♌	⚻	⚵♑		**10:41 p**	

11 Saturday

4th ♌

☽♌	⚻	⚵♑	1:41 a		
♀♌	⚻	⚶♓	3:38 a	**12:38 a**	
☽♌	∠	♃♍	6:45 a	**3:45 a**	
♀♌	∠	⚳♍	8:20 a	**5:20 a**	
☽♌	☍	♆♒	8:47 a	**5:47 a**	
♂♍	△	⚷♑	4:09 p	**1:09 p**	
☉♍	□	♇♐	8:23 p	**5:23 p**	
☽♌	△	♇♐	9:22 p	**6:22 p**	☽ v/c
☽♌	⚺	☉♍	9:27 p	**6:27 p**	
☽♌	⚺	⚳♍	10:37 p	**7:37 p**	
☽♌	⚻	⚷♑	11:24 p	**8:24 p**	
☽♌	⚺	♂♍	11:48 p	**8:48 p**	
☽♌	⚻	⚶♓		**9:18 p**	
☽♌	☌	☿♌		**10:41 p**	

12 Sunday

4th ♌
☽ enters ♍ 5:16 p **2:16 p**

☽♌	⚻	⚶♓	12:18 a	
☽♌	☌	☿♌	1:41 a	
☽♌	⚼	⚵♑	6:51 a	**3:51 a**
☽♌	⚺	♄♋	6:53 a	**3:53 a**
♂♍	☍	⚶♓	6:56 a	**3:56 a**
♀♌	⚼	⚶♓	7:46 a	**4:46 a**
♀♌	∠	♂♍	9:23 a	**6:23 a**
☽♌	⚺	♃♍	12:09 p	**9:09 a**
⚷♑	△	⚳♍	6:44 p	**3:44 p**
☉♍	△	⚷♑	9:56 p	**6:56 p**
☽♍	☌	☿♍	11:49 p	**8:49 p**
☉♍	☌	⚳♍		**9:54 p**
☽♍	☍	♅♓		**10:09 p**
☉♍	☍	⚶♓		**11:58 p**

SEPTEMBER

S	M	T	W	T	F	S
			1	2	3	4
5	6	7	8	9	10	11
12	13	14	15	16	17	18
19	20	21	22	23	24	25
26	27	28	29	30		

13 Monday

4th ♍

☉♍	☌	⚳ ♍	12:54 a	
☽♍	☍	♅ ♓	1:09 a	
☉♍	☍	⚶ ♓	2:58 a	
☽♍	⚼	⚷ ♑	3:52 a	**12:52 a**
⚳♍	☍	⚶ ♓	4:26 a	**1:26 a**
☽♍	⚺	♀ ♌	6:36 a	**3:36 a**
☽♍	△	⚵ ♑	11:21 a	**8:21 a**
☽♍	∠	♄ ♋	11:26 a	**8:26 a**
☿♍	☍	♅ ♓	11:54 a	**8:54 a**
☽♍	⚻	♆ ♒	5:44 p	**2:44 p**
⚷♑	⚹	⚶ ♓	11:52 p	**8:52 p**

14 Tuesday

4th ♍
New Moon 10:29 a **7:29 a**
☽ enters ♎ **9:54 p**

☽♍	□	♇ ♐	5:53 a	**2:53 a**
☽♍	☍	⚶ ♓	7:34 a	**4:34 a**
☽♍	△	⚷ ♑	7:43 a	**4:43 a**
☽♍	☌	⚳ ♍	9:07 a	**6:07 a**
☽♍	☌	☉ ♍	10:29 a	**7:29 a**
☽♍	☌	♂ ♍	11:05 a	**8:05 a**
☿♍	⚼	⚷ ♑	11:49 a	**8:49 a**
☽♍	⚺	♀ ♌	12:25 p	**9:25 a**
☽♍	∠	♀ ♌	12:59 p	**9:59 a**
☽♍	⚹	♄ ♋	3:20 p	**12:20 p**
☽♍	☌	♃ ♍	8:55 p	**5:55 p** ☽ v/c
☽♍	⚼	♆ ♒	9:17 p	**6:17 p**

15 Wednesday

1st ♎
☽ enters ♎ 12:54 a

☽♎	⚻	♅ ♓	8:17 a	**5:17 a**
☉♍	☌	♂ ♍	8:55 a	**5:55 a**
☽♎	⚺	☿ ♍	2:00 p	**11:00 a**
☽♎	∠	♀ ♌	4:46 p	**1:46 p**
♃♍	⚼	♆ ♒	4:59 p	**1:59 p**
♀♌	⚻	⚵ ♑	5:40 p	**2:40 p**
☽♎	□	⚵ ♑	6:33 p	**3:33 p**
☽♎	⚹	♀ ♌	6:38 p	**3:38 p**
☽♎	△	♆ ♒		**9:17 p**

16 Thursday

1st ♎

☽♎	△	♆ ♒	12:17 a	
☽♎	⚼	♅ ♓	11:04 a	**8:04 a**
☽♎	⚹	♇ ♐	12:06 p	**9:06 a**
☽♎	⚻	⚶ ♓	12:42 p	**9:42 a**
☽♎	□	⚷ ♑	1:46 p	**10:46 a**
☽♎	⚺	⚳ ♍	5:05 p	**2:05 p**
☉♍	⚺	♀ ♌	5:58 p	**2:58 p**
☽♎	⚺	♂ ♍	7:45 p	**4:45 p**
☽♎	∠	☿ ♍	8:21 p	**5:21 p**
☽♎	⚹	♀ ♌	8:35 p	**5:35 p**
☽♎	⚺	☉ ♍	8:41 p	**5:41 p**
☽♎	□	♄ ♋	9:31 p	**6:31 p** ☽ v/c

Rosh Hashanah

17 Friday

1st ♎
☽ enters ♏ 6:25 a **3:25 a**

☽♎	⚺	♃♍	3:27 a	**12:27 a**
☿♍	△	⚵♑	5:40 a	**2:40 a**
☿♍	∠	♄♋	6:31 a	**3:31 a**
☉♍	✶	♄♋	9:32 a	**6:32 a**
☽♏	△	♅♓	1:26 p	**10:26 a**
☽♏	∠	♇♐	2:32 p	**11:32 a**
☽♏	⚼	⚶♓	2:38 p	**11:38 a**
♇♐	□	⚶♓	8:02 p	**5:02 p**
☽♏	∠	⚳♍	8:21 p	**5:21 p**
♀♌	⚼	⚵♑	10:06 p	**7:06 p**
☽♏	∠	♂♍	11:22 p	**8:22 p**
☽♏	✶	⚵♑	11:54 p	**8:54 p**
♄♋	⚺	♀♌		**9:40 p**
☽♏	∠	☉♍		**10:00 p**
☽♏	✶	☿♍		**11:17 p**

18 Saturday

1st ♏

♄♋	⚺	♀♌	12:40 a	
☽♏	∠	☉♍	1:00 a	
☽♏	✶	☿♍	2:17 a	
☽♏	□	♀♌	4:16 a	**1:16 a**
☽♏	□	♆♒	5:03 a	**2:03 a**
☽♏	∠	♃♍	6:05 a	**3:05 a**
♀♌	☍	♆♒	1:50 p	**10:50 a**
♂♍	✶	♄♋	2:32 p	**11:32 a**
☽♏	△	⚶♓	4:16 p	**1:16 p**
☽♏	⚺	♇♐	4:39 p	**1:39 p**
☽♏	✶	⚷♑	6:12 p	**3:12 p**
☽♏	✶	⚳♍	11:16 p	**8:16 p**
☿♍	⚻	♆♒		**9:15 p**
☽♏	∠	⚵♑		**11:05 p**
☽♏	△	♄♋		**11:07 p**
☽♏	✶	♂♍		**11:37 p**
☽♏	□	♀♌		**11:59 p**

19 Sunday

1st ♏
☽ enters ♐ 10:30 a **7:30 a**

☿♍	⚻	♆♒	12:15 a	
☽♏	∠	⚵♑	2:05 a	
☽♏	△	♄♋	2:07 a	
☽♏	✶	♂♍	2:37 a	
☽♏	□	♀♌	2:59 a	
☽♏	✶	☉♍	4:55 a	**1:55 a**
♀♌	∠	♃♍	7:45 a	**4:45 a**
☽♏	✶	♃♍	8:24 a	**5:24 a** ☽ v/c
☽♐	□	♅♓	5:14 p	**2:14 p**
☿♍	⚺	♀♌	7:05 p	**4:05 p**
☽♐	∠	⚷♑	7:58 p	**4:58 p**

SEPTEMBER

S	M	T	W	T	F	S
			1	2	3	4
5	6	7	8	9	10	11
12	13	14	15	16	17	18
19	20	21	22	23	24	25
26	27	28	29	30		

2004 SEPTEMBER 2004

20 Monday
1st ♐

☽	♐	⚷	♎	♄	☋	4:00 a	**1:00 a**
☽	♐	⚺	♅	❋	♑	4:00 a	**1:00 a**
☽	♐	⚹	♆	≈		8:35 a	**5:35 a**
☉	♍	⚷	♆	≈		9:16 a	**6:16 a**
☽	♐	△	♀	♌		12:20 p	**9:20 a**
☽	♐	□	☿	♍		1:14 p	**10:14 a**
☽	♐	□	⚸	♓		6:47 p	**3:47 p**
☽	♐	☌	♇	♐		8:04 p	**5:04 p**
☽	♐	⚺	⚴	♑		9:32 p	**6:32 p**
♂	♍	⚺	♀	♌		11:14 p	**8:14 p**

21 Tuesday
1st ♐
2nd Quarter 11:54 a **8:54 a**
☽ enters ♑ 1:35 p **10:35 a**

☽	♐	□	⚴?	♍	4:16 a	**1:16 a**
☽	♐	⊼	♄	☋	5:39 a	**2:39 a**
☽	♐	△	♀	♌	8:12 a	**5:12 a**
☽	♐	□	♂	♍	8:16 a	**5:16 a**
☽	♐	⌐	♆	≈	10:02 a	**7:02 a**
☽	♐	□	☉	♍	11:54 a	**8:54 a**
☽	♐	□	♃	♍	12:19 p	**9:19 a** ☽ v/c
☽	♑	⚷	♀	♌	3:58 p	**12:58 p**
☉	♍	☌	♃	♍	7:47 p	**4:47 p**
☽	♑	⚹	♅	♓	8:06 p	**5:06 p**

22 Wednesday
2nd ♑
☉ enters ♎ 12:30 p **9:20 a**

☿	♍	☍	⚸	♓	4:21 a	**1:21 a**
☽	♑	☌	❋	♑	7:17 a	**4:17 a**
☽	♑	⚷	♀	♌	10:31 a	**7:31 a**
☽	♑	⚺	♆	≈	11:20 a	**8:20 a**
☿	♍	□	♇	♐	7:04 p	**4:04 p**
☽	♑	⊼	♀	♌	7:27 p	**4:27 p**
☽	♑	⚹	⚸	♓	8:39 p	**5:39 p**
☽	♑	⌐	♅	♓	9:20 p	**6:20 p**
♂	♍	⚷	♆	≈	10:00 p	**7:00 p**
☽	♑	⚺	♇	♐	10:48 p	**7:48 p**
☽	♑	△	☿	♍	11:21 p	**8:21 p**
☽	♑	☌	⚴	♑		**9:11 p**

Fall Equinox

23 Thursday
2nd ♑
☽ enters ≈ 4:10 p **1:10 p**

☽	♑	☌	⚴	♑	12:11 a	
☿	♍	△	⚴	♑	5:52 a	**2:52 a**
♄	☋	⚹	⚴?	♍	7:36 a	**4:36 a**
♀	♌	⊼	⚸	♓	8:15 a	**5:15 a**
☽	♑	☍	♄	☋	8:33 a	**5:33 a**
☽	♑	△	⚴?	♍	8:34 a	**5:34 a**
☽	♑	⊼	♀	♌	12:45 p	**9:45 a**
☽	♑	△	♂	♍	1:16 p	**10:16 a**
☽	♑	△	♃	♍	3:41 p	**12:41 p** ☽ v/c
☽	≈	△	☉	♎	6:12 p	**3:12 p**
☽	≈	⌐	⚸	♓	9:30 p	**6:30 p**
☽	≈	⚺	♅	♓	10:31 p	**7:31 p**
☽	≈	⌐	♇	♐		**9:05 p**

Eastern Daylight Time in medium type   **Pacific Daylight Time in bold type**

2004 — **SEPTEMBER** — **2004**

24 Friday

2nd ♒
♃ enters ♎ 11:23 p **8:23 p**

☽ ♒	⊥	♇ ♐	12:05 a	
☽ ♒	⊡	☿ ♍	4:19 a	**1:19 a**
☽ ♒	⊻	⚹ ♑	10:16 a	**7:16 a**
☽ ♒	⊡	♃ ♍	10:41 a	**7:41 a**
☽ ♒	☌	♆ ♒	1:49 p	**10:49 a**
♀ ♌	△	♇ ♐	2:07 p	**11:07 a**
☽ ♒	⊡	♂ ♍	3:45 p	**12:45 p**
☽ ♒	⊡	♃ ♍	5:22 p	**2:22 p**
☽ ♒	⊡	☉ ♎	9:23 p	**6:23 p**
☽ ♒	⊻	⚷ ♓	10:26 p	**7:26 p**
☽ ♒	⚹	♇ ♐		10:27 p
☽ ♒	☍	♀ ♌		**11:25 p** ☽ v/c
☽ ♒	⊻	⚵ ♑		11:46 p

25 Saturday

2nd ♒
☽ enters ♓ 6:55 p **3:55 p**

☽ ♒	⚹	♇ ♐	1:27 a	
☽ ♒	☍	♀ ♌	2:25 a	☽ v/c
☽ ♒	⊻	⚵ ♑	2:46 a	
♀ ♌	⚻	⚵ ♑	6:51 a	**3:51 a**
☽ ♒	⚻	☿ ♍	9:28 a	**6:28 a**
☽ ♒	⚻	♄ ♋	11:30 a	**8:30 a**
☽ ♒	⊥	⚹ ♑	11:56 a	**8:56 a**
☽ ♒	⚻	♃ ♍	12:57 p	**9:57 a**
☽ ♒	☍	♀ ♌	5:26 p	**2:26 p**
☽ ♒	⚻	♂ ♍	6:25 p	**3:25 p**
☽ ♓	⚻	♃ ♎	7:14 p	**4:14 p**
☽ ♓	⚻	☉ ♎		9:48 p
☽ ♓	☌	♅ ♓		10:16 p
☿ ♍	⚹	♄ ♋		10:38 p

Yom Kippur

26 Sunday

2nd ♓
♂ enters ♎ 5:15 a **2:15 a**
⚷ D 1:20 p **10:20 a**

☽ ♓	⚻	☉ ♎	12:48 a	
☽ ♓	☌	♅ ♓	1:16 a	
☿ ♍	⚹	♄ ♋	1:38 a	
☽ ♓	⊥	⚵ ♑	4:20 a	**1:20 a**
☉ ♎	⚻	♅ ♓	7:10 a	**4:10 a**
☽ ♓	⊡	♄ ♋	1:18 p	**10:18 a**
☽ ♓	⚹	⚹ ♑	1:52 p	**10:52 a**
☽ ♓	⊻	♆ ♒	4:55 p	**1:55 p**
☿ ♍	☌	♃ ♍	8:05 p	**5:05 p**
♂ ♎	☌	♃ ♎	8:17 p	**5:17 p**
☽ ♓	☌	⚷ ♓		9:59 p

SEPTEMBER

S	M	T	W	T	F	S
			1	2	3	4
5	6	7	8	9	10	11
12	13	14	15	16	17	18
19	20	21	22	23	24	25
26	27	28	29	30		

Eastern Daylight Time in medium type — **Pacific Daylight Time in bold type**

27 Monday

2nd ♓
⚴ enters ♍ 9:33 a **6:33 a**
☽ enters ♈ 10:57 p **7:57 p**

☽♓	☌	⚶♓	12:59 a	
☽♓	□	♇♐	4:57 a	**1:57 a**
☿♍	⚼	♆♒	5:24 a	**2:24 a**
☽♓	⚹	⚷♑	6:16 a	**3:16 a**
☽♓	⚻	♀♌	10:34 a	**7:34 a**
☽♓	△	♄♋	3:32 p	**12:32 p**
☽♓	☍	⚳♍	6:35 p	**3:35 p**
☽♓	∟	♆♒	7:03 p	**4:03 p**
☽♓	☍	☿♍	9:12 p	**6:12 p** ☽ v/c
☽♈	⚻	⚴♍	11:29 p	**8:29 p**
☽♈	☍	♃♎		**9:06 p**
☽♈	☍	♂♎		**10:02 p**

28 Tuesday

2nd ♈
Full Moon 9:09 a **6:09 a**
☿ enters ♎ 10:13 a **7:13 a**

☽♈	☍	♃♎	12:06 a	
☽♈	☍	♂♎	1:02 a	
☽♈	⚺	♅♓	5:24 a	**2:24 a**
♆♒	⚼	⚳♍	8:27 a	**5:27 a**
☽♈	☍	☉♎	9:09 a	**6:09 a**
☽♈	⚼	♀♌	3:36 p	**12:36 p**
☽♈	□	⚵♑	7:16 p	**4:16 p**
☿♎	⚺	⚴♍	8:04 p	**5:04 p**
☿♎	☌	♃♎	9:21 p	**6:21 p**
☽♈	⚹	♆♒	9:48 p	**6:48 p**
♃♎	⚺	⚴♍		**11:50 p**

29 Wednesday

3rd ♈

♃♎	⚺	⚴♍	2:50 a	
☽♈	⚼	⚴♍	3:27 a	**12:27 a**
☽♈	⚺	⚶♓	5:28 a	**2:28 a**
☽♈	∟	♅♓	8:22 a	**5:22 a**
☽♈	△	♇♐	10:31 a	**7:31 a**
☽♈	□	⚷♑	11:51 a	**8:51 a**
☿♎	☌	♂♎	3:21 p	**12:21 p**
☽♈	△	♀♌	9:33 p	**6:33 p**
☽♈	□	♄♋	9:53 p	**6:53 p** ☽ v/c
♀♌	⚺	♄♋		**10:28 p**
☽♈	⚻	⚳♍		**11:47 p**

30 Thursday

3rd ♈
☽ enters ♉ 5:24 a **2:24 a**

♀♌	⚺	♄♋	1:28 a	
☽♈	⚻	⚳♍	2:47 a	
☽♉	⚻	♃♎	7:33 a	**4:33 a**
☽♉	△	⚴♍	8:15 a	**5:15 a**
☽♉	∟	⚶♓	8:43 a	**5:43 a**
☿♎	⚻	♅♓	9:22 a	**6:22 a**
☽♉	⚻	♂♎	10:30 a	**7:30 a**
☽♉	⚹	♅♓	12:04 p	**9:04 a**
☽♉	⚻	☿♎	12:32 p	**9:32 a**
☽♉	⚼	♇♐	2:24 p	**11:24 a**
♀♌	⚼	⚵♑	4:33 p	**1:33 p**
☽♉	⚻	☉♎	8:47 p	**5:47 p**

Sukkot begins

OCTOBER

LIBRA ♎
Duality: Masculine
Quality: Cardinal
Element: Air
House: 7th
Planetary Ruler: Venus
Rules: Kidneys, lower back
Impulse: Harmony
Keynote: We are

1 Friday
3rd ♉

☽♉	△	⚹ ♑	3:35 a	**12:35 a**
☽♉	□	♆ ♒	5:28 a	**2:28 a**
☽♉	⚼	♀ ♍	8:10 a	**5:10 a**
☽♉	⚼	♃ ♎	12:29 p	**9:29 a**
☽♉	⚹	⚷ ♓	12:45 p	**9:45 a**
♂♎	⚻	♅ ♓	4:21 p	**1:21 p**
☽♉	⚼	♂ ♎	4:35 p	**1:35 p**
☽♉	⚻	♇ ♐	7:04 p	**4:04 p**
☽♉	△	⚸ ♑	8:25 p	**5:25 p**
☽♉	⚼	☿ ♎	9:57 p	**6:57 p**

2 Saturday
3rd ♉
☽ enters ♊ 2:55 p **11:55 a**

☽♉	⚼	☉ ♎	4:05 a	**1:05 a**
☽♉	⚹	♄ ♋	7:18 a	**4:18 a**
☽♉	⚼	⚹ ♑	8:59 a	**5:59 a**
☽♉	□	♀ ♌	12:34 p	**9:34 a** ☽ v/c
☽♉	△	♀ ♍	2:24 p	**11:24 a**
☽♊	△	♃ ♎	6:13 p	**3:13 p**
☽♊	□	♀ ♍	8:28 p	**5:28 p**
☽♊	□	♅ ♓	9:48 p	**6:48 p**
☽♊	△	♂ ♎	11:32 p	**8:32 p**
☽♊	⚼	⚸ ♑		**10:50 p**

3 Sunday
3rd ♊
♀ enters ♎ 4:06 a **1:06 a**
♀ enters ♍ 1:20 p **10:20 a**

☽♊	⚼	⚸ ♑	1:50 a	
☽♊	△	☿ ♎	8:29 a	**5:29 a**
☽♊	△	☉ ♎	12:17 p	**9:17 a**
☽♊	⊥	♄ ♋	1:05 p	**10:05 a**
☽♊	⚻	⚹ ♑	3:05 p	**12:05 p**
☽♊	△	♆ ♒	4:08 p	**1:08 p**
♀♍	⚺	♀ ♎	7:22 p	**4:22 p**
☽♊	□	⚷ ♓	10:54 p	**7:54 p**
♅♓	☍	♀ ♍		**11:26 p**

Eastern Daylight Time in medium type   **Pacific Daylight Time in bold type**

4 Monday

3rd ♊
☽ enters ♋ **11:54 p**

♅♓	☍	⚵♍	2:26 a	
☽♊	☍	♇♐	6:28 a	**3:28 a** ☽ v/c
☽♊	⚻	⚷♑	7:49 a	**4:49 a**
☽♊	⚺	♄♋	7:22 p	**4:22 p**
☽♊	⚼	♆♒	10:16 p	**7:16 p**

5 Tuesday

3rd ♊
☽ enters ♋ 2:54 a

☽♋	□	⚳♎	4:47 a	**1:47 a**
☉♎	□	⚵♑	5:48 a	**2:48 a**
☽♋	⚹	⚵♍	6:59 a	**3:59 a**
☽♋	□	♃♎	7:24 a	**4:24 a**
☽♋	△	♅♓	9:50 a	**6:50 a**
☿♎	□	⚵♑	10:03 a	**7:03 a**
☉♎	△	♆♒	10:59 a	**7:59 a**
☽♋	⚹	⚵♍	11:19 a	**8:19 a**
♀♍	⚺	♃♎	12:14 p	**9:14 a**
☿♎	△	♆♒	12:30 p	**9:30 a**
☉♎	☌	☿♎	2:29 p	**11:29 a**
☽♋	□	♂♎	3:14 p	**12:14 p**

6 Wednesday

3rd ♋
4th Quarter 6:12 a **3:12 a**

☽♋	☍	⚵♑	4:32 a	**1:32 a**
☽♋	⚻	♆♒	4:35 a	**1:35 a**
☽♋	□	☉♎	6:12 a	**3:12 a**
☽♋	□	☿♎	7:22 a	**4:22 a**
♆♒	⚺	⚵♑	7:36 a	**4:36 a**
☽♋	△	⚶♓	10:36 a	**7:36 a**
♀♍	☍	♅♓	11:23 a	**8:23 a**
☽♋	⚼	♅♓	4:05 p	**1:05 p**
☽♋	∟	♀♍	4:36 p	**1:36 p**
☽♋	∟	⚵♍	6:59 p	**3:59 p**
☽♋	⚻	♇♐	7:09 p	**4:09 p**
☽♋	☍	⚷♑	8:28 p	**5:28 p**

Sukkot ends

7 Thursday

4th ♋
☽ enters ♌ 3:23 p **12:23 p**

☿♎	⚻	⚶♓	3:56 a	**12:56 a**
☽♋	☌	♄♋	8:13 a	**5:13 a** ☽ v/c
☽♌	⚼	⚶♓	4:20 p	**1:20 p**
☽♌	⚹	⚳♎	7:37 p	**4:37 p**
☽♌	⚹	♃♎	8:55 p	**5:55 p**
☽♌	⚻	♅♓	10:04 p	**7:04 p**
☽♌	⚼	♇♐		**10:13 p**
☽♌	⚺	♀♍		**10:52 p**
☽♌	⚺	⚵♍		**11:18 p**

8 Friday

4th ♌

			EDT	PDT
☽♌	⚼	♇♐	1:13 a	
☽♌	⚺	♀♍	1:52 a	
☽♌	⚺	⚵♍	2:18 a	
☉♎	⚻	⚶♓	4:36 a	**1:36 a**
☽♌	⚹	♂♎	6:55 a	**3:55 a**
⚷♑	⚼	⚵♍	7:15 a	**4:15 a**
♀♍	⚼	⚷♑	8:31 a	**5:31 a**
♀♍	☌	⚵♍	9:27 a	**6:27 a**
☽♌	☍	♆♒	4:29 p	**1:29 p**
☽♌	⚻	⚴♑	5:27 p	**2:27 p**
☿♎	⚼	♅♓	6:40 p	**3:40 p**
☽♌	⚻	⚶♓	9:37 p	**6:37 p**
☽♌	⚹	☉♎	11:20 p	**8:20 p**
☽♌	∠	⚳♎		**11:20 p**
☽♌	∠	♃♎		**11:59 p**

9 Saturday

4th ♌
☽ v/c 6:42 a **3:42 a**
☽ enters ♍ **11:00 p**

			EDT	PDT
☽♌	∠	⚳♎	2:20 a	
☽♌	∠	♃♎	2:59 a	
☽♌	⚹	☿♎	4:58 a	**1:58 a**
☽♌	△	♇♐	6:42 a	**3:42 a** ☽ v/c
☽♌	⚻	⚷♑	7:57 a	**4:57 a**
☽♌	∠	♂♎	1:51 p	**10:51 a**
☿♎	⚹	♇♐	5:49 p	**2:49 p**
☽♌	⚺	♄♋	7:25 p	**4:25 p**
☽♌	⚼	⚴♑	11:00 p	**8:00 p**
☿♎	□	⚷♑		**11:59 p**

10 Sunday

4th ♌
☽ enters ♍ 2:00 a

			EDT	PDT
☿♎	□	⚷♑	2:59 a	
☽♍	∠	☉♎	6:41 a	**3:41 a**
♃♎	⚻	♅♓	7:07 a	**4:07 a**
☽♍	⚺	⚳♎	8:14 a	**5:14 a**
☽♍	☍	♅♓	8:15 a	**5:15 a**
☽♍	⚺	♃♎	8:17 a	**5:17 a**
♅♓	⚻	⚳♎	8:47 a	**5:47 a**
♃♎	☌	⚳♎	10:25 a	**7:25 a**
☽♍	⚼	⚷♑	12:40 p	**9:40 a**
☽♍	∠	☿♎	2:08 p	**11:08 a**
☽♍	☌	⚵♍	2:47 p	**11:47 a**
☽♍	☌	♀♍	5:52 p	**2:52 p**
☽♍	⚺	♂♎	7:53 p	**4:53 p**
☿♎	∠	⚵♍	8:54 p	**5:54 p**
☽♍	∠	♄♋	11:53 p	**8:53 p**
☽♍	⚻	♆♒		**10:49 p**
☉♎	⚼	♅♓		**11:19 p**

OCTOBER

S	M	T	W	T	F	S
					1	2
3	4	5	6	7	8	9
10	11	12	13	14	15	16
17	18	19	20	21	22	23
24	25	26	27	28	29	30
31						

11 Monday

4th ♍

☽♍	⚻	♆♒	1:49 a	
☉♎	⚼	♅♓	2:19 a	
☽♍	△	⚵♑	3:43 a	**12:43 a**
☽♍	☍	⚶♓	6:07 a	**3:07 a**
☽♍	⚺	☉♎	1:01 p	**10:01 a**
☽♍	□	♇♐	3:24 p	**12:24 p**
☽♍	△	⚷♑	4:34 p	**1:34 p**
☽♍	⚺	☿♎	10:00 p	**7:00 p**

Columbus Day (observed)

12 Tuesday

4th ♍
☽ enters ♎ 9:32 a **6:32 a**

☽♍	⚹	♄♋	3:32 a	**12:32 a** ☽ v/c
☽♍	⚼	♆♒	5:17 a	**2:17 a**
☽♎	⚻	♅♓	3:20 p	**12:20 p**
☽♎	☌	♃♎	4:21 p	**1:21 p**
♀♍	⚺	♂♎	4:26 p	**1:26 p**
☽♎	☌	⚳♎	5:21 p	**2:21 p**
☉♎	⚹	♇♐	9:10 p	**6:10 p**
☽♎	⚺	♀♍	11:42 p	**8:42 p**

13 Wednesday

4th ♎
New Moon 10:48 p **7:48 p**

☽♎	☌	♂♎	5:10 a	**2:10 a**
☽♎	⚺	♀♍	5:43 a	**2:43 a**
☽♎	△	♆♒	8:01 a	**5:01 a**
☽♎	□	⚵♑	10:43 a	**7:43 a**
☽♎	⚻	⚶♓	11:39 a	**8:39 a**
☉♎	□	⚷♑	12:48 p	**9:48 a**
♀♍	∠	♄♋	1:59 p	**10:59 a**
☽♎	⚼	♅♓	5:47 p	**2:47 p**
☿♎	□	♄♋	7:14 p	**4:14 p**
☽♎	⚹	♇♐	9:00 p	**6:00 p**
☽♎	□	⚷♑	10:06 p	**7:06 p**
☽♎	☌	☉♎	10:48 p	**7:48 p**
☽♎	∠	♀♍		**11:57 p**

Solar Eclipse 21° ♍ 06' 11:00 p **8:00 a**

14 Thursday

1st ♎
☽ enters ♏ 2:10 p **11:10 a**

☽♎	∠	♀♍	2:57 a	
♀♍	⚻	♆♒	8:07 a	**5:07 a**
☿♎	∠	♀♍	8:10 a	**5:10 a**
☽♎	□	♄♋	8:38 a	**5:38 a**
☽♎	∠	♀♍	10:17 a	**7:17 a**
☽♎	☌	☿♎	10:22 a	**7:22 a** ☽ v/c
☽♎	⚼	⚶♓	1:28 p	**10:28 a**
☽♏	△	♅♓	7:38 p	**4:38 p**
☽♏	⚺	♃♎	9:29 p	**6:29 p**
☽♏	∠	♇♐	10:53 p	**7:53 p**
☽♏	⚺	⚳♎	11:24 p	**8:24 p**
⚵♑	⚹	⚶♓		**10:08 p**

15 Friday

1st ♏
☿ enters ♏ 6:57 p **3:57 p**

⚶♑	⚹	⚵♓	1:08 a	
☽♏	⚹	♀♍	5:37 a	**2:37 a**
☽♏	⚺	♂♎	11:30 a	**8:30 a**
☿♎	⚼	⚵♓	11:31 a	**8:31 a**
☽♏	□	♆♒	11:42 a	**8:42 a**
☽♏	⚹	♀♍	2:14 p	**11:14 a**
☽♏	△	⚵♓	2:51 p	**11:51 a**
☽♏	⚹	⚶♑	3:10 p	**12:10 p**
♂♎	△	♆♒	4:02 p	**1:02 p**
♀♍	☍	⚵♓	9:05 p	**6:05 p**
☽♏	∠	♃♎	11:19 p	**8:19 p**
☽♏	⚺	♇♐		**9:21 p**
☽♏	⚹	⚷♑		**10:25 p**
☽♏	∠	⚳♎		**10:40 p**

Ramadan begins

16 Saturday

1st ♏
☽ enters ♐ 4:58 p **1:58 p**

☽♏	⚺	♇♐	12:21 a	
☽♏	⚹	⚷♑	1:25 a	
☽♏	∠	⚳♎	1:40 a	
♀♍	△	⚶♑	3:59 a	**12:59 a**
☽♏	⚺	☉♎	5:50 a	**2:50 a**
☽♏	△	♄♋	11:43 a	**8:43 a** ☽ v/c
☽♏	∠	♂♎	1:59 p	**10:59 a**
☽♏	∠	⚶♑	4:50 p	**1:50 p**
☽♐	⚺	☿♏	7:46 p	**4:46 p**
☽♐	□	♅♓	10:14 p	**7:14 p**
☽♐	⚹	♃♎		**9:52 p**
☽♐	∠	⚷♑		**11:38 p**

17 Sunday

1st ♐

☽♐	⚹	♃♎	12:52 a	
☽♐	∠	⚷♑	2:38 a	
☽♐	⚹	⚳♎	3:39 a	**12:39 a**
☽♐	∠	☉♎	8:51 a	**5:51 a**
☽♐	□	♀♍	9:52 a	**6:52 a**
☽♐	⚼	♄♋	12:53 p	**9:53 a**
☽♐	⚹	♆♒	2:04 p	**11:04 a**
☽♐	⚹	♂♎	4:17 p	**1:17 p**
☽♐	□	⚵♓	4:53 p	**1:53 p**
☿♏	△	♅♓	5:30 p	**2:30 p**
☽♐	⚺	⚶♑	6:21 p	**3:21 p**
☽♐	□	♀♍	9:07 p	**6:07 p**
☽♐	∠	☿♏		**9:00 p**
☽♐	☌	♇♐		**11:40 p**

OCTOBER

S	M	T	W	T	F	S
					1	2
3	4	5	6	7	8	9
10	11	12	13	14	15	16
17	18	19	20	21	22	23
24	25	26	27	28	29	30
31						

2004 OCTOBER 2004

18 Monday

☽ ♐	⊥	☿ ♏	12:00 a	
☽ ♐	☌	♇ ♐	2:40 a	
☽ ♐	⊻	⚷ ♑	3:44 a	**12:44 a**
♂ ♎	⊼	⚸ ♓	4:08 a	**1:08 a**
☽ ♐	✶	☉ ♎	11:46 a	**8:46 a** ☽ v/c
☉ ♎	⊥	♀ ♍	12:40 p	**9:40 a**
☽ ♐	⊼	♄ ♋	2:01 p	**11:01 a**
☽ ♐	⊥	♆ ♒	3:07 p	**12:07 p**
☿ ♏	⊻	♃ ♎	11:37 p	**8:37 p**
☽ ♑	✶	♅ ♓		**9:18 p**
☿ ♏	⊥	♇ ♐		**9:31 p**

1st ♐
☽ enters ♑ 7:07 p **4:07 p**

19 Tuesday

☽ ♑	✶	♅ ♓	12:18 a	
☿ ♏	⊥	♇ ♐	12:31 a	
☽ ♑	□	♃ ♎	3:45 a	**12:45 a**
☽ ♑	✶	☿ ♏	4:12 a	**1:12 a**
☽ ♑	□	? ♎	7:26 a	**4:26 a**
☽ ♑	△	♀ ♍	1:48 p	**10:48 a**
☽ ♑	⊻	♆ ♒	4:15 p	**1:15 p**
☽ ♑	✶	⚸ ♓	6:51 p	**3:51 p**
☽ ♑	□	♂ ♎	8:54 p	**5:54 p**
☉ ♎	□	♄ ♋	9:25 p	**6:25 p**
☽ ♑	☌	⚷ ♑	9:27 p	**6:27 p**
☽ ♑	⊥	♅ ♓		**10:28 p**

1st ♑

20 Wednesday

☽ ♑	⊥	♅ ♓	1:28 a	
☽ ♑	△	♀ ♍	3:57 a	**12:57 a**
☽ ♑	⊻	♇ ♐	5:04 a	**2:04 a**
☽ ♑	☌	⚷ ♑	6:09 a	**3:09 a**
♂ ♎	□	⚷ ♑	3:52 p	**12:52 p**
☽ ♑	⊡	♀ ♍	3:59 p	**12:59 p**
☽ ♑	☍	♄ ♋	4:35 p	**1:35 p**
♀ ♍	□	♇ ♐	5:28 p	**2:28 p**
☽ ♑	□	☉ ♎	5:59 p	**2:59 p** ☽ v/c
☿ ♏	⊻	? ♎	8:02 p	**5:02 p**
☽ ♑	⊥	⚸ ♓	8:05 p	**5:05 p**
☽ ♒	⊻	♅ ♓		**11:50 p**

1st ♑
2nd Quarter 5:59 p **2:59 p**
☽ enters ♒ 9:38 p **6:38 p**

21 Thursday

☽ ♒	⊻	♅ ♓	2:50 a	
☽ ♒	⊥	♇ ♐	6:33 a	**3:33 a**
♀ ♍	△	⚷ ♑	6:44 a	**3:44 a**
☽ ♒	△	♃ ♎	7:10 a	**4:10 a**
☽ ♒	⊡	♀ ♍	7:44 a	**4:44 a**
♄ ♋	⊥	♀ ♍	10:59 a	**7:59 a**
☽ ♒	△	? ♎	11:51 a	**8:51 a**
☽ ♒	□	☿ ♏	1:16 p	**10:16 a**
☽ ♒	⊼	♀ ♍	6:27 p	**3:27 p**
☽ ♒	☌	♆ ♒	7:09 p	**4:09 p**
☽ ♒	⊻	⚸ ♓	9:36 p	**6:36 p**
☉ ♎	⊡	⚸ ♓	10:28 p	**7:28 p**
☽ ♒	⊻	⚷ ♑		**10:24 p**
☽ ♒	△	♂ ♎		**11:25 p**

2nd ♒

Eastern Daylight Time in medium type   **Pacific Daylight Time in bold type**

22 Friday

2nd ♒
☉ enters ♏ 9:49 p **6:49 p**
☽ enters ♓ **10:13 p**

☽♒	⚺	⚵♑	1:24 a	
☽♒	△	♂♎	2:25 a	
☽♒	⚹	♇♐	8:20 a	**5:20 a** ☽ v/c
☽♒	⚼	♃♎	9:19 a	**6:19 a**
☽♒	⚺	⚷♑	9:28 a	**6:28 a**
☽♒	⚻	♀♍	11:56 a	**8:56 a**
☽♒	⚼	⚳♎	2:32 p	**11:32 a**
♆♒	⚻	⚴♍	2:56 p	**11:56 a**
☽♒	⚻	♄♋	8:10 p	**5:10 p**
☽♓	△	☉♏		**10:29 p**

23 Saturday

2nd ♒
☽ enters ♓ 1:13 a

☽♓	△	☉♏	1:29 a	
☽♓	∠	⚵♑	3:54 a	**12:54 a**
☽♓	⚼	♂♎	5:44 a	**2:44 a**
☽♓	☌	♅♓	6:30 a	**3:30 a**
☽♓	∠	⚷♑	11:39 a	**8:39 a**
☽♓	⚻	♃♎	11:50 a	**8:50 a**
☽♓	⚻	⚳♎	5:37 p	**2:37 p**
☿♏	□	♆♒	6:20 p	**3:20 p**
♂♎	⚼	♅♓	9:39 p	**6:39 p**
☽♓	⚼	♄♋	10:30 p	**7:30 p**
☽♓	⚺	♆♒	11:21 p	**8:21 p**
☽♓	△	☿♏		**9:00 p**
☽♓	☍	⚴♍		**9:31 p**
☽♓	☌	⚶♓		**10:43 p**

24 Sunday

2nd ♓
♆ D 7:56 a **4:56 a**

☽♓	△	☿♏	12:00 a	
☽♓	☍	⚴♍	12:31 a	
☽♓	☌	⚶♓	1:43 a	
☽♓	⚼	☉♏	5:57 a	**2:57 a**
☿♏	⚹	⚴♍	6:32 a	**3:32 a**
☽♓	⚹	⚵♑	6:50 a	**3:50 a**
☽♓	⚻	♂♎	9:31 a	**6:31 a**
☽♓	□	♇♐	1:04 p	**10:04 a**
☽♓	⚹	⚷♑	2:16 p	**11:16 a**
☿♏	△	⚶♓	3:02 p	**12:02 p**
☽♓	☍	♀♍	9:51 p	**6:51 p**
☽♓	△	♄♋		**10:17 p** ☽ v/c
☽♓	∠	♆♒		**11:06 p**

OCTOBER

S	M	T	W	T	F	S
					1	2
3	4	5	6	7	8	9
10	11	12	13	14	15	16
17	18	19	20	21	22	23
24	25	26	27	28	29	30
31						

2004   OCTOBER   **2004**

25 Monday

2nd ♓
☽ enters ♈ 6:24 a **3:24 a**

☽♓	△	♄☋	1:17 a	☽ v/c
☽♓	⊥	♆♒	2:06 a	
☽♓	⊡	☿♏	6:14 a	**3:14 a**
♀♍	☍	⚹♓	9:21 a	**6:21 a**
☽♈	⊼	☉♏	11:00 a	**8:00 a**
☽♈	⊻	♅♓	11:49 a	**8:49 a**
☽♈	☍	♃♎	6:14 p	**3:14 p**
☉♏	△	♅♓	9:49 p	**6:49 p**
☽♈	☍	⚷♎		**10:18 p**

26 Tuesday

2nd ♈

☽♈	☍	⚷♎	1:18 a	
☽♈	⚹	♆♒	5:20 a	**2:20 a**
☽♈	⊻	⚹♓	7:43 a	**4:43 a**
☽♈	⊼	♀♍	8:35 a	**5:35 a**
♀♍	⚹	♄☋	12:49 p	**9:49 a**
☽♈	⊼	☿♏	1:10 p	**10:10 a**
☽♈	□	⚸♑	2:15 p	**11:15 a**
☽♈	⊥	♅♓	3:14 p	**12:14 p**
☽♈	☍	♂♎	6:48 p	**3:48 p**
☽♈	△	♇♐	7:42 p	**4:42 p**
☽♈	□	⚷♑	8:59 p	**5:59 p**
♀♍	⊡	♆♒	9:04 p	**6:04 p**
☿♏	⚹	⚸♑		**9:16 p**

27 Wednesday

2nd ♈
☽ enters ♉ 1:37 p **10:37 a**
Full Moon 11:07 p **8:07 p**
⚷ D 10:50 p

☿♏	⚹	⚸♑	12:16 a	
☽♈	□	♄☋	8:24 a	**5:24 a** ☽ v/c
☽♈	⊼	♀♍	10:24 a	**7:24 a**
☽♈	⊥	⚹♓	11:32 a	**8:32 a**
♂♎	⚹	♇♐	1:17 p	**10:17 a**
☽♈	⊡	♀♍	1:30 p	**10:30 a**
☽♉	⚹	♅♓	7:12 p	**4:12 p**
☽♉	☍	☉♏	11:07 p	**8:07 p**
☽♉	⊡	♇♐	11:52 p	**8:52 p**
☽♉	⊼	♃♎		**11:51 p**

Lunar Eclipse 5° ♏ 02' 11:05 p **8:05 a**

28 Thursday

3rd ♉
⚷ D 1:50 a
♀ enters ♎ 8:39 p **5:39 p**

☽♉	⊼	♃♎	2:51 a	
☉♏	⊥	♇♐	8:47 a	**5:47 a**
♅♓	⊥	⚸♑	10:13 a	**7:13 a**
☽♉	⊼	⚷♎	11:23 a	**8:23 a**
☽♉	□	♆♒	1:32 p	**10:32 a**
☽♉	⚹	⚹♓	3:58 p	**12:58 p**
♂♎	□	⚷♑	4:14 p	**1:14 p**
☽♉	⊡	♀♍	5:50 p	**2:50 p**
☽♉	△	♀♍	7:04 p	**4:04 p**
☿♏	⊻	♇♐	10:24 p	**7:24 p**
☽♉	△	⚸♑		**9:06 p**

Eastern Daylight Time in medium type   **Pacific Daylight Time in bold type**

29 Friday

3rd ♉
☽ enters ♊ 11:11 p **8:11 p**

☽♉	△	⚵♑	12:06 a		
☽♉	⚻	♇♐	4:38 a	**1:38 a**	
☽♉	☍	☿♏	5:28 a	**2:28 a**	
☽♉	△	⚷♑	6:01 a	**3:01 a**	
☽♉	⚻	♂♎	6:44 a	**3:44 a**	
☽♉	⚼	♃♎	8:06 a	**5:06 a**	
☿♏	⚹	⚷♑	10:08 a	**7:08 a**	
☽♉	⚼	⚳♎	5:25 p	**2:25 p**	
☽♉	⚹	♄♋	5:50 p	**2:50 p**	☽ v/c
☿♏	⚺	♂♎	11:27 p	**8:27 p**	
☽♊	△	♀♎		**11:05 p**	

30 Saturday

3rd ♊

☽♊	△	♀♎	2:05 a	
☽♊	□	♅♓	4:57 a	**1:57 a**
☽♊	⚼	⚵♑	6:00 a	**3:00 a**
☿♏	∟	♃♎	6:24 a	**3:24 a**
☉♏	⚺	♃♎	9:30 a	**6:30 a**
☽♊	⚼	⚷♑	11:25 a	**8:25 a**
☽♊	⚼	♂♎	1:45 p	**10:45 a**
☽♊	△	♃♎	1:57 p	**10:57 a**
☽♊	⚻	☉♏	2:16 p	**11:16 a**
☽♊	∟	♄♋	11:24 p	**8:24 p**
♆♒	△	⚳♎		**9:04 p**
☽♊	△	♆♒		**9:05 p**
☽♊	△	⚳♎		**9:05 p**
☽♊	□	⚶♓		**11:40 p**

31 Sunday

3rd ♊

♆♒	△	⚳♎	12:04 a		
☽♊	△	♆♒	12:05 a		
☽♊	△	⚳♎	12:05 a		
☽♊	□	⚶♓	1:40 a		
♀♎	⚻	♅♓	5:44 a	**2:44 a**	
☽♊	□	♀♍	7:09 a	**4:09 a**	
☽♊	⚻	⚵♑	11:28 a	**8:28 a**	
☽♊	☍	♇♐	2:52 p	**11:52 a**	
☽♊	⚻	⚷♑	4:22 p	**1:22 p**	
☽♊	△	♂♎	8:21 p	**5:21 p**	☽ v/c
☽♊	⚼	☉♏	9:52 p	**6:52 p**	
☽♊	⚻	☿♏	11:56 p	**8:56 p**	

Daylight Saving Time ends, 2:00 am
Halloween

OCTOBER

S	M	T	W	T	F	S
					1	2
3	4	5	6	7	8	9
10	11	12	13	14	15	16
17	18	19	20	21	22	23
24	25	26	27	28	29	30
31						

NOVEMBER 2004

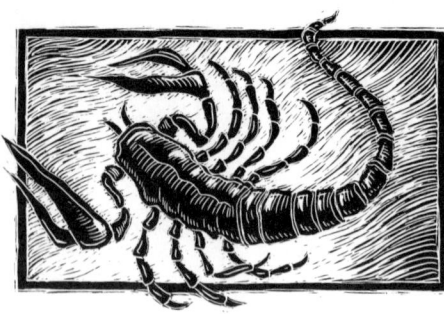

SCORPIO ♏
Duality: Feminine
Quality: Fixed
Element: Water
House: 8th
Planetary Ruler: Pluto
Rules: Genitals, colon
Impulse: Determined
Keynote: I desire

1 Monday

3rd ♊
☽ enters ♋ 9:53 a **6:53 a**

☽ ♊	⚺	♄ ♋	4:27 a	**1:27 a**
☽ ♊	⚼	♆ ♒	5:06 a	**2:06 a**
☽ ♋	△	♅ ♓	3:46 p	**12:46 p**
☽ ♋	□	♀ ♎	7:39 p	**4:39 p**
☽ ♋	□	♃ ♎		**11:04 p**

2 Tuesday

3rd ♋

☽ ♋	□	♃ ♎		**2:04 a**
☽ ♋	△	☉ ♏	6:54 a	**3:54 a**
☽ ♋	⚼	☿ ♏	10:27 a	**7:27 a**
☽ ♋	⚻	♆ ♒	11:25 a	**8:25 a**
☿ ♏	△	♄ ♋	1:01 p	**10:01 a**
☽ ♋	□	♃ ♎	1:45 p	**10:45 a**
☽ ♋	△	♅ ♓	2:11 p	**11:11 a**
☽ ♋	⚹	♀ ♍	10:00 p	**7:00 p**
☽ ♋	⚼	♅ ♓	10:05 p	**7:05 p**
☽ ♋	☍	⚷ ♑		**10:31 p**
♃ ♎	⚻	⚷ ♓		**11:51 p**

Election Day (general)

3 Wednesday

3rd ♋
☽ enters ♌ 10:32 p **7:32 p**

☽ ♋	☍	⚷ ♑	1:31 a	
♃ ♎	⚻	⚷ ♓	2:51 a	
☽ ♋	⚻	♇ ♐	3:34 a	**12:34 a**
☽ ♋	☍	⚷ ♑	5:09 a	**2:09 a**
☽ ♋	□	♂ ♎	12:31 p	**9:31 a**
☽ ♋	♂	♄ ♋	5:08 p	**2:08 p**
☽ ♋	⚼	⚷ ♓	8:38 p	**5:38 p**
☽ ♋	△	☿ ♏	9:00 p	**6:00 p** ☽ v/c
☿ ♏	⊥	♃ ♎	11:54 p	**8:54 p**

Eastern Standard Time in medium type   **Pacific Standard Time in bold type**

2004 NOVEMBER 2004

4 Thursday

☽ ♌	⊼	♅ ♓	4:21 a	**1:21 a**
☽ ♌	L	♀ ♍	5:28 a	**2:28 a**
☽ ♌	⬚	♇ ♐	9:54 a	**6:54 a**
☉ ♏	□	♆ ♒	12:34 p	**9:34 a**
☽ ♌	✶	♀ ♎	3:07 p	**12:07 p**
☽ ♌	✶	♃ ♎	3:38 p	**12:38 p**
♀ ♎	☌	♃ ♎	9:11 p	**6:11 p**
☽ ♌	☍	□ ♒	11:52 p	**8:52 p**
☽ ♌	□	☉ ♏		**9:53 p**
☽ ♌	⊼	⚷ ♓		**11:49 p**

3rd ♌
☿ enters ♐ 9:40 a **6:40 a**
4th Quarter 9:53 p

5 Friday

☽ ♌	□	☉ ♏	12:53 a	
☽ ♌	⊼	⚷ ♓	2:49 a	
☽ ♌	✶	♃ ♎	4:26 a	**1:26 a**
☽ ♌	⌄	♀ ♍	12:31 p	**9:31 a**
☽ ♌	✷	♄ ♑	3:11 p	**12:11 p**
☽ ♌	△	♇ ♐	3:49 p	**12:49 p**
☽ ♌	⊼	♇ ♑	5:26 p	**2:26 p**
☽ ♌	L	♃ ♎	9:51 p	**6:51 p**
☽ ♌	L	♀ ♎		**9:08 p**
☉ ♏	△	⚷ ♓		**10:36 p**

3rd ♌
4th Quarter 12:53 a

6 Saturday

☽ ♌	L	♀ ♎	12:08 a	
☉ ♏	△	⚷ ♓	1:36 a	
☽ ♌	✶	♂ ♎	3:45 a	**12:45 a** ☽ v/c
☽ ♌	⌄	♄ ⊗	4:50 a	**1:50 a**
☿ ♐	□	♅ ♓	10:18 a	**7:18 a**
☽ ♍	L	♃ ♎	10:59 a	**7:59 a**
☽ ♍	☍	♅ ♓	3:34 p	**12:34 p**
☽ ♍	□	☿ ♐	4:15 p	**1:15 p**
♇ ♐	⌄	✷ ♑	7:08 p	**4:08 p**
☽ ♍	⬚	✷ ♑	9:06 p	**6:06 p**
☽ ♍	⬚	♇ ♑	10:40 p	**7:40 p**
♂ ♎	□	♄ ⊗		**9:03 p**

4th ♌
☽ enters ♍ 10:00 a **7:00 a**

7 Sunday

♂ ♎	□	♄ ⊗	12:03 a	
☽ ♍	⌄	♃ ♎	3:18 a	**12:18 a**
☽ ♍	⌄	♀ ♎	8:10 a	**5:10 a**
☽ ♍	L	♄ ⊗	9:38 a	**6:38 a**
☽ ♍	L	♂ ♎	10:10 a	**7:10 a**
☽ ♍	⊼	♆ ♒	10:15 a	**7:15 a**
☽ ♍	☍	⚷ ♓	1:20 p	**10:20 a**
☽ ♍	✶	☉ ♏	4:10 p	**1:10 p**
☽ ♍	⌄	☿ ♐	4:37 p	**1:37 p**
☽ ♍	☌	♀ ♍		**9:13 p**
☽ ♍	□	♇ ♐		**10:26 p**
☽ ♍	△	✷ ♑		**11:06 p**
☉ ♏	⌄	♃ ♎		**11:23 p**

4th ♍
♄ ℞ **10:54 p**

Eastern Standard Time in medium type   **Pacific Standard Time in bold type**

8 Monday

4th ♍
♄ ℞ 1:54 a
☽ enters ♎ 6:23 p **3:23 p**

☽♍	☌	⚴♍	12:13 a	
☽♍	□	♇♐	1:26 a	
☽♍	△	⚵♑	2:06 a	
☉♏	⚺	⚳♎	2:23 a	
☽♍	△	⚷♑	3:02 a	**12:02 a**
♀♎	△	♆♒	5:58 a	**2:58 a**
☽♍	⚹	♄♋	1:32 p	**10:32 a** ☽ v/c
☽♍	⚼	♆♒	2:08 p	**11:08 a**
☽♍	⚺	♂♎	3:32 p	**12:32 p**
☽♎	∠	☉♏	10:06 p	**7:06 p**
☿♐	∠	⚵♑	10:48 p	**7:48 p**
☽♎	⚻	♅♓	11:35 p	**8:35 p**

9 Tuesday

4th ♎

☿♐	∠	⚷♑	3:50 a	**12:50 a**
☽♎	⚹	☿♐	6:44 a	**3:44 a**
☽♎	☌	♃♎	11:22 a	**8:22 a**
♇♐	□	⚴♍	2:43 p	**11:43 a**
☽♎	△	♆♒	5:05 p	**2:05 p**
♀♎	⚻	⚶♓	5:27 p	**2:27 p**
☽♎	⚻	⚶♓	8:16 p	**5:16 p**
☽♎	☌	♀♎	8:32 p	**5:32 p**
⚷♑	☌	⚵♑		**9:03 p**
☽♎	☌	⚳♎		**9:49 p**
☽♎	⚼	♅♓		**11:12 p**
☽♎	⚺	☉♏		**11:52 p**

10 Wednesday

4th ♎
♂ enters ♏ **9:11 p**
☽ enters ♏ 11:05 p **8:05 p**

⚷♑	☌	⚵♑	12:03 a	
☽♎	☌	⚳♎	12:49 a	
☽♎	⚼	♅♓	2:12 a	
☽♎	⚺	☉♏	2:52 a	
♂♎	⚼	⚶♓	7:14 a	**4:14 a**
☽♎	⚹	♇♐	7:21 a	**4:21 a**
☽♎	⚺	⚴♍	7:51 a	**4:51 a**
☽♎	□	⚷♑	8:56 a	**5:56 a**
☽♎	□	⚵♑	9:07 a	**6:07 a**
☽♎	∠	☿♐	11:59 a	**8:59 a**
☽♎	□	♄♋	6:32 p	**3:32 p**
☽♎	⚼	⚶♓	10:23 p	**7:23 p**
☽♎	☌	♂♎	11:02 p	**8:02 p** ☽ v/c

11 Thursday

4th ♏
♂ enters ♏ 12:11 a
♅ D 2:12 p **11:12 a**

☽♏	△	♅♓	3:58 a	**12:58 a**
☽♏	∠	♇♐	9:02 a	**6:02 a**
☽♏	∠	⚴♍	10:15 a	**7:15 a**
☿♐	⚹	♃♎	11:31 a	**8:31 a**
☽♏	⚺	♃♎	3:44 p	**12:44 p**
☽♏	⚺	☿♐	4:06 p	**1:06 p**
♅♓	⚼	⚳♎	8:06 p	**5:06 p**
☽♏	□	♆♒	8:28 p	**5:28 p**
⚷♑	△	⚴♍	11:43 p	**8:43 p**
☽♏	△	⚶♓	11:47 p	**8:47 p**

Veterans Day

12 Friday

4th ♏
New Moon 9:27 a **6:27 a**
☽ enters ♐ **9:56 p**

☽♏	⚺	♀♎	4:24 a	**1:24 a**	
☽♏	⚺	⚳♎	5:19 a	**2:19 a**	
☽♏	☌	☉♏	9:27 a	**6:27 a**	
☽♏	⚺	♇♐	10:03 a	**7:03 a**	
☽♏	⚹	⚷♑	11:38 a	**8:38 a**	
☽♏	⚹	⚴♍	11:56 a	**8:56 a**	
♀♎	⚼	♅♓	11:59 a	**8:59 a**	
☽♏	⚹	⚵♑	12:44 p	**9:44 a**	
☽♏	∠	♃♎	4:52 p	**1:52 p**	
☉♏	⚺	♇♐	6:24 p	**3:24 p**	
☽♏	△	♄♋	8:34 p	**5:34 p**	☽ v/c
♀♎	☌	⚳♎	8:46 p	**5:46 p**	

13 Saturday

1st ♏
☽ enters ♐ 12:56 a

☽♐	⚺	♂♏	3:15 a	**12:15 a**
☽♐	□	♅♓	5:37 a	**2:37 a**
☽♐	∠	⚳♎	6:38 a	**3:38 a**
☽♐	∠	♀♎	7:13 a	**4:13 a**
☿♐	⚼	♄♋	8:45 a	**5:45 a**
☽♐	∠	⚷♑	12:13 p	**9:13 a**
☽♐	∠	⚵♑	1:46 p	**10:46 a**
☿♐	⚹	♆♒	4:19 p	**1:19 p**
☽♐	⚹	♃♎	5:37 p	**2:37 p**
☉♏	⚹	⚷♑	6:40 p	**3:40 p**
☽♐	⚼	♄♋	8:56 p	**5:56 p**
☽♐	⚹	♆♒	9:37 p	**6:37 p**
☽♐	☌	☿♐	10:06 p	**7:06 p**
☽♐	□	⚶♓		**10:11 p**

14 Sunday

1st ♐
☽ enters ♑ **10:33 p**

☽♐	□	⚶♓	1:11 a		
☽♐	∠	♂♏	4:43 a	**1:43 a**	
☽♐	⚹	⚳♎	7:41 a	**4:41 a**	
☽♐	⚹	♀♎	9:43 a	**6:43 a**	
☽♐	☌	♇♐	10:58 a	**7:58 a**	☽ v/c
☽♐	⚺	⚷♑	12:35 p	**9:35 a**	
☽♐	⚺	☉♏	1:49 p	**10:49 a**	
☽♐	□	⚴♍	2:08 p	**11:08 a**	
☽♐	⚺	⚵♑	2:36 p	**11:36 a**	
☽♐	⚻	♄♋	9:11 p	**6:11 p**	
☉♏	⚹	⚴♍	9:39 p	**6:39 p**	
☽♐	∠	♆♒	9:53 p	**6:53 p**	
♀♎	⚹	♇♐		**10:11 p**	

Ramadan ends

NOVEMBER

S	M	T	W	T	F	S
	1	2	3	4	5	6
7	8	9	10	11	12	13
14	15	16	17	18	19	20
21	22	23	24	25	26	27
28	29	30				

15 Monday

1st ♐

☽ enters ♑ 1:33 a

♀♎	⚹	♇♐	1:11 a	
☽♑	⚹	♂♏	6:08 a	**3:08 a**
☽♑	⚹	♅♓	6:13 a	**3:13 a**
☉♏	⚹	⚵♑	6:39 a	**3:39 a**
♂♏	△	♅♓	7:58 a	**4:58 a**
☿♐	□	⚶♓	1:54 p	**10:54 a**
☽♑	∠	☉♏	3:54 p	**12:54 p**
☽♑	□	♃♎	6:49 p	**3:49 p**
♀♎	□	⚷♑	9:59 p	**6:59 p**
☽♑	⚺	♆♒	10:16 p	**7:16 p**
☽♑	⚹	⚶♓		**11:15 p**

16 Tuesday

1st ♑

☽ enters ♒ **11:39 p**

☽♑	⚹	⚶♓	2:15 a	
☽♑	⚺	☿♐	3:15 a	**12:15 a**
☽♑	∠	♅♓	6:39 a	**3:39 a**
☽♑	□	⚳♎	9:54 a	**6:54 a**
☽♑	⚺	♇♐	11:51 a	**8:51 a**
☽♑	☌	⚷♑	1:35 p	**10:35 a**
☽♑	□	♀♎	2:57 p	**11:57 a**
☽♑	△	⚴♍	4:25 p	**1:25 p**
☽♑	☌	⚵♑	4:35 p	**1:35 p**
☽♑	⚹	☉♏	6:17 p	**3:17 p**
☽♑	☍	♄♋	10:07 p	**7:07 p** ☽ v/c

17 Wednesday

1st ♑

☽ enters ♒ 2:39 a

☽♒	∠	⚶♓	3:12 a	**12:12 a**
☽♒	∠	☿♐	6:14 a	**3:14 a**
☽♒	⚺	♅♓	7:27 a	**4:27 a**
☽♒	□	♂♏	9:45 a	**6:45 a**
☽♒	∠	♇♐	12:48 p	**9:48 a**
♀♎	⚺	⚴♍	4:04 p	**1:04 p**
♀♎	□	⚵♑	4:58 p	**1:58 p**
☽♒	⚼	⚴♍	6:08 p	**3:08 p**
☉♏	∠	♃♎	7:26 p	**4:26 p**
☽♒	△	♃♎	9:06 p	**6:06 p**
☽♒	☌	♆♒		**9:04 p**

18 Thursday

1st ♒

☽♒	☌	♆♒	12:04 a	
⚴♍	△	⚵♑	3:22 a	**12:22 a**
☽♒	⚺	⚶♓	4:40 a	**1:40 a**
☽♒	⚹	☿♐	9:47 a	**6:47 a**
☽♒	△	⚳♎	1:44 p	**10:44 a**
☽♒	⚹	♇♐	2:18 p	**11:18 a**
☽♒	⚺	⚷♑	4:12 p	**1:12 p**
☽♒	⚺	⚵♑	8:22 p	**5:22 p**
☽♒	⚻	⚴♍	8:27 p	**5:27 p**
☽♒	△	♀♎	10:18 p	**7:18 p**
☽♒	⚼	♃♎	11:03 p	**8:03 p**
☉♏	△	♄♋		**9:33 p**
☽♒	⚻	♄♋		**9:49 p**
☽♒	□	☉♏		**9:50 p** ☽ v/c

Rosh Hashanah

NOVEMBER

19 Friday

☉♏	△	♄⊗	12:33 a	
☽≈	⊼	♄⊗	12:49 a	
☽≈	□	☉♏	12:50 a	☽ v/c
♇♐	✶	♃♎	9:31 a	**6:31 a**
☽♓	♂	♅♓	10:41 a	**7:41 a**
☽♓	△	♂♏	3:42 p	**12:42 p**
☽♓	⊡	♃♎	4:37 p	**1:37 p**
☽♓	∟	⚷♑	6:25 p	**3:25 p**
☽♓	∟	⚸♑	11:16 p	**8:16 p**
☽♓	⊼	♃♎		**10:41 p**
♀♎	□	♄⊗		**11:12 p**

1st ≈
2nd Quarter 12:50 a
☽ enters ♓ 5:38 a **2:38 a**

20 Saturday

☽♓	⊼	♃♎	1:41 a	
♀♎	□	♄⊗	2:12 a	
☽♓	⊡	♄⊗	3:06 a	**12:06 a**
☽♓	⊡	♀♎	3:11 a	**12:11 a**
☽♓	⚹	♆≈	4:10 a	**1:10 a**
♂♏	∟	♇♐	6:51 a	**3:51 a**
☽♓	♂	⚸♓	9:32 a	**6:32 a**
☽♓	□	☿♐	6:57 p	**3:57 p**
☽♓	□	♇♐	7:12 p	**4:12 p**
☽♓	⊡	♂♏	7:49 p	**4:49 p**
☽♓	⊼	♃♎	8:14 p	**5:14 p**
☽♓	✶	⚷♑	9:19 p	**6:19 p**
☿♐	♂	♇♐	10:24 p	**7:24 p**
☽♓	✶	⚸♑		**11:53 p**

2nd ♓

21 Sunday

☽♓	✶	⚸♑	2:53 a	
☽♓	☍	♀♍	3:13 a	**12:13 a**
☽♓	△	♄⊗	6:02 a	**3:02 a**
☽♓	∟	♆≈	7:13 a	**4:13 a**
☽♓	⊼	♀♎	8:58 a	**5:58 a**
☽♓	△	☉♏	10:35 a	**7:35 a** ☽ v/c
☽♈	⚺	♅♓	4:32 p	**1:32 p**
☽♈	⊼	♂♏		**9:42 p**
☿♐	✶	♃♎		**9:58 p**

2nd ♓
☽ enters ♈ 11:11 a **8:11 a**
☉ enters ♐ 6:22 p **3:22 p**

NOVEMBER

S	M	T	W	T	F	S
	1	2	3	4	5	6
7	8	9	10	11	12	13
14	15	16	17	18	19	20
21	22	23	24	25	26	27
28	29	30				

Eastern Standard Time in medium type   **Pacific Standard Time in bold type**

22 Monday

2nd ♈
♀ enters ♏ 8:31 a **5:31 a**

☽♈	⚻	♂♏	12:42 a	
☿♐	⚹	⚳♎	12:58 a	
☿♐	⚺	⚷♑	5:24 a	**2:24 a**
☿♐	∠	♂♏	7:32 a	**4:32 a**
☽♈	☍	♃♎	9:00 a	**6:00 a**
☽♈	⚹	♆♒	10:55 a	**7:55 a**
⚷♑	□	⚳♎	11:34 a	**8:34 a**
☽♈	⚼	☉♐	4:41 p	**1:41 p**
☽♈	⚺	⚶♓	5:11 p	**2:11 p**
☽♈	∠	♅♓	8:25 p	**5:25 p**
☽♈	△	♇♐		**11:44 p**

23 Tuesday

2nd ♈
☽ enters ♉ 7:16 p **4:16 p**

☽♈	△	♇♐	2:44 a	
☽♈	□	⚷♑	5:04 a	**2:04 a**
☽♈	☍	⚳♎	5:35 a	**2:35 a**
☽♈	△	☿♐	6:43 a	**3:43 a**
♀♏	⚼	⚶♓	10:23 a	**7:23 a**
☽♈	□	⚵♑	12:11 p	**9:11 a**
☽♈	⚻	♀♍	12:46 p	**9:46 a**
☽♈	□	♄♋	1:47 p	**10:47 a** ☽ v/c
☽♉	∠	⚶♓	9:58 p	**6:58 p**
☽♉	☍	♀♏	11:03 p	**8:03 p**
☽♉	⚻	☉♐	11:32 p	**8:32 p**
☽♉	⚹	♅♓		**9:52 p**

24 Wednesday

2nd ♉

☽♉	⚹	♅♓	12:52 a	
☽♉	⚼	♇♐	7:22 a	**4:22 a**
☽♉	☍	♂♏	12:33 p	**9:33 a**
☽♉	⚼	☿♐	1:18 p	**10:18 a**
☉♐	□	♅♓	4:19 p	**1:19 p**
♀♏	△	♅♓	5:46 p	**2:46 p**
☽♉	⚼	♀♍	6:26 p	**3:26 p**
☽♉	⚻	♃♎	6:45 p	**3:45 p**
♄♋	⚹	♀♍	7:27 p	**4:27 p**
☽♉	□	♆♒	8:01 p	**5:01 p**
☉♐	⚺	♀♏		**9:12 p**

25 Thursday

2nd ♉

☉♐	⚺	♀♏	12:12 a	
☽♉	⚹	⚶♓	3:18 a	**12:18 a**
☽♉	⚻	♇♐	12:31 p	**9:31 a**
☽♉	△	⚷♑	3:04 p	**12:04 p**
♄♋	☍	⚵♑	4:23 p	**1:23 p**
☽♉	⚻	⚳♎	5:22 p	**2:22 p**
☽♉	⚻	☿♐	8:09 p	**5:09 p**
☽♉	⚹	♄♋	11:37 p	**8:37 p** ☽ v/c
☽♉	△	⚵♑	11:51 p	**8:51 p**
☽♉	⚼	♃♎		**9:24 p**
☽♉	△	♀♍		**9:37 p**

Thanksgiving Day

NOVEMBER 2004

26 Friday
2nd ☿
☽ enters ♊ 5:25 a **2:25 a**
Full Moon 3:07 p **12:07 p**

☽	☌	♃ ♎	12:24 a	
☽	△	♀ ♍	12:37 a	
☽	□	♅ ♓	11:16 a	**8:16 a**
☽	☍	☉ ♐	3:07 p	**12:07 p**
☽	⊼	♀ ♏	3:56 p	**12:56 p**
☽	☌	⚷ ♑	8:46 p	**5:46 p**
☽	☌	♃ ♎	11:59 p	**8:59 p**
♆ ≈	☌	♀ ♍	11:59 p	**8:59 p**
☽	⊼	♂ ♏		**11:42 p**

27 Saturday
3rd ♊

☽	⊼	♂ ♏	2:42 a	
☽	∟	♄ ♋	5:10 a	**2:10 a**
☽	☌	⚹ ♑	6:24 a	**3:24 a**
☽	△	♃ ♎	6:28 a	**3:28 a**
☽	△	♆ ≈	7:01 a	**4:01 a**
♀ ♏	∟	♇ ♐	1:40 p	**10:40 a**
☽	□	⚳ ♓	3:22 p	**12:22 p**
☿ ♐	∟	♂ ♏	9:57 p	**6:57 p**
☽	☍	♇ ♐		**9:02 p**
☽	☌	♀ ♏		**10:12 p**
☽	⊼	⚷ ♑		**11:50 p**

28 Sunday
3rd ♊
☽ enters ♋ 5:10 p **2:10 p**

☽	☍	♇ ♐	12:02 a	
☽	☌	♀ ♏	1:12 a	
☽	⊼	⚷ ♑	2:50 a	
☽	△	♃ ♎	7:00 a	**4:00 a**
☽	☍	☿ ♐	10:04 a	**7:04 a** ☽ v/c
☽	☌	♂ ♏	10:26 a	**7:26 a**
☽	⊻	♄ ♋	11:04 a	**8:04 a**
☽	☌	♆ ≈	1:04 p	**10:04 a**
☽	⊼	⚹ ♑	1:21 p	**10:21 a**
☽	□	♀ ♍	2:13 p	**11:13 a**
☽ ♋	△	♅ ♓	11:13 p	**8:13 p**

NOVEMBER

S	M	T	W	T	F	S
	1	2	3	4	5	6
7	8	9	10	11	12	13
14	15	16	17	18	19	20
21	22	23	24	25	26	27
28	29	30				

Eastern Standard Time in medium type   **Pacific Standard Time in bold type**

2004 NOVEMBER/DECEMBER 2004

29 Monday
3rd ♋

♃♎	△	♆≈	3:26 a	**12:26 a**
☽⊗	⊼	☉♐	8:40 a	**5:40 a**
☽⊗	△	♀♏	10:53 a	**7:53 a**
☉♐	☐	♂♑	3:18 p	**12:18 p**
☽⊗	△	♂♏	6:29 p	**3:29 p**
☽⊗	⊼	♆≈	7:22 p	**4:22 p**
☽⊗	☐	♃♎	7:34 p	**4:34 p**

30 Tuesday
3rd ♋
☿ ℞ 7:17 a **4:17 a**

☽⊗	△	♇♓	4:49 a	**1:49 a**
☽⊗	⚻	♅♓	5:34 a	**2:34 a**
♂♏	☐	♆≈	10:25 a	**7:25 a**
☽⊗	⊼	♇♐	12:44 p	**9:44 a**
☽⊗	☍	♂♑	3:44 p	**12:44 p**
☽⊗	⚻	☉♐	5:51 p	**2:51 p**
♂♏	⚹	♃♎	7:05 p	**4:05 p**
☽⊗	☐	♃♎	9:48 p	**6:48 p**
☽⊗	⊼	☿♐	11:10 p	**8:10 p**
☽⊗	☌	♄♋	11:28 p	**8:28 p** ☽ v/c

SAGITTARIUS ♐
Duality: Masculine
Quality: Mutable
Element: Fire
House: 9th
Planetary Ruler: Jupiter
Rules: Liver, hips, thighs
Impulse: Freedom
Keynote: I see

1 Wednesday
3rd ♋
☽ enters ♌ 5:50 a **2:50 a**

☽⊗	☍	⚹♑	3:55 a	**12:55 a**
☽⊗	⚹	♀♍	4:49 a	**1:49 a**
☽♌	⚻	♇♓	11:44 a	**8:44 a**
☽♌	⊼	♅♓	11:59 a	**8:59 a**
☿♐	☐	♀♏	4:57 p	**1:57 p**
☽♌	⚻	♇♐	7:11 p	**4:11 p**
☿♐	⚹	♃♎		**9:18 p**

Eastern Standard Time in medium type   Pacific Standard Time in bold type

2 Thursday

3rd ♌
⚴ enters ♎ 1:36 p **10:36 a**

☿♐	⚹	⚳♎	12:18 a	
☽♌	△	☉♐	3:00 a	**12:00 a**
☽♌	⚼	☿♐	4:55 a	**1:55 a**
☽♌	□	♀♏	6:38 a	**3:38 a**
☽♌	☍	♆♒	8:08 a	**5:08 a**
☽♌	⚹	♃♎	9:03 a	**6:03 a**
☽♌	□	♂♏	10:47 a	**7:47 a**
☽♌	∠	⚴♍	12:03 p	**9:03 a**
♄♋	□	⚳♎	5:14 p	**2:14 p**
☽♌	⚻	⚶♓	6:31 p	**3:31 p**
♀♏	□	♆♒	9:22 p	**6:22 p**
☽♌	△	♇♐		**10:25 p**

3 Friday

3rd ♌
⚵ enters ♒ 4:47:p **1:47 p**
☽ enters ♍ 6:00 p **3:00 p**

☽♌	△	♇♐	1:25 a	
☽♌	⚻	⚷♑	4:33 a	**1:33 a**
♀♏	⚺	♃♎	9:01 a	**6:01 a**
☉♐	⚼	♄♋	9:06 a	**6:06 a**
☽♌	△	☿♐	9:52 a	**6:52 a** ☽ v/c
☽♌	⚺	♄♋	11:34 a	**8:34 a**
☽♌	⚹	⚳♎	12:17 p	**9:17 a**
☽♌	∠	♃♎	3:25 p	**12:25 p**
☽♍	⚻	⚵♒	6:02 p	**3:02 p**
☽♍	⚺	⚴♎	6:52 p	**3:52 p**
☉♐	∠	⚳♎	9:12 p	**6:12 p**
☽♍	☍	♅♓		**9:05 p**

4 Saturday

3rd ♍
4th Quarter 7:53 p **4:53 p**

☽♍	☍	♅♓	12:05 a	
♂♏	∠	⚴♎	8:55 a	**5:55 a**
☽♍	⚼	⚷♑	10:20 a	**7:20 a**
☉♐	⚹	♆♒	4:32 p	**1:32 p**
☽♍	∠	♄♋	4:55 p	**1:55 p**
☽♍	∠	⚳♎	6:44 p	**3:44 p**
☽♍	⚻	♆♒	7:37 p	**4:37 p**
☽♍	□	☉♐	7:53 p	**4:53 p**
☽♍	⚺	♃♎	9:09 p	**6:09 p**
☽♍	⚼	⚵♒		**9:15 p**
☽♍	⚹	♀♏		**9:39 p**
☽♍	⚹	♂♏		**10:27 p**

5 Sunday

4th ♍

☽♍	⚼	⚵♒	12:15 a	
☽♍	⚹	♀♏	12:39 a	
☽♍	⚹	♂♏	1:27 a	
♀♏	∠	⚴♎	5:33 a	**2:33 a**
☽♍	☍	⚶♓	6:34 a	**3:34 a**
☽♍	□	♇♐	12:13 p	**9:13 a**
☉♐	⚹	♃♎	1:57 p	**10:57 a**
☽♍	△	⚷♑	3:22 p	**12:22 p**
☽♍	□	☿♐	4:45 p	**1:45 p**
♀♏	☌	♂♏	5:13 p	**2:13 p**
☽♍	⚹	♄♋	9:28 p	**6:28 p** ☽ v/c
☽♍	⚼	♆♒		**9:15 p**
☽♍	⚺	⚳♎		**9:18 p**

6 Monday

4th ♍
☽ enters ♎ 3:46 a **12:46 a**

☽♍	⚼	♆♒	12:15 a	
☽♍	⚺	⚳♎	12:18 a	
☽♎	△	⚵♒	5:33 a	**2:33 a**
☽♎	☌	⚴♎	6:13 a	**3:13 a**
☽♎	∠	♂♏	7:25 a	**4:25 a**
☽♎	∠	♀♏	8:06 a	**5:06 a**
☿♐	⚺	⚷♑	8:37 a	**5:37 a**
☽♎	⚻	♅♓	9:36 a	**6:36 a**

7 Tuesday

4th ♎

☽♎	△	♆♒	3:55 a	**12:55 a**
☽♎	☌	♃♎	5:54 a	**2:54 a**
☽♎	✶	☉♐	8:42 a	**5:42 a**
☽♎	⚺	♂♏	12:14 p	**9:14 a**
☽♎	⚼	♅♓	12:55 p	**9:55 a**
☽♎	⚺	♀♏	2:13 p	**11:13 a**
☽♎	⚻	⚶♓	3:02 p	**12:02 p**
☿♐	☌	♇♐	6:03 p	**3:03 p**
☽♎	✶	☿♐	7:19 p	**4:19 p**
☽♎	✶	♇♐	7:26 p	**4:26 p**
☽♎	□	⚷♑	10:31 p	**7:31 p**
♀♏	△	⚶♓		**10:03 p**

8 Wednesday

4th ♎
☽ enters ♏ 9:43 a **6:43 a**

♀♏	△	⚶♓	1:03 a	
☽♎	□	♄♋	3:41 a	**12:41 a** ☽ v/c
☉♐	∠	⚵♒	7:10 a	**4:10 a**
☽♎	☌	⚳♎	8:09 a	**5:09 a**
☽♏	□	⚵♒	12:54 p	**9:54 a**
☽♏	∠	☉♐	1:11 p	**10:11 a**
☽♏	⚺	⚴♎	1:22 p	**10:22 a**
☽♏	△	♅♓	3:13 p	**12:13 p**
☽♏	⚼	⚶♓	5:41 p	**2:41 p**
☽♏	∠	☿♐	7:07 p	**4:07 p**
☿♐	⚺	♀♏	7:49 p	**4:49 p**
☽♏	∠	♇♐	9:31 p	**6:31 p**

Hanukkah begins

9 Thursday

4th ♏

☿♐	□	⚶♓	7:24 a	**4:24 a**
☽♏	□	♆♒	8:12 a	**5:12 a**
☽♏	⚺	♃♎	10:30 a	**7:30 a**
☽♏	∠	⚴♎	3:20 p	**12:20 p**
☽♏	⚺	☉♐	4:29 p	**1:29 p**
☿♐	⚺	♂♏	4:31 p	**1:31 p**
☽♏	⚺	☿♐	6:08 p	**3:08 p**
☽♏	☌	♂♏	6:22 p	**3:22 p**
☽♏	△	⚶♓	7:22 p	**4:22 p**
☽♏	☌	♀♏	10:31 p	**7:31 p**
☽♏	⚺	♇♐	10:41 p	**7:41 p**
♀♏	⚺	♇♐		**9:27 p**
☽♏	✶	⚷♑		**10:41 p**

10 Friday

4th ♏
☽ enters ♐ 11:54 a **8:54 a**
⚳ enters ♏ 1:51 p 10:51 a

♀♏	⊻	♇♐	12:27 a	
☽♏	⚹	⚷♑	1:41 a	
☉♐	☌	☿♐	3:21 a	**12:21 a**
☽♏	△	♄♋	6:03 a	**3:03 a** ☽ v/c
☽♏	∠	♃♎	11:27 a	**8:27 a**
☽♏	⊻	⚳♎	11:51 a	**8:51 a**
☽♐	⚹	⚵♒	4:14 p	**1:14 p**
☽♐	⚹	⚴♎	4:28 p	**1:28 p**
☽♐	□	♅♓	5:08 p	**2:08 p**
☿♐	∠	⚵♒	7:03 p	**4:03 p**
☽♐	∠	⚷♑		**11:07 p**

11 Saturday

4th ♐
New Moon 8:29 p **5:29 p**

☽♐	∠	⚷♑	2:07 a	
♂♏	△	⚶♓	3:52 a	**12:52 a**
☽♐	⚼	♄♋	6:10 a	**3:10 a**
☽♐	⚹	♆♒	9:11 a	**6:11 a**
☽♐	⚹	♃♎	11:45 a	**8:45 a**
☽♐	∠	⚳♏	12:35 p	**9:35 a**
♀♏	⚹	⚷♑	1:59 p	**10:59 a**
☽♐	☌	☿♐	2:32 p	**11:32 a**
☽♐	∠	⚵♒	4:51 p	**1:51 p**
☽♐	☌	☉♐	8:29 p	**5:29 p**
☽♐	□	⚶♓	8:35 p	**5:35 p**
☽♐	⊻	♂♏	9:04 p	**6:04 p**
☉♐	□	⚶♓	10:31 p	**7:31 p**
☽♐	☌	♇♐	11:03 p	**8:03 p** ☽ v/c
♅♓	⊼	⚴♎		**9:58 p**
☽♐	⊻	⚷♑		**11:04 p**

12 Sunday

1st ♐
☽ enters ♑ 11:42 a **8:42 a**

♅♓	⊼	⚴♎	12:58 a	
☽♐	⊻	⚷♑	2:04 a	
☽♐	⊻	♀♏	3:05 a	**12:05 a**
♅♓	⊻	⚵♒	4:54 a	**1:54 a**
☽♐	⊼	♄♋	5:51 a	**2:51 a**
☿♐	∠	⚳♏	7:24 a	**4:24 a**
☽♐	∠	♆♒	8:58 a	**5:58 a**
☽♑	⚹	⚳♏	12:56 p	**9:56 a**
☽♑	⚹	♅♓	4:52 p	**1:52 p**
☽♑	⊻	⚵♒	5:09 p	**2:09 p**
☽♑	□	⚴♎	5:11 p	**2:11 p**
☿♐	⚹	♃♎	7:46 p	**4:46 p**
☉♐	⊻	♂♏	9:29 p	**6:29 p**
⚴♎	△	⚵♒	9:44 p	**6:44 p**
☽♑	∠	♂♏	9:49 p	**6:49 p**

DECEMBER

S	M	T	W	T	F	S
			1	2	3	4
5	6	7	8	9	10	11
12	13	14	15	16	17	18
19	20	21	22	23	24	25
26	27	28	29	30	31	

13 Monday

1st ♑

☽♑	∠	♀♏	4:50 a	**1:50 a**
☽♑	⚺	♆♒	8:38 a	**5:38 a**
☽♑	⚺	☿♐	10:17 a	**7:17 a**
♀♏	△	♄♋	11:26 a	**8:26 a**
☽♑	□	♃♎	11:33 a	**8:33 a**
☉♐	☌	♇♐	12:04 p	**9:04 a**
☽♑	∠	♅♓	4:34 p	**1:34 p**
♂♏	⚺	♇♐	7:45 p	**4:45 p**
☽♑	⚹	⚶♓	8:46 p	**5:46 p**
☽♑	⚺	♇♐	10:30 p	**7:30 p**
☽♑	⚹	♂♏	10:38 p	**7:38 p**
☽♑	⚺	☉♐	11:14 p	**8:14 p**
☽♑	☌	⚷♑		**10:41 p**

14 Tuesday

1st ♑
☽ enters ♒ 11:10 a **8:10 a**

☽♑	☌	⚷♑	1:41 a	
☽♑	☍	♄♋	5:03 a	**2:03 a**
☽♑	⚹	♀♏	6:43 a	**3:43 a** ☽ v/c
☽♑	∠	☿♐	8:30 a	**5:30 a**
☿♐	⚹	♆♒	8:45 a	**5:45 a**
☽♒	□	⚳♏	1:43 p	**10:43 a**
☽♒	⚺	♅♓	4:31 p	**1:31 p**
☽♒	△	⚴♎	5:48 p	**2:48 p**
☽♒	☌	⚵♒	6:02 p	**3:02 p**
☽♒	∠	⚶♓	9:13 p	**6:13 p**
☽♒	∠	♇♐	10:35 p	**7:35 p**
☽♒	∠	☉♐		**10:02 p**

15 Wednesday

1st ♒

☽♒	∠	☉♐	1:02 a	
☽♒	⚹	☿♐	7:17 a	**4:17 a**
☽♒	☌	♆♒	8:45 a	**5:45 a**
☽♒	△	♃♎	12:08 p	**9:08 a**
☉♐	⚺	⚷♑	2:30 p	**11:30 a**
☽♒	⚼	⚴♎	6:46 p	**3:46 p**
☽♒	⚺	⚶♓	10:14 p	**7:14 p**
☽♒	⚹	♇♐	11:13 p	**8:13 p**
☽♒	□	♂♏		**10:38 p**
☽♒	⚺	⚷♑		**11:42 p**

Hanukkah ends

16 Thursday

1st ♒
♀ enters ♐ 12:10 p **9:10 a**
☽ enters ♓ 12:24 p **9:24 p**

☽♒	□	♂♏	1:38 a	
☽♒	⚺	⚷♑	2:42 a	
☽♒	⚹	☉♐	3:33 a	**12:33 a** ☽ v/c
☽♒	⚻	♄♋	5:45 a	**2:45 a**
☽♓	□	♀♐	12:25 p	**9:25 a**
☽♓	⚼	♃♎	1:20 p	**10:20 a**
☽♓	△	⚳♏	4:31 p	**1:31 p**
☽♓	☌	♅♓	6:09 p	**3:09 p**
☽♓	⚻	⚴♎	8:31 p	**5:31 p**
☽♓	⚺	⚵♒	9:06 p	**6:06 p**
♀♐	∠	♃♎	11:58 p	**8:58 p**

17 Friday

1st ♓

♂♏	⚹	⚷♑	3:05 a	**12:05 a**
☽♓	∠	⚷♑	4:18 a	**1:18 a**
☽♓	⚼	♄♋	7:11 a	**4:11 a**
☽♓	□	☿♐	7:24 a	**4:24 a**
☉♐	⚻	♄♋	8:50 a	**5:50 a**
☽♓	⚺	♆♒	11:24 a	**8:24 a**
☿♐	⚼	♄♋	3:11 p	**12:11 p**
☽♓	⚻	♃♎	3:24 p	**12:24 p**
☽♓	⚼	⚳♏	7:13 p	**4:13 p**
☽♓	∠	⚵♒	11:59 p	**8:59 p**
☽♓	☌	⚶♓		**11:48 p**
☽♓	□	♇♐		**11:54 p**

18 Saturday

1st ♓
2nd Quarter 11:40 a **8:40 a**
☽ enters ♈ 4:52 p **1:52 p**

☽♓	☌	⚶♓	2:48 a	
☽♓	□	♇♐	2:54 a	
☽♓	⚹	⚷♑	6:48 a	**3:48 a**
☽♓	△	♂♏	8:06 a	**5:06 a**
♇♐	□	⚶♓	8:09 a	**5:09 a**
☽♓	△	♄♋	9:30 a	**6:30 a**
☽♓	□	☉♐	11:40 a	**8:40 a** ☽ v/c
☽♓	∠	♆♒	2:03 p	**11:03 a**
☽♈	△	♀♐	10:22 p	**7:22 p**
☽♈	⚻	⚳♏	10:54 p	**7:54 p**
☽♈	⚺	♅♓	11:09 p	**8:09 p**
☽♈	☍	⚴♎		**11:48 p**

19 Sunday

2nd ♈
☿ D **10:28 p**

☽♈	☍	⚴♎	2:48 a	
☽♈	⚹	⚵♒	3:53 a	**12:53 a**
♀♐	⚺	⚳♏	6:15 a	**3:15 a**
♀♐	□	♅♓	6:53 a	**3:53 a**
♅♓	△	⚳♏	8:25 a	**5:25 a**
♂♏	△	♄♋	9:10 a	**6:10 a**
☽♈	△	☿♐	12:03 p	**9:03 a**
☽♈	⚼	♂♏	12:55 p	**9:55 a**
☽♈	⚹	♆♒	5:37 p	**2:37 p**
☉♐	∠	♆♒	7:45 p	**4:45 p**
☽♈	☍	♃♎	10:18 p	**7:18 p**

DECEMBER

S	M	T	W	T	F	S
			1	2	3	4
5	6	7	8	9	10	11
12	13	14	15	16	17	18
19	20	21	22	23	24	25
26	27	28	29	30	31	

2004   **DECEMBER**   **2004**

20 Monday

2nd ♈

☽ ♈	∟	♅ ♓	3:01 a	**12:01 a**
☽ ♈	⚻	♀ ♐	5:09 a	**2:09 a**
☽ ♈	△	♇ ♐	10:12 a	**7:12 a**
☽ ♈	⚺	⚷ ♓	11:14 a	**8:14 a**
☽ ♈	□	⚸ ♑	2:33 p	**11:33 a**
☽ ♈	⚼	☿ ♐	4:14 p	**1:14 p**
☽ ♈	□	♄ ♋	4:45 p	**1:45 p**
☽ ♈	⚻	♂ ♏	6:45 p	**3:45 p**
☽ ♈	△	☉ ♐		**9:16 p** ☽ v/c

☿ D 1:28 a
☽ enters ♉ **9:52 p**

21 Tuesday

2nd ♈

☽ ♈	△	☉ ♐	12:16 a	☽ v/c
☽ ♉	⚹	♅ ♓	7:40 a	**4:40 a**
☽ ♉	☍	⚵ ♏	9:03 a	**6:03 a**
♀ ♐	⚹	♀ ♎	9:50 a	**6:50 a**
☽ ♉	⚻	♀ ♎	12:44 p	**9:44 a**
☽ ♉	⚼	♀ ♐	12:59 p	**9:59 a**
☽ ♉	□	♆ ♒	2:26 p	**11:26 a**
☽ ♉	⚼	♇ ♐	3:03 p	**12:03 p**
☽ ♉	∟	⚷ ♓	4:43 p	**1:43 p**
☿ ♐	⚼	♄ ♋	6:20 p	**3:20 p**
☽ ♉	⚻	☿ ♐	9:35 p	**6:35 p**

☽ enters ♉ 12:52 a
☉ enters ♑ 7:42 a **4:42 a**

Yule/Winter Solstice

22 Wednesday

2nd ♉

☽ ♉	□	♆ ♒	3:06 a	**12:06 a**
☽ ♉	⚼	☉ ♑	7:58 a	**4:58 a**
☽ ♉	⚻	♃ ♎	8:27 a	**5:27 a**
♀ ♐	⚹	♆ ♒	9:48 a	**6:48 a**
♇ ♐	∟	♆ ♒	10:25 a	**7:25 a**
☽ ♉	⚼	♀ ♎	6:44 p	**3:44 p**
☽ ♉	⚻	♇ ♐	8:29 p	**5:29 p**
☽ ♉	⚹	⚷ ♓	10:51 p	**7:51 p**
☽ ♉	△	⚸ ♑		**10:14 p**
☽ ♉	⚹	♄ ♋		**11:47 p**

23 Thursday

2nd ♉

☽ ♉	△	⚸ ♑	1:14 a	
☽ ♉	⚹	♄ ♋	2:47 a	
☽ ♉	☍	♂ ♏	8:41 a	**5:41 a** ☽ v/c
☽ ♊	⚼	♃ ♎	2:22 p	**11:22 a**
☽ ♊	⚻	☉ ♑	4:19 p	**1:19 p**
☽ ♊	□	♅ ♓	6:44 p	**3:44 p**
☽ ♊	⚻	⚵ ♏	9:55 p	**6:55 p**
☽ ♊	△	♀ ♎		**10:10 p**

☽ enters ♊ 11:32 a **8:32 a**

Eastern Standard Time in medium type   **Pacific Standard Time in bold type**

2004 DECEMBER 2004

24 Friday

2nd ♊

☽ ♊	△	♀ ♎	1:10 a	
☽ ♊	△	⚳ ♒	3:38 a	12:38 a
☽ ♊	☍	♀ ♐	6:54 a	3:54 a
☽ ♊	⚼	⚵ ♑	7:16 a	4:16 a
☽ ♊	∟	♄ ♋	8:27 a	5:27 a
♀ ♐	∟	⚵ ♑	10:44 a	7:44 a
☽ ♊	☍	☿ ♐	11:10 a	8:10 a
☽ ♊	△	♆ ♒	2:42 p	11:42 a
☽ ♊	△	♃ ♎	8:37 p	5:37 p
♀ ♐	⚼	♄ ♋	9:06 p	6:06 p
☉ ♑	✶	♅ ♓	9:50 p	6:50 p

Christmas Eve

25 Saturday

2nd ♊
♂ enters ♐ 11:04 a **8:04 a**
☽ enters ♋ 11:38 p **8:38 p**

☽ ♊	⚼	⚷ ♏	4:56 a	1:56 a	
☽ ♊	☍	♇ ♐	8:30 a	5:30 a	☽ v/c
☽ ♊	⚼	⚳ ♒	10:47 a	7:47 a	
☽ ♊	□	♅ ♓	12:19 p	9:19 a	
☽ ♊	⚻	⚵ ♑	1:35 p	10:35 a	
☽ ♊	⚺	♄ ♋	2:22 p	11:22 a	
☽ ♊	⚼	♆ ♒	8:55 p	5:55 p	
☽ ♋	⚻	♂ ♐		9:24 p	

Christmas Day

26 Sunday

2nd ♋
Full Moon 10:06 a **7:06 a**

☽ ♋	⚻	♂ ♐	12:24 a	
☽ ♋	△	♅ ♓	7:06 a	4:06 a
☽ ♋	☍	☉ ♑	10:06 a	7:06 a
☽ ♋	△	⚷ ♏	12:08 p	9:08 a
☽ ♋	□	♀ ♎	2:49 p	11:49 a
☽ ♋	⚻	⚳ ♒	6:07 p	3:07 p
☿ ♐	✶	♆ ♒		9:35 p
☽ ♋	⚻	♀ ♐		11:20 p

Kwanzaa begins

DECEMBER

S	M	T	W	T	F	S
			1	2	3	4
5	6	7	8	9	10	11
12	13	14	15	16	17	18
19	20	21	22	23	24	25
26	27	28	29	30	31	

Eastern Standard Time in medium type **Pacific Standard Time in bold type**

27 Monday

3rd ♋

☿ ♐	⚹	♆ ♒	12:35 a		
☽ ♋	⚻	♀ ♐	2:20 a		
☽ ♋	⚻	♆ ♒	3:17 a	**12:17 a**	
☽ ♋	⚻	☿ ♐	3:28 a	**12:28 a**	
☽ ♋	⚼	♂ ♐	8:32 a	**5:32 a**	
☽ ♋	□	♃ ♎	9:39 a	**6:39 a**	
♀ ♐	⚹	♆ ♒	11:32 a	**8:32 a**	
☽ ♋	⚼	♅ ♓	1:30 p	**10:30 a**	
☽ ♋	⚻	♇ ♐	9:14 p	**6:14 p**	
☉ ♑	⚹	⚳ ♏	10:11 p	**7:11 p**	
♄ ♋	☍	⚷ ♑		**9:32 p**	
☽ ♋	△	⚶ ♓		**11:33 p**	
☽ ♋	☌	♄ ♋		**11:34 p**	☽ v/c
☽ ♋	☍	⚷ ♑		**11:35 p**	
♄ ♋	△	⚶ ♓		**11:52 p**	

28 Tuesday

3rd ♋

☽ enters ♌ 12:14 p **9:14 a**

♄ ♋	☍	⚷ ♑	12:32 a		
☽ ♋	△	⚶ ♓	2:33 a		
☽ ♋	☌	♄ ♋	2:34 a		☽ v/c
☽ ♋	☍	⚷ ♑	2:35 a		
♄ ♋	△	⚶ ♓	2:52 a		
⚷ ♑	⚹	⚶ ♓	4:29 a	**1:29 a**	
♂ ♐	∠	♃ ♎	6:53 a	**3:53 a**	
☽ ♋	⚼	♀ ♐	12:13 p	**9:13 a**	
☽ ♌	⚼	☿ ♐	12:15 p	**9:15 a**	
☿ ♐	☌	♀ ♐	1:23 p	**10:23 a**	
☽ ♌	△	♂ ♐	4:43 p	**1:43 p**	
☽ ♌	⚻	♅ ♓	7:54 p	**4:54 p**	
☽ ♌	□	⚳ ♏		**11:42 p**	

29 Wednesday

3rd ♌

☽ ♌	□	⚳ ♏	2:42 a	
☽ ♌	⚼	♇ ♐	3:38 a	**12:38 a**
☽ ♌	⚻	☉ ♑	4:24 a	**1:24 a**
☽ ♌	⚹	⚴ ♎	4:44 a	**1:44 a**
☽ ♌	☍	⚵ ♒	8:57 a	**5:57 a**
☉ ♑	□	⚴ ♎	9:18 a	**6:18 a**
☽ ♌	⚼	⚶ ♓	9:41 a	**6:41 a**
☽ ♌	☍	♆ ♒	4:02 p	**1:02 p**
☽ ♌	△	☿ ♐	9:14 p	**6:14 p**
☽ ♌	△	♀ ♐	10:01 p	**7:01 p**
☽ ♌	⚹	♃ ♎	10:44 p	**7:44 p**

30 Thursday

3rd ♌

☽ enters ♍ **9:33 p**

♀ ♐	⚹	♃ ♎	5:19 a	**2:19 a**	
☽ ♌	△	♇ ♐	9:54 a	**6:54 a**	☽ v/c
☽ ♌	∠	⚴ ♎	11:31 a	**8:31 a**	
♇ ♐	∠	⚳ ♏	12:15 p	**9:15 a**	
☽ ♌	⚼	☉ ♑	1:23 p	**10:23 a**	
☽ ♌	⚺	♄ ♋	2:37 p	**11:37 a**	
☽ ♌	⚻	⚷ ♑	3:28 p	**12:28 p**	
☿ ♐	⚹	♃ ♎	4:07 p	**1:07 p**	
☽ ♌	⚻	⚶ ♓	4:40 p	**1:40 p**	
♂ ♐	□	♅ ♓		**11:49 p**	

2004   **DECEMBER/JANUARY**   **2005**

31 Friday
3rd ♌

☽ enters ♍ 12:33 a

♂♐	□	♅ ♓	2:49 a	
☽♍	⊥	♃ ♎	5:00 a	**2:00 a**
☽♍	☍	♅ ♓	8:18 a	**5:18 a**
☽♍	□	♂ ♐	8:37 a	**5:37 a**
☽♍	⚹	? ♏	4:39 p	**1:39 p**
☽♍	⊻	♀ ♎	5:58 p	**2:58 p**
☽♍	⊥	♄ ♋	8:15 p	**5:15 p**
☽♍	⚼	⚷ ♑	9:29 p	**6:29 p**
☽♍	△	☉ ♑	9:57 p	**6:57 p**
☽♍	⊼	⚴ ♒	11:04 p	**8:04 p**

New Year's Eve

CAPRICORN ♑
Duality: Feminine
Quality: Cardinal
Element: Earth
House: 10th
Planetary Ruler: Saturn
Rules: Knees, bones, joints
Impulse: Ambition
Keynote: I use

1 Saturday
3rd ♍

☽♍	⊼	♆ ♒	4:00 a	**1:00 a**
☽♍	⊻	♃ ♎	10:50 a	**7:50 a**
☽♍	□	☿ ♐	2:42 p	**11:42 a**
☽♍	□	♀ ♐	4:26 p	**1:26 p**
☉♑	⊻	⚴ ♒	7:56 p	**4:56 p**
☽♍	□	♇ ♐	9:23 p	**6:23 p**
☽♍	⊥	? ♏	10:55 p	**7:55 p**
☽♍	⚹	♄ ♋		**10:23 p** ☽ v/c
☽♍	△	⚷ ♑		**11:59 p**

New Year's Day

2 Sunday
3rd ♍

☽ enters ♎ 11:19 a   **8:19 a**

☽♍	⚹	♄ ♋	1:23 a	☽ vc
☽♍	△	⚷ ♑	2:59 a	
⚴♒	⊥	⚵ ♓	4:32 a	**1:32 a**
☽♍	⚼	⚴ ♒	5:21 a	**2:21 a**
☽♍	⚼	⚵ ♓	5:21 a	**2:21 a**
☽♍	☍	♆ ♒	9:13 a	**6:13 a**
☽♎	⊼	♅ ♓	6:56 p	**3:56 p**
☽♎	⚹	♂ ♐	10:25 p	**7:25 p**

Eastern Standard Time in medium type   **Pacific Standard Time in bold type**

Monthly Ephemeris

January 2004

DATE	SID.TIME	SUN	MOON	NODE	MERCURY	VENUS	MARS	JUPITER	SATURN	URANUS	NEPTUNE	PLUTO	CERES	PALLAS	JUNO	VESTA	CHIRON
1 Th	6:39:59	09 ♑ 53 30	27 ♈ 30	19 ♎ 17	28 ♐ 49	13 ♒ 13	09 ♈ 17	18 ♍ 53	09 ♋R 45	00 ♓ 04	11 ♒ 41	20 ♐ 30	20 ♋R 38	11 ♈ 51	22 ♐ 21	06 ♑ 15	18 ♑ 28
2 F	6:43:55	10 54 39	09 ♉ 23	19 R 18	27 58	14 27	09 46	18 54	09 40	00 06	11 43	20 32	20 24	12 02	22 42	06 47	18 34
3 Sa	6:47:52	11 55 48	21 11	19 19	27 18	15 40	10 23	18 R 54	09 35	00 09	11 45	20 34	20 10	12 14	23 03	07 19	18 40
4 Su	6:51:49	12 56 56	02 ♊ 58	19 17	26 48	16 54	11 00	18 54	09 30	00 12	11 47	20 36	19 57	12 27	23 24	07 52	18 45
5 M	6:55:45	13 58 05	14 46	19 14	26 28	18 08	11 36	18 54	09 25	00 14	11 49	20 38	19 43	12 39	23 44	08 24	18 51
6 T	6:59:42	14 59 13	26 41	19 08	26 D 18	19 21	12 12	18 54	09 20	00 17	11 51	20 41	19 29	12 52	24 05	08 56	18 57
7 W	7:03:38	16 00 21	08 ♋ 43	08 59	26 17	20 35	12 50	18 53	09 16	00 20	11 54	20 43	19 15	13 06	24 26	09 28	19 02
8 Th	7:07:35	17 01 29	20 56	18 49	26 25	21 48	13 27	18 53	09 11	00 22	11 56	20 45	19 00	13 20	24 46	10 01	19 08
9 F	7:11:31	18 02 37	03 ♌ 18	18 37	26 41	23 01	14 04	18 52	09 06	00 25	11 58	20 47	18 46	13 34	25 07	10 33	19 14
10 Sa	7:15:28	19 03 45	15 51	18 26	27 04	24 15	14 41	18 51	09 01	00 28	12 00	20 49	18 32	13 48	25 27	11 05	19 19
11 Su	7:19:24	20 04 52	28 36	18 15	27 34	25 28	15 18	18 49	08 56	00 31	12 02	20 51	18 18	14 03	25 48	11 37	19 25
12 M	7:23:21	21 06 00	11 ♍ 32	18 07	28 10	26 41	15 55	18 48	08 51	00 33	12 04	20 53	18 03	14 18	26 08	12 09	19 31
13 T	7:27:18	22 07 07	24 40	18 01	28 51	27 54	16 32	18 46	08 47	00 36	12 06	20 55	17 49	14 34	26 29	12 41	19 36
14 W	7:31:14	23 08 14	08 ♎ 02	17 57	29 37	29 07	17 09	18 45	08 42	00 39	12 08	20 57	17 35	14 49	26 49	13 13	19 42
15 Th	7:35:11	24 09 21	21 38	17 D 56	00 ♑ 28	00 ♓ 21	17 47	18 43	08 37	00 42	12 11	20 59	17 21	15 05	27 10	13 45	19 48
16 F	7:39:07	25 10 27	05 ♏ 30	17 R 56	01 22	01 34	18 24	18 40	08 32	00 45	12 13	21 01	17 07	15 21	27 30	14 18	19 53
17 Sa	7:43:04	26 11 35	19 39	17 57	02 20	02 46	19 01	18 38	08 28	00 48	12 15	21 03	16 53	15 38	27 50	14 50	19 59
18 Su	7:47:00	27 12 42	04 ♐ 03	17 56	03 21	03 59	19 39	18 35	08 23	00 51	12 17	21 05	16 39	15 56	28 10	15 22	20 05
19 M	7:50:57	28 13 49	18 41	17 53	04 24	05 12	20 16	18 33	08 19	00 54	12 19	21 07	16 26	16 13	28 31	15 54	20 10
20 T	7:54:53	29 14 55	03 ♑ 27	17 48	05 31	06 24	20 54	18 30	08 14	00 57	12 22	21 09	16 12	16 31	28 51	16 26	20 16
21 W	7:58:50	00 ♒ 16 01	18 15	17 41	06 39	07 37	21 31	18 26	08 10	01 00	12 24	21 11	15 59	16 49	29 11	16 58	20 21
22 Th	8:02:47	01 17 07	02 ♒ 56	17 35	07 50	08 50	22 09	18 23	08 06	01 03	12 26	21 13	15 46	17 07	29 31	17 30	20 27
23 F	8:06:43	02 18 11	17 23	17 R 30	09 02	10 02	22 47	18 19	08 01	01 06	12 28	21 14	15 33	17 25	29 51	18 03	20 33
24 Sa	8:10:40	03 19 15	01 ♓ 28	17 28	10 16	11 15	23 25	18 16	07 57	01 09	12 31	21 16	15 20	17 44	00 ♑ VS 11	18 35	20 38
25 Su	8:14:36	04 20 20	15 07	16 53	11 32	12 28	24 02	18 12	07 53	01 13	12 33	21 18	15 07	18 03	00 31	19 07	20 44
26 M	8:18:33	05 21 22	28 20	16 45	12 50	13 40	24 40	18 08	07 49	01 16	12 35	21 19	14 55	18 22	00 51	19 39	20 49
27 T	8:22:29	06 22 29	11 ♈ 07	16 40	14 08	14 52	25 18	18 04	07 45	01 19	12 38	21 21	14 43	18 42	01 11	20 11	20 55
28 W	8:26:26	07 23 30	23 31	16 38	15 28	16 04	25 56	17 59	07 41	01 22	12 40	21 23	14 32	19 02	01 31	20 43	21 00
29 Th	8:30:22	08 24 34	05 ♉ 38	16 D 38	16 49	17 16	26 34	17 55	07 37	01 25	12 42	21 25	14 21	19 22	01 50	21 15	21 06
30 F	8:34:19	09 25 37	17 33	16 39	18 11	18 28	27 12	17 50	07 33	01 29	12 44	21 27	14 09	19 43	02 10	21 44	21 11
31 Sa	8:38:16	10 26 12	29 22	16 37	19 35	19 40	27 50	17 45	07 29	01 32	12 47	21 28	13 59	20 03	02 30	22 16	21 17

Ephemeris is calculated for midnight Greenwich Mean Time

February 2004

DATE		SID.TIME	SUN	MOON	NODE	MERCURY	VENUS	MARS	JUPITER	SATURN	URANUS	NEPTUNE	PLUTO	CERES	PALLAS	JUNO	VESTA	CHIRON
1	Su	8:42:12	11 ≈ 27:07	11 Ⅱ 09	16 ᘯ R 35	20 ♑ 59	20 ♓ 52	28 ♈ 17	17 ♍ R 40	07 ᘯ R 26	01 ♓ 35	12 ≈ 49	21 ♐ 30	13 ᘯ R 48	20 ♈ 24	02 ♑ 49	22 ♑ 47	21 ♑ 22
2	M	8:46:09	12 28 01	23 00	16 30	22 24	22 04	29 06	17 35	07 22	01 39	12 51	21 32	13 38	20 45	03 09	23 19	21 27
3	T	8:50:05	13 28 53	04 ⊗ 59	16 23	23 50	23 15	29 44	17 30	07 18	01 42	12 53	21 33	13 29	21 07	03 28	23 50	21 33
4	W	8:54:02	14 29 45	17 10	16 13	25 17	24 27	00 ⊗ 22	17 24	07 15	01 45	12 56	21 35	13 19	21 28	03 48	24 22	21 38
5	Th	8:57:58	15 30 35	29 34	16 00	26 45	25 38	01 00	17 19	07 12	01 49	12 58	21 36	13 10	21 50	04 07	24 53	21 43
6	F	9:01:55	16 31 23	12 ♌ 13	15 46	28 14	26 50	01 38	17 13	07 08	01 52	13 00	21 38	13 02	22 12	04 26	25 25	21 49
7	Sa	9:05:51	17 32 11	25 05	15 32	29 44	28 01	02 17	17 07	07 05	01 55	13 03	21 39	12 53	22 35	04 45	25 56	21 54
8	Su	9:09:48	18 32 57	08 ♍ 11	15 19	01 ≈ 14	29 12	02 55	17 01	07 02	01 59	13 05	21 41	12 46	22 57	05 04	26 28	21 59
9	M	9:13:45	19 33 42	21 29	15 09	02 45	00 ♈ 23	03 33	16 55	06 59	02 02	13 07	21 42	12 38	23 20	05 23	26 59	22 04
10	T	9:17:41	20 34 26	04 ♎ 57	14 57	04 18	01 33	04 11	16 48	06 56	02 06	13 09	21 44	12 31	23 43	05 42	27 31	22 09
11	W	9:21:38	21 35 09	18 34	14 56	05 51	02 44	04 49	16 42	06 53	02 09	13 12	21 45	12 24	24 06	06 01	28 02	22 15
12	Th	9:25:34	22 35 51	02 ♏ 20	14 D 54	07 24	03 55	05 28	16 35	06 51	02 12	13 14	21 46	12 19	24 30	06 20	28 33	22 20
13	F	9:29:31	23 36 32	16 13	14 R 54	08 59	05 05	06 06	16 29	06 48	02 16	13 16	21 48	12 13	24 53	06 39	29 04	22 25
14	Sa	9:33:27	24 37 12	00 ⚹ 15	14 54	10 34	06 15	06 44	16 22	06 46	02 19	13 18	21 49	12 07	25 17	06 58	29 35	22 30
15	Su	9:37:24	25 37 51	14 24	14 53	12 11	07 26	07 23	16 15	06 43	02 23	13 21	21 50	12 03	25 41	07 16	00 ≈ 06	22 35
16	M	9:41:20	26 38 29	28 28	14 50	13 48	08 36	08 01	16 08	06 41	02 26	13 23	21 51	11 58	26 06	07 35	00 37	22 40
17	T	9:45:17	27 39 05	13 ♑ 00	14 44	15 26	09 46	08 39	16 01	06 39	02 30	13 25	21 53	11 54	26 30	07 53	01 08	22 45
18	W	9:49:14	28 39 40	27 27	14 35	17 05	10 55	09 18	15 54	06 37	02 33	13 27	21 54	11 50	26 55	08 11	01 39	22 49
19	Th	9:53:10	29 40 14	11 ≈ 49	14 24	18 45	12 05	09 56	15 47	06 35	02 36	13 30	21 55	11 47	27 20	08 30	02 10	22 54
20	F	9:57:07	00 ♓ 40 47	25 41	14 12	20 26	13 14	10 34	15 39	06 33	02 40	13 32	21 56	11 44	27 44	08 48	02 41	22 59
21	Sa	10:01:03	01 41 18	09 ♓ 30	14 00	22 07	14 24	11 13	15 32	06 31	02 43	13 34	21 57	11 42	28 10	09 06	03 12	23 04
22	Su	10:05:00	02 41 47	22 59	13 50	23 49	15 33	11 51	15 24	06 29	02 47	13 36	21 58	11 40	28 35	09 24	03 43	23 09
23	M	10:08:56	03 42 14	06 ♈ 14	13 41	25 33	16 42	12 29	15 17	06 28	02 50	13 38	21 59	11 39	29 01	09 42	04 14	23 13
24	T	10:12:53	04 42 40	18 51	13 36	27 17	17 51	13 08	15 09	06 26	02 54	13 40	22 00	11 38	29 27	09 59	04 44	23 18
25	W	10:16:49	05 43 04	01 ⊗ 08	13 33	29 03	19 00	13 46	15 02	06 24	02 57	13 43	22 01	11 D 37	29 53	10 17	05 15	23 22
26	Th	10:20:46	06 43 25	13 13	13 D 32	00 ♓ 49	20 08	14 25	14 54	06 23	03 01	13 45	22 02	11 37	00 ⊗ 19	10 35	05 46	23 27
27	F	10:24:43	07 43 45	25 13	13 33	02 36	21 16	15 03	14 46	06 22	03 04	13 47	22 03	11 37	00 45	10 52	06 16	23 31
28	Sa	10:28:39	08 44 04	07 Ⅱ 12	13 R 33	04 25	22 25	15 42	14 39	06 21	03 08	13 49	22 04	11 38	01 12	11 10	06 47	23 36
29	Su	10:32:36	09 44 20	19 01	13 33	06 14	23 33	16 20	14 31	06 20	03 11	13 51	22 05	11 39	01 39	11 27	07 17	23 40

Ephemeris is calculated for midnight Greenwich Mean Time

March 2004

DATE		SID.TIME	SUN	MOON	NODE	MERCURY	VENUS	MARS	JUPITER	SATURN	URANUS	NEPTUNE	PLUTO	CERES	PALLAS	JUNO	VESTA	CHIRON
1	M	10:36:32	10 ♓ 44 34	00 ♋ 54	13 ♉ R, 31	08 ♓ 04	24 ♈ 40	16 ♉ 59	14 ♍ R, 23	06 ♋ R, 20	03 ♓ 14	13 ♒ 53	22 ♐ 05	11 ♋ 41	02 ♉ 06	11 ♑ 44	07 ♒ 47	23 ♑ 45
2	T	10:40:29	11 44 46	12 56	13 26	09 56	25 48	17 37	14 15	06 19	03 18	13 55	22 06	11 43	02 33	12 01	08 18	23 49
3	W	10:44:25	12 44 56	25 11	13 19	11 48	26 55	18 16	14 07	06 19	03 21	13 57	22 07	11 45	03 00	12 18	08 48	23 53
4	Th	10:48:22	13 45 04	07 ♌ 43	13 10	13 41	28 02	18 54	14 00	06 18	03 25	13 59	22 08	11 48	03 27	12 35	09 18	23 57
5	F	10:52:18	14 45 10	20 33	13 00	15 35	29 09	19 32	13 52	06 18	03 28	14 01	22 08	11 52	03 55	12 51	09 48	24 01
6	Sa	10:56:15	15 45 14	03 ♍ 42	12 49	17 30	00 ♉ 16	20 11	13 44	06 17	03 31	14 03	22 09	11 55	04 22	13 08	10 19	24 05
7	Su	11:00:12	16 45 16	17 09	12 40	19 26	01 23	20 49	13 36	06 17	03 35	14 05	22 10	11 59	04 50	13 24	10 49	24 10
8	M	11:04:08	17 45 16	00 ♎ 51	12 32	21 22	02 29	21 28	13 28	06 17	03 38	14 07	22 10	12 04	05 18	13 40	11 19	24 13
9	T	11:08:05	18 45 14	14 45	12 25	23 19	03 35	22 06	13 20	06 17	03 42	14 09	22 11	12 09	05 46	13 57	11 48	24 17
10	W	11:12:01	19 45 11	28 48	12 D 23	25 17	04 41	22 45	13 13	06 17	03 45	14 11	22 11	12 14	06 15	14 13	12 18	24 21
11	Th	11:15:58	20 45 06	12 ♏ 55	12 22	27 14	05 46	23 23	13 05	06 18	03 48	14 13	22 12	12 19	06 43	14 29	12 48	24 25
12	F	11:19:54	21 44 59	27 05	12 23	29 12	06 51	24 02	12 57	06 18	03 52	14 15	22 12	12 25	07 12	14 44	13 18	24 29
13	Sa	11:23:51	22 44 51	11 ♐ 14	12 R, 24	01 ♈ 10	07 56	24 40	12 49	06 19	03 55	14 17	22 12	12 32	07 40	15 00	13 47	24 32
14	Su	11:27:47	23 44 41	25 23	12 24	03 07	09 01	25 19	12 42	06 19	03 58	14 19	22 13	12 39	08 09	15 15	14 17	24 36
15	M	11:31:44	24 44 29	09 ♑ 28	12 22	05 04	10 05	25 57	12 34	06 20	04 02	14 21	22 13	12 46	08 38	15 31	14 47	24 40
16	T	11:35:41	25 44 16	23 30	12 20	06 59	11 10	26 36	12 27	06 21	04 05	14 23	22 14	12 53	09 07	15 46	15 16	24 43
17	W	11:39:37	26 44 01	07 ♒ 27	12 15	08 54	12 13	27 14	12 19	06 22	04 08	14 24	22 14	13 01	09 37	16 01	15 45	24 47
18	Th	11:43:34	27 43 44	21 17	12 09	10 46	13 17	27 52	12 12	06 23	04 11	14 26	22 14	13 09	10 06	16 16	16 15	24 50
19	F	11:47:30	28 43 25	04 ♓ 58	12 01	12 36	14 20	28 31	12 05	06 24	04 15	14 28	22 14	13 18	10 36	16 31	16 44	24 53
20	Sa	11:51:27	29 43 05	18 28	11 54	14 24	15 23	29 09	11 57	06 26	04 18	14 30	22 14	13 27	11 05	16 46	17 13	24 56
21	Su	11:55:23	00 ♈ 42 42	01 ♈ 45	11 47	16 08	16 26	29 48	11 50	06 27	04 21	14 31	22 15	13 36	11 35	17 00	17 42	25 00
22	M	11:59:20	01 42 17	14 49	11 42	17 49	17 28	00 ♊ 26	11 43	06 28	04 24	14 33	22 15	13 46	12 05	17 14	18 11	25 03
23	T	12:03:16	02 41 51	27 40	11 39	19 27	18 30	01 05	11 36	06 29	04 27	14 35	22 15	13 55	12 35	17 29	18 40	25 06
24	W	12:07:13	03 41 22	10 ♉ 20	11 D 38	20 59	19 32	01 43	11 30	06 30	04 30	14 37	22 R, 15	14 06	13 05	17 43	19 09	25 09
25	Th	12:11:10	04 40 51	22 51	11 38	22 27	20 33	02 21	11 23	06 32	04 34	14 38	22 15	14 16	13 36	17 56	19 38	25 12
26	F	12:15:06	05 40 18	03 ♊ 11	11 40	23 49	21 34	03 00	11 16	06 34	04 37	14 40	22 15	14 27	14 06	18 10	20 07	25 15
27	Sa	12:19:03	06 39 43	15 02	11 42	25 06	22 34	03 38	11 10	06 36	04 40	14 42	22 15	14 38	14 37	18 23	20 35	25 17
28	Su	12:22:59	07 39 05	26 51	11 43	26 17	23 34	04 17	11 03	06 38	04 43	14 43	22 15	14 50	15 08	18 37	21 04	25 20
29	M	12:26:56	08 38 25	08 ♋ 44	11 R, 43	27 20	24 34	04 55	10 57	06 40	04 46	14 45	22 14	15 02	15 38	18 50	21 32	25 23
30	T	12:30:52	09 37 43	20 46	11 41	28 20	25 33	05 34	10 51	06 42	04 49	14 46	22 14	15 14	16 09	19 03	22 01	25 25
31	W	12:34:49	10 36 58	03 ♌ 02	11 41	29 11	26 31	06 12	10 45	06 45	04 52	14 47	22 14	15 26	16 40	19 16	22 29	25 D 28

Ephemeris is calculated for midnight Greenwich Mean Time

April 2004

DATE	SID.TIME	SUN	MOON	NODE	MERCURY	VENUS	MARS	JUPITER	SATURN	URANUS	NEPTUNE	PLUTO	CERES	PALLAS	JUNO	VESTA	CHIRON
1 Th	12:38:45	11♈36 11	15♌35	11♉R,37	29♈56	27♉30	06♊50	10♍R,39	06♋50	04♓55	14♒49	22♐R,14	15♋39	17♉12	19♑28	22≈57	25♑30
2 F	12:42:42	12 35 22	28 30	11 33	00♉08 33	28 27	07 29	10 33	06 53	04 58	14 50	22 14	15 52	17 43	19 40	23 25	25 32
3 Sa	12:46:39	13 34 30	11♍47	11 29	01 04	25	08 07	10 28	06 55	05 01	14 52	22 13	16 05	18 14	19 53	23 53	25 35
4 Su	12:50:35	14 33 37	25 27	11 25	01 27	21	08 45	10 22	06 58	05 03	14 53	22 13	16 18	18 46	20 05	24 21	25 37
5 M	12:54:32	15 32 41	09♎27	11 21	01 44	17	09 24	10 17	07 01	05 06	14 54	22 13	16 32	19 17	20 16	24 49	25 39
6 T	12:58:28	16 31 43	23 44	11 19	01R, 53	13	10 02	10 12	07 04	05 09	14 56	22 13	16 46	19 49	20 28	25 17	25 41
7 W	13:02:25	17 30 43	08♏13	11D 18	01 55	08	10 40	10 07	07 08	05 12	14 57	22 12	17 01	20 21	20 39	25 45	25 43
8 Th	13:06:21	18 29 41	22 48	11 18	01 51	04 03	11 19	10 02	07 11	05 15	14 58	22 12	17 15	20 53	20 50	26 12	25 45
9 F	13:10:18	19 28 37	07♐23	11 20	01 40	04 56	11 57	09 57	07 14	05 17	15 00	22 11	17 30	21 25	21 01	26 40	25 47
10 Sa	13:14:14	20 27 32	21 53	11 21	01 24	05 50	12 35	09 52	07 18	05 20	15 01	22 11	17 45	21 57	21 12	27 07	25 49
11 Su	13:18:11	21 26 25	06♑13	11 22	01 01	06 42	13 14	09 48	07 21	05 23	15 02	22 10	18 00	22 29	21 23	27 34	25 50
12 M	13:22:07	22 25 16	20 22	11R, 23	00 34	07 34	13 52	09 44	07 25	05 25	15 03	22 09	18 16	23 01	21 33	28 01	25 52
13 T	13:26:04	23 24 06	04≈18	11 22	00 02	08 25	14 30	09 40	07 29	05 28	15 04	22 09	18 31	23 34	21 43	28 28	25 54
14 W	13:30:01	24 22 54	18 00	11 22	29♈26	09 16	15 08	09 36	07 33	05 30	15 05	22 08	18 47	24 06	21 53	28 55	25 55
15 Th	13:33:57	25 21 40	01♓27	11 21	28 47	10 05	15 47	09 32	07 37	05 33	15 06	22 07	19 03	24 39	22 03	29 22	25 56
16 F	13:37:54	26 20 24	14 40	11 19	28 06	10 54	16 25	09 28	07 41	05 35	15 07	22 07	19 20	25 12	22 12	29 49	25 58
17 Sa	13:41:50	27 19 06	27 39	11 17	27 24	11 43	17 03	09 25	07 45	05 38	15 08	22 06	19 37	25 44	22 21	00♓16	25 59
18 Su	13:45:47	28 17 47	10♈24	11 14	26 40	12 30	17 41	09 22	07 49	05 40	15 09	22 05	19 54	26 17	22 30	00 42	26 00
19 M	13:49:43	29 16 26	22 56	11 12	25 57	13 16	18 20	09 19	07 53	05 43	15 10	22 05	20 11	26 50	22 38	01 09	26 01
20 T	13:53:40	00♉15 03	05♉16	11D 12	25 15	14 02	18 58	09 16	07 58	05 45	15 11	22 04	20 28	27 23	22 47	01 35	26 02
21 W	13:57:36	01 13 38	17 25	11 12	24 34	14 47	19 36	09 13	08 02	05 47	15 12	22 03	20 46	27 56	22 55	02 02	26 03
22 Th	14:01:33	02 12 11	29 25	11 12	23 56	15 30	20 14	09 11	08 07	05 50	15 13	22 02	21 03	28 29	23 03	02 27	26 04
23 F	14:05:30	03 10 42	11♊19	11 13	23 21	16 13	20 52	09 09	08 11	05 52	15 14	22 01	21 21	29 03	23 10	02 53	26 05
24 Sa	14:09:26	04 09 11	23 08	11 14	22 49	16 54	21 31	09 08	08 16	05 54	15 15	22 00	21 39	29 36	23 18	03 19	26 05
25 Su	14:13:23	05 07 38	04♋58	11 14	22 21	17 35	22 09	09 06	08 21	05 56	15 15	21 59	21 58	00♊10	23 25	03 45	26 06
26 M	14:17:19	06 06 02	16 51	11 15	21 57	18 14	22 47	09 05	08 26	05 58	15 16	21 58	22 16	00 43	23 32	04 11	26 06
27 T	14:21:16	07 04 25	28 52	11R, 15	21 37	18 53	23 25	09 04	08 31	06 00	15 17	21 57	22 35	01 17	23 38	04 36	26 07
28 W	14:25:12	08 02 46	11♌06	11 15	21 23	19 29	24 03	09 03	08 36	06 02	15 17	21 56	22 54	01 51	23 44	05 01	26 07
29 Th	14:29:09	09 01 04	23 37	11 15	21 13	20 05	24 41	08 58	08 41	06 04	15 18	21 55	23 13	02 25	23 50	05 27	26 08
30 F	14:33:05	09 59 21	06♍29	11 15	21D 08	20 40	25 20	08 57	08 46	06 06	15 19	21 54	23 32	02 58	23 56	05 52	26 08

Ephemeris is calculated for midnight Greenwich Mean Time

May 2004

DATE	SID.TIME	SUN	MOON	NODE	MERCURY	VENUS	MARS	JUPITER	SATURN	URANUS	NEPTUNE	PLUTO	CERES	PALLAS	JUNO	VESTA	CHIRON
1 Sa	14:37:02	10♂57 35	19♍45	11♉15	21♈07	21♊13	25♊58	08♍56	08♋51	06♓08	15♒19	21♐R53	23♋51	03♊32	24♑01	06♓17	26♑08
2 Su	14:40:59	11 55 47	03♎26	11 15	21 12	21 44	26 36	08 56	08 57	06 10	15 20	21 52	24 11	04 06	24 06	06 41	26 R 08
3 M	14:44:55	12 53 58	17 33	11 15	21 21	22 14	27 14	08 55	09 02	06 12	15 20	21 51	24 30	04 40	24 11	07 06	26 08
4 T	14:48:52	13 52 06	02♏03	11 R 15	21 36	22 43	27 52	08 55	09 08	06 14	15 20	21 50	24 50	05 14	24 15	07 31	26 08
5 W	14:52:48	14 50 13	16 50	11 15	21 54	23 10	28 30	08 D 55	09 13	06 15	15 21	21 49	25 10	05 49	24 20	07 55	26 07
6 Th	14:56:45	15 48 18	01♐48	11 15	22 17	23 35	29 08	08 55	09 19	06 17	15 21	21 48	25 30	06 23	24 24	08 19	26 07
7 F	15:00:41	16 46 22	16 47	11 15	22 45	23 58	29 46	08 55	09 24	06 19	15 22	21 46	25 51	06 57	24 27	08 44	26 07
8 Sa	15:04:38	17 44 24	01♑41	11 14	23 16	24 20	00♋24	08 56	09 30	06 20	15 22	21 45	26 11	07 32	24 30	09 07	26 07
9 Su	15:08:34	18 42 25	16 21	11 13	23 52	24 40	01 02	08 56	09 36	06 22	15 22	21 44	26 32	08 06	24 33	09 31	26 06
10 M	15:12:31	19 40 25	00♒44	11 13	24 31	24 58	01 40	08 57	09 42	06 24	15 23	21 43	26 53	08 40	24 36	09 55	26 06
11 T	15:16:28	20 38 23	14 45	11 D 12	25 15	25 14	02 18	08 58	09 48	06 25	15 23	21 41	27 13	09 15	24 38	10 19	26 05
12 W	15:20:24	21 36 20	28 28	11 12	26 01	25 28	02 56	08 58	09 54	06 26	15 23	21 40	27 34	09 50	24 40	10 42	26 04
13 Th	15:24:21	22 34 15	11♓54	11 13	26 52	25 41	03 34	08 59	10 00	06 28	15 23	21 39	27 56	10 25	24 42	11 05	26 04
14 F	15:28:17	23 32 09	24 14	11 14	27 45	25 51	04 12	09 01	10 06	06 29	15 23	21 37	28 17	10 59	24 43	11 28	26 03
15 Sa	15:32:14	24 30 02	07♈21	11 15	28 42	25 58	04 50	09 02	10 12	06 31	15 24	21 36	28 38	11 34	24 44	11 51	26 02
16 Su	15:36:10	25 27 54	19 48	11 16	29 42	26 04	05 28	09 04	10 18	06 32	15 24	21 35	29 00	12 09	24 45	12 14	26 01
17 M	15:40:07	26 25 44	02♉03	11 R 17	00♉45	26 R 07	06 06	09 06	10 25	06 33	15 R 24	21 33	29 22	12 44	24 R 45	12 36	26 00
18 T	15:44:03	27 23 33	14 09	11 17	01 51	26 08	06 44	09 08	10 31	06 34	15 24	21 32	29 44	13 19	24 45	12 59	25 58
19 W	15:48:00	28 21 21	26 08	11 16	03 00	26 07	07 22	09 10	10 38	06 36	15 24	21 30	00♌06	13 54	24 44	13 21	25 57
20 Th	15:51:57	29 19 07	08♊02	11 15	04 11	26 05	08 00	09 12	10 44	06 37	15 24	21 29	00 28	14 29	24 43	13 43	25 56
21 F	15:55:53	00♊17 1653	19 52	11 12	05 26	26 00	08 38	09 15	10 51	06 38	15 24	21 28	00 50	15 04	24 42	14 05	25 55
22 Sa	15:59:50	01 14 36	01♋41	11 09	06 42	25 53	09 16	09 18	10 57	06 39	15 24	21 26	01 12	15 39	24 41	14 26	25 53
23 Su	16:03:46	02 12 18	13 32	11 06	08 02	25 43	09 54	09 20	11 04	06 40	15 24	21 25	01 35	16 14	24 39	14 48	25 52
24 M	16:07:43	03 09 59	25 27	11 03	09 24	25 32	10 32	09 24	11 10	06 41	15 24	21 23	01 57	16 49	24 37	15 09	25 50
25 T	16:11:39	04 07 38	07♌29	11 00	10 49	25 18	11 10	09 27	11 17	06 42	15 24	21 22	02 20	17 25	24 34	15 30	25 48
26 W	16:15:36	05 05 16	19 42	10 58	12 16	25 02	11 48	09 30	11 24	06 42	15 24	21 20	02 43	18 00	24 32	15 51	25 47
27 Th	16:19:33	06 02 52	02♍19	10 57	13 45	24 44	12 26	09 34	11 31	06 43	15 24	21 19	03 06	18 35	24 28	16 12	25 45
28 F	16:23:29	07 00 27	14 57	10 57	15 17	24 23	13 04	09 38	11 38	06 44	15 23	21 17	03 28	19 11	24 25	16 32	25 43
29 Sa	16:27:26	07 58 00	28 07	10 58	16 51	24 00	13 41	09 42	11 45	06 44	15 23	21 16	03 52	19 46	24 21	16 53	25 41
30 Su	16:31:22	08 55 32	11♎42	11 00	18 28	23 15	14 19	09 46	11 51	06 45	15 23	21 14	04 15	20 21	24 17	17 13	25 39
31 M	16:35:19	09 53 03	25 45	11 01	20 08	22 46	14 14	09 50	11 58	06 45	15 23	21 12	04 38	20 57	24 12	17 33	25 37

Ephemeris is calculated for midnight Greenwich Mean Time

June 2004

DATE	SID. TIME	SUN	MOON	NODE	MERCURY	VENUS	MARS	JUPITER	SATURN	URANUS	NEPTUNE	PLUTO	CERES	PALLAS	JUNO	VESTA	CHIRON
1 T	16:39:15	10 Ⅱ 50 32	10 ♏ 13	11 ♉R 02	21 ♉ 49	22 ♊ 16	15 ♋ 35	09 ♍ 59	12 ♋ 05	06 ♓ 45	15 ♒ 20	21 ♐R 11	05 ♌ 01	21 Ⅱ 32	24 ♑R 07	17 ♓ 52	25 ♑R 35
2 W	16:43:12	11 48 00	25 04	11 01	23 33	21 43	16 13	10 04	12 13	06 46	15 20	21 09	05 25	22 08	24 02	18 12	25 33
3 Th	16:47:08	12 45 27	10 ♐ 01	11 59	25 20	21 10	16 51	10 08	12 20	06 46	15 19	21 08	05 49	22 44	23 56	18 31	25 31
4 F	16:51:05	13 42 54	25 26	10 55	27 09	20 35	17 29	10 13	12 27	06 47	15 19	21 06	06 12	23 19	23 50	18 50	25 28
5 Sa	16:55:02	14 40 19	10 ♑ 37	10 51	29 00	19 59	18 06	10 19	12 34	06 47	15 18	21 05	06 36	23 55	23 43	19 09	25 26
6 Su	16:58:58	15 37 43	25 36	10 46	00 Ⅱ 53	19 22	18 44	10 24	12 41	06 47	15 18	21 03	07 00	24 30	23 37	19 27	25 24
7 M	17:02:55	16 35 07	10 ♒ 14	10 42	02 49	18 45	19 22	10 29	12 48	06 47	15 17	21 01	07 24	25 06	23 30	19 46	25 21
8 T	17:06:51	17 32 30	24 26	10 38	04 47	18 07	20 00	10 35	12 56	06 48	15 16	21 00	07 48	25 42	23 22	20 04	25 19
9 W	17:10:48	18 29 53	08 ♓ 11	10 D 36	06 47	17 29	20 38	10 41	13 03	06 48	15 16	20 58	08 12	26 17	23 14	20 22	25 16
10 Th	17:14:44	19 27 15	21 31	10 36	08 49	16 52	21 16	10 47	13 10	06 48	15 15	20 57	08 36	26 53	23 06	20 39	25 13
11 F	17:18:41	20 24 36	04 ♈ 27	10 37	10 54	16 15	21 53	10 53	13 18	06 48	15 14	20 55	09 00	27 29	22 58	20 57	25 11
12 Sa	17:22:37	21 21 57	16 54	10 38	12 59	15 38	22 31	10 59	13 25	06 48	15 13	20 54	09 25	28 05	22 49	21 14	25 08
13 Su	17:26:34	22 19 17	29 11	10 ♉R 39	15 07	15 03	23 09	11 05	13 33	06 48	15 13	20 52	09 49	28 41	22 40	21 30	25 05
14 M	17:30:31	23 16 38	11 ♉ 16	10 40	17 16	14 28	23 47	11 12	13 40	06 47	15 12	20 50	10 14	29 16	22 31	21 47	25 02
15 T	17:34:27	24 13 57	23 12	10 39	19 25	13 55	24 25	11 18	13 48	06 47	15 11	20 49	10 38	29 52	22 21	22 03	25 00
16 W	17:38:24	25 11 16	05 Ⅱ 04	10 36	21 35	13 23	25 03	11 25	13 55	06 47	15 10	20 47	11 03	00 ♋ 28	22 11	22 19	24 57
17 Th	17:42:20	26 08 35	16 53	10 31	23 45	12 53	25 40	11 32	14 03	06 47	15 09	20 46	11 28	01 04	22 01	22 35	24 54
18 F	17:46:17	27 05 53	28 43	10 24	25 59	12 25	26 18	11 39	14 10	06 47	15 08	20 44	11 53	01 40	21 50	22 50	24 51
19 Sa	17:50:13	28 03 11	10 ♋ 34	10 16	28 11	11 59	26 56	11 46	14 18	06 46	15 07	20 42	12 17	02 16	21 40	23 06	24 48
20 Su	17:54:10	29 00 28	22 28	10 07	00 ♋ 23	11 35	27 34	11 53	14 25	06 46	15 06	20 41	12 42	02 52	21 28	23 21	24 45
21 M	17:58:06	29 57 44	04 ♌ 27	09 58	02 34	11 13	28 12	12 01	14 33	06 45	15 05	20 39	13 07	03 28	21 17	23 35	24 41
22 T	18:02:03	00 ♋ 55 00	16 33	09 50	04 44	10 53	28 49	12 08	14 41	06 45	15 04	20 38	13 32	04 04	21 05	23 49	24 38
23 W	18:06:00	01 52 16	28 46	09 43	06 54	10 35	29 27	12 16	14 48	06 44	15 03	20 36	13 58	04 40	20 54	24 03	24 35
24 Th	18:09:56	02 49 30	11 ♍ 08	09 39	09 02	10 20	00 ♌ 05	12 24	14 56	06 43	15 02	20 35	14 23	05 15	20 41	24 17	24 32
25 F	18:13:53	03 46 44	23 40	09 37	11 09	10 07	00 43	12 32	15 03	06 43	15 01	20 33	14 48	05 51	20 29	24 30	24 29
26 Sa	18:17:49	04 43 57	07 ♎ 24	09 D 36	13 15	09 56	01 21	12 40	15 11	06 42	15 00	20 32	15 14	06 27	20 17	24 43	24 25
27 Su	18:21:46	05 41 10	20 41	09 37	15 18	09 48	01 58	12 48	15 19	06 41	14 59	20 30	15 39	07 03	20 04	24 56	24 22
28 M	18:25:42	06 38 23	04 ♏ 33	09 R 37	17 21	09 42	02 36	12 56	15 27	06 41	14 58	20 29	16 05	07 39	19 51	25 08	24 19
29 T	18:29:39	07 35 34	18 51	09 37	19 21	09 D 39	03 14	13 04	15 35	06 40	14 57	20 27	16 30	08 15	19 38	25 20	24 15
30 W	18:33:35	08 32 46	03 ♐ 33	09 35	21 19	09 38	03 52	13 13	15 42	06 39	14 55	20 26	16 56	08 51	19 25	25 32	24 12

Ephemeris is calculated for midnight Greenwich Mean Time

181

July 2004

DATE	SID.TIME	SUN	MOON	NODE	MERCURY	VENUS	MARS	JUPITER	SATURN	URANUS	NEPTUNE	PLUTO	CERES	PALLAS	JUNO	VESTA	CHIRON
1 Th	18:37:32	09♋29 57	18♐35	09♌R 31	23♋16	09♊39	04♌29	13♍21	15♋50	06♓38	14♒54	20♐24	17♌21	09♋27	19♐11	25♓44	24♑08
2 F	18:41:29	10 27 08	03♑48	09 09	25 10	09 42	05 07	13 30	15 58	06 37	14 53	20 23	17 47	10 03	19 58	25 55	24 05
3 Sa	18:45:25	11 24 19	19 03	09 09	27 02	09 48	05 45	13 39	16 06	06 36	14 51	20 21	18 13	10 39	18 44	26 05	24 01
4 Su	18:49:22	12 21 30	04♒09	09 07	28 53	09 56	06 23	13 48	16 13	06 35	14 50	20 20	18 39	11 14	18 31	26 16	23 58
5 M	18:53:18	13 18 41	18 56	08 58	00♌41	10 06	07 01	13 57	16 21	06 34	14 49	20 18	19 04	11 50	18 17	26 26	23 54
6 T	18:57:15	14 15 52	03♓17	08 51	02 27	10 18	07 38	14 06	16 29	06 33	14 48	20 17	19 30	12 26	18 03	26 35	23 51
7 W	19:01:11	15 13 03	17 09	08 45	04 10	10 32	08 16	14 15	16 37	06 31	14 47	20 15	19 56	13 02	17 49	26 44	23 47
8 Th	19:05:08	16 10 15	00♈31	08 42	05 51	10 49	08 54	14 24	16 44	06 30	14 46	20 14	20 22	13 38	17 35	26 53	23 44
9 F	19:09:05	17 07 27	13 26	08 D 41	07 29	11 07	09 32	14 34	16 52	06 29	14 45	20 13	20 48	14 14	17 20	27 02	23 40
10 Sa	19:13:01	18 04 39	25 58	08 41	09 05	11 27	10 10	14 43	17 00	06 28	14 43	20 11	21 15	14 50	17 06	27 10	23 37
11 Su	19:16:58	19 01 52	08♉12	08 R 42	10 38	11 48	10 47	14 53	17 08	06 26	14 42	20 10	21 41	15 25	16 52	27 17	23 33
12 M	19:20:54	19 59 06	20 13	08 41	12 08	12 12	11 25	15 02	17 16	06 25	14 40	20 09	22 07	16 01	16 38	27 25	23 29
13 T	19:24:51	20 56 20	02♊07	08 39	13 35	12 37	12 03	15 12	17 23	06 24	14 39	20 07	22 33	16 37	16 24	27 32	23 26
14 W	19:28:47	21 53 34	13 57	08 34	15 00	13 03	12 41	15 22	17 31	06 22	14 38	20 06	23 00	17 13	16 10	27 38	23 22
15 Th	19:32:44	22 50 49	25 43	08 26	16 21	13 32	13 19	15 32	17 39	06 21	14 36	20 05	23 26	17 48	15 56	27 44	23 19
16 F	19:36:40	23 48 04	07♋33	08 16	17 40	14 01	13 56	15 42	17 47	06 19	14 35	20 03	23 53	18 24	15 41	27 50	23 15
17 Sa	19:40:37	24 45 20	19 30	08 04	18 56	14 32	14 34	15 52	17 55	06 17	14 33	20 02	24 19	19 00	15 28	27 55	23 11
18 Su	19:44:34	25 42 36	01♌33	07 51	20 08	15 05	15 12	16 02	18 02	06 16	14 32	20 01	24 45	19 35	15 15	28 00	23 08
19 M	19:48:30	26 39 53	13 42	07 38	21 18	15 39	15 50	16 13	18 10	06 14	14 30	20 00	25 12	20 11	15 01	28 04	23 04
20 T	19:52:27	27 37 10	26 01	07 26	22 23	16 14	16 28	16 23	18 18	06 13	14 29	19 59	25 38	20 47	14 46	28 08	23 01
21 W	19:56:23	28 34 27	08♍28	07 16	23 24	16 50	17 06	16 34	18 25	06 11	14 27	19 57	26 05	21 22	14 33	28 11	22 57
22 Th	20:00:20	29 31 45	21 09	07 09	24 21	17 27	17 43	16 44	18 33	06 09	14 26	19 56	26 32	21 58	14 19	28 14	22 54
23 F	20:04:16	00♌29 03	03♎58	07 04	25 13	18 06	18 21	16 55	18 41	06 08	14 24	19 55	26 58	22 33	14 06	28 17	22 50
24 Sa	20:08:13	01 26 21	17 05	07 02	28 19	18 46	18 59	17 06	18 48	06 06	14 22	19 54	27 25	23 09	13 53	28 19	22 46
25 Su	20:12:09	02 23 39	00♏29	07 02	29 39	19 26	19 37	17 16	18 56	06 04	14 21	19 53	27 52	23 44	13 40	28 21	22 43
26 M	20:16:06	03 20 58	14 20	07 02	00♍58	20 08	20 15	17 27	19 04	06 02	14 19	19 52	28 19	24 20	13 27	28 22	22 39
27 T	20:20:03	04 18 18	28 10	07 01	01 24	20 51	20 53	17 38	19 11	06 00	14 17	19 51	28 45	24 55	13 15	28 23	22 36
28 W	20:23:59	05 15 38	12♐47	06 58	02 20	21 35	21 31	17 49	19 19	05 58	14 15	19 50	29 12	25 30	13 02	28 R 28	22 32
29 Th	20:27:56	06 12 58	27 33	06 52	03 13	22 19	22 09	18 00	19 27	05 56	14 13	19 49	29 39	26 06	12 50	28 23	22 29
30 F	20:31:52	07 10 19	12♑33	06 44	04 04	23 04	22 46	18 11	19 34	05 54	14 11	19 48	00♍06	26 41	12 39	28 22	22 26
31 Sa	20:35:49	08 07 41	27 34	06 34	04 48	23 51	23 24	18 23	19 42	05 52	14 10	19 47	00 33	27 16	12 27	28 21	22 22

Ephemeris is calculated for midnight Greenwich Mean Time

August 2004

DATE		SID.TIME	SUN	MOON	NODE	MERCURY	VENUS	MARS	JUPITER	SATURN	URANUS	NEPTUNE	PLUTO	CERES	PALLAS	JUNO	VESTA	CHIRON
1	Su	20:39:45	09 ♌ 05 03	12 ♒ 31	06 ♉R 23	05 ♍ 31	24 ♊ 38	24 ♌ 02	18 ♍ 34	19 ♋ 49	05 ♓ 50	14 ♒ 08	19 ♐ 46	01 ♍ 00	27 ♋ 52	12 ♑R 16	28 ♓R 19	22 ♑R 19
2	M	20:43:42	10 02 26	27 14	06 13	06 10	25 26	24 40	18 45	19 57	05 48	14 06	19 45	01 27	28 28	12 05	28 17	22 15
3	T	20:47:38	10 59 50	11 ♓ 35	06 03	06 45	26 14	25 18	18 57	20 04	05 46	14 05	19 45	01 54	29 02	12 11	28 15	22 12
4	W	20:51:35	11 57 16	25 29	05 56	07 16	27 04	25 56	19 08	20 12	05 44	14 03	19 44	02 21	29 37	11 11	28 12	22 09
5	Th	20:55:32	12 54 42	08 ♈ 57	05 54	07 43	27 54	26 34	19 19	20 19	05 42	14 01	19 43	02 48	00 ♌ 12	11 33	28 08	22 06
6	F	20:59:28	13 52 09	21 53	05 53	08 05	28 45	27 12	19 31	20 26	05 39	14 00	19 42	03 15	00 47	11 23	28 05	22 02
7	Sa	21:03:25	14 49 38	04 ♉ 27	05 49	08 23	29 36	27 50	19 43	20 34	05 37	13 58	19 41	03 42	01 22	11 14	28 00	21 59
8	Su	21:07:21	15 47 08	16 42	05 49	08 36	00 ♋ 28	28 28	19 54	20 41	05 35	13 57	19 41	04 09	01 57	11 04	27 55	21 56
9	M	21:11:18	16 44 40	28 44	05 49	08 44	01 21	29 06	20 06	20 48	05 33	13 55	19 40	04 37	02 32	10 55	27 50	21 53
10	T	21:15:14	17 42 13	10 ♊ 37	05 47	08 R 46	02 14	29 44	20 18	20 56	05 31	13 53	19 39	05 04	03 06	10 47	27 44	21 50
11	W	21:19:11	18 39 47	22 26	05 45	08 44	03 08	00 ♍ 22	20 30	21 03	05 28	13 52	19 39	05 31	03 41	10 39	27 38	21 47
12	Th	21:23:07	19 37 23	04 ♋ 16	05 42	08 36	04 01	01 00	20 42	21 10	05 26	13 50	19 38	05 58	04 16	10 31	27 31	21 44
13	F	21:27:04	20 35 00	16 12	05 36	08 22	04 57	01 38	20 54	21 17	05 24	13 48	19 38	06 26	04 51	10 23	27 24	21 41
14	Sa	21:31:01	21 32 38	28 14	05 28	08 04	05 53	02 16	21 06	21 24	05 21	13 47	19 37	06 53	05 25	10 16	27 16	21 38
15	Su	21:34:57	22 30 18	10 ♌ 26	05 15	07 39	06 49	02 54	21 18	21 32	05 19	13 45	19 37	07 20	06 00	10 09	27 08	21 35
16	M	21:38:54	23 27 59	22 48	05 02	07 09	07 45	03 32	21 30	21 39	05 17	13 44	19 36	07 48	06 34	10 02	27 00	21 32
17	T	21:42:50	24 25 41	05 ♍ 21	04 49	06 35	08 42	04 10	21 42	21 46	05 15	13 42	19 36	08 15	07 09	09 56	26 51	21 30
18	W	21:46:47	25 23 24	18 04	04 38	05 55	09 40	04 48	21 54	21 53	05 12	13 41	19 35	08 42	07 43	09 51	26 41	21 27
19	Th	21:50:43	26 21 09	01 ♎ 00	04 28	05 12	10 37	05 26	22 06	22 00	05 10	13 39	19 35	09 10	08 17	09 45	26 32	21 24
20	F	21:54:40	27 18 55	14 07	04 17	04 24	11 35	06 04	22 19	22 06	05 07	13 37	19 34	09 37	08 52	09 40	26 22	21 22
21	Sa	21:58:36	28 16 42	27 25	04 D 16	03 34	12 34	06 42	22 31	22 13	05 05	13 36	19 34	10 05	09 26	09 36	26 11	21 19
22	Su	22:02:33	29 14 30	10 ♏ 57	04 16	02 42	13 33	07 21	22 43	22 20	05 03	13 34	19 34	10 32	10 00	09 31	26 00	21 17
23	M	22:06:30	00 ♍ 12 19	24 42	04 R 16	01 51	14 33	07 59	22 56	22 27	05 00	13 33	19 33	11 00	10 34	09 27	25 49	21 14
24	T	22:10:26	01 10 10	08 ♐ 42	04 14	01 01	15 33	08 37	23 08	22 34	04 58	13 31	19 33	11 27	11 08	09 24	25 37	21 12
25	W	22:14:23	02 08 02	22 56	04 12	00 13	16 33	09 15	23 21	22 40	04 56	13 29	19 33	11 55	11 41	09 21	25 25	21 09
26	Th	22:18:19	03 05 55	07 ♑ 23	04 10	29 ♌ 29	17 33	09 53	23 33	22 47	04 53	13 28	19 33	12 22	12 15	09 18	25 13	21 07
27	F	22:22:16	04 03 49	21 59	04 04	28 26	18 34	10 31	23 46	22 53	04 51	13 26	19 33	12 50	12 50	09 16	25 00	21 05
28	Sa	22:26:12	05 01 44	06 ♒ 38	03 56	27 44	19 35	11 09	23 58	23 00	04 48	13 25	19 33	13 17	13 24	09 14	24 47	21 03
29	Su	22:30:09	05 59 41	21 14	03 47	27 06	20 37	11 48	24 11	23 06	04 46	13 23	19 33	13 45	13 57	09 12	24 34	21 01
30	M	22:34:05	06 57 39	05 ♓ 39	03 38	26 35	21 39	12 26	24 23	23 12	04 44	13 22	19 D 33	14 12	14 31	09 11	24 21	20 59
31	T	22:38:02	07 55 39	19 46	03 28	26 11	22 41	13 04	24 36	23 19	04 41	13 21	19 33	14 40	15 05	09 10	24 07	20 57

Ephemeris is calculated for midnight Greenwich Mean Time

September 2004

DATE	SID.TIME	SUN	MOON	NODE	MERCURY	VENUS	MARS	JUPITER	SATURN	URANUS	NEPTUNE	PLUTO	CERES	PALLAS	JUNO	VESTA	CHIRON
1 W	22:41:59	08 ♍ 53 41	03 ♈ 32	03 ♌R 25	25 ♌R 54	23 ♋ 43	13 ♍ 43	24 ♍ 49	23 ♋ 25	04 ♓R 39	13 ≈R 19	19 ✗ 33	15 ♍ 07	15 ♌ 07	09 ♑ 10	23 ♓R 55	20 ♑R 53
2 Th	22:45:55	09 51 44	16 54	03 25	25 D 45	24 46	14 21	25 01	23 31	04 36	13 18	19 33	15 35	16 12	09 10	23 39	20 53
3 F	22:49:52	10 49 49	29 52	03 D 25	25 45	25 49	14 59	25 14	23 37	04 34	13 16	19 33	16 03	16 45	09 10	23 25	20 51
4 Sa	22:53:48	11 47 56	12 ♉ 27	03 20	25 53	26 53	15 38	25 27	23 43	04 32	13 15	19 33	16 30	17 18	09 11	23 10	20 49
5 Su	22:57:45	12 46 05	24 45	03 20	26 10	27 56	16 16	25 40	23 49	04 29	13 14	19 33	16 58	17 51	09 12	22 55	20 48
6 M	23:01:41	13 44 16	06 ♊ 48	03 R 18	26 36	29 00	16 54	25 53	23 55	04 27	13 12	19 33	17 25	18 25	09 13	22 40	20 46
7 T	23:05:38	14 42 30	18 43	03 18	27 10	00 ♌ 05	17 33	26 05	24 01	04 25	13 11	19 33	17 53	18 58	09 15	22 25	20 45
8 W	23:09:34	15 40 45	00 ♋ 34	03 18	27 52	01 09	18 11	26 18	24 05	04 22	13 10	19 33	18 21	19 31	09 17	22 10	20 43
9 Th	23:13:31	16 39 02	12 27	03 18	28 42	02 14	18 49	26 31	24 13	04 20	13 08	19 34	18 48	20 04	09 20	21 55	20 42
10 F	23:17:28	17 37 21	24 27	03 16	29 40	03 19	19 28	26 44	24 19	04 18	13 07	19 34	19 16	20 36	09 23	21 40	20 41
11 Sa	23:21:24	18 35 42	06 ♌ 42	03 06	00 ♍ 45	04 24	20 06	26 57	24 24	04 15	13 06	19 35	19 44	21 09	09 26	21 25	20 40
12 Su	23:25:21	19 34 05	18 53	02 59	01 57	05 30	20 45	27 10	24 30	04 13	13 04	19 35	20 11	21 42	09 30	21 11	20 38
13 M	23:29:17	20 32 31	01 ♍ 26	02 51	03 15	06 35	21 23	27 23	24 35	04 11	13 03	19 35	20 38	22 15	09 34	20 54	20 37
14 T	23:33:14	21 30 58	14 15	02 44	04 38	07 41	22 02	27 36	24 41	04 08	13 02	19 36	21 06	22 47	09 38	20 39	20 36
15 W	23:37:10	22 29 26	27 19	02 38	06 06	08 47	22 40	27 48	24 46	04 06	13 01	19 36	21 34	23 20	09 43	20 23	20 35
16 Th	23:41:07	23 27 57	10 ♎ 36	02 34	07 39	09 54	23 19	28 01	24 51	04 04	13 00	19 37	22 02	23 52	09 48	20 08	20 35
17 F	23:45:03	24 26 30	24 05	02 D 32	09 16	11 00	23 57	28 14	24 57	04 04	12 59	19 37	22 29	24 24	09 53	19 53	20 34
18 Sa	23:49:00	25 25 04	07 ♏ 45	02 32	10 55	12 07	24 36	28 27	25 02	04 00	12 57	19 38	22 57	24 56	09 59	19 38	20 33
19 Su	23:52:56	26 23 40	21 35	02 33	12 38	13 14	25 14	28 40	25 07	03 57	12 56	19 39	23 25	25 29	10 05	19 23	20 32
20 M	23:56:53	27 22 18	05 ✗ 34	02 34	14 21	14 21	25 53	28 53	25 12	03 55	12 55	19 39	23 52	26 01	10 11	19 08	20 32
21 T	00:00:50	28 20 58	19 41	02 R 35	16 09	15 28	26 32	29 06	25 17	03 53	12 54	19 40	24 20	26 33	10 18	18 54	20 31
22 W	00:04:46	29 19 39	03 ♑ 58	02 36	17 57	16 36	27 10	29 19	25 21	03 51	12 53	19 41	24 48	27 04	10 25	18 39	20 31
23 Th	00:08:43	00 ♎ 18 22	18 24	02 34	19 46	17 43	27 49	29 32	25 26	03 49	12 52	19 41	25 15	27 36	10 33	18 25	20 31
24 F	00:12:39	01 17 06	02 ≈ 57	02 32	21 35	18 51	28 28	29 45	25 31	03 47	12 51	19 42	25 43	28 08	10 40	18 11	20 30
25 Sa	00:16:36	02 15 52	17 30	02 28	23 25	19 59	29 06	29 58	25 35	03 45	12 50	19 43	26 10	28 39	10 48	17 58	20 30
26 Su	00:20:32	03 14 40	00 ♓ 58	02 24	25 15	21 08	29 45	00 ♎ 11	25 40	03 43	12 49	19 44	26 38	29 11	10 57	17 44	20 30
27 M	00:24:29	04 13 30	14 36	02 19	27 05	22 16	00 ♎ 24	00 24	25 44	03 41	12 49	19 45	27 05	29 42	11 05	17 31	20 30
28 T	00:28:26	05 12 21	28 20	02 16	28 55	23 25	01 03	00 37	25 49	03 39	12 48	19 45	27 33	00 ♍ 14	11 14	17 18	20 D 30
29 W	00:32:22	06 11 15	11 ♈ 47	02 13	00 ≈ 45	24 33	01 41	00 50	25 53	03 37	12 47	19 46	28 01	00 45	11 23	17 05	20 30
30 Th	00:36:19	07 10 10	24 56	02 D 12	02 34	25 42	02 20	01 03	25 57	03 35	12 46	19 47	28 28	01 16	11 33	16 53	20 31

Ephemeris is calculated for midnight Greenwich Mean Time

October 2004

DATE	SID.TIME	SUN	MOON	NODE	MERCURY	VENUS	MARS	JUPITER	SATURN	URANUS	NEPTUNE	PLUTO	CERES	PALLAS	JUNO	VESTA	CHIRON
1 F	0:40:15	08 ♎ 09 08	07 ♉ 46	02 ♉ 12	04 ♎ 22	26 ♌ 51	02 ♎ 59	01 ♎ 16	26 ♋ 56	03 ♓R 33	12 ♒R 45	19 ♐ 48	28 ♍ 56	01 ♍ 47	11 ♑ 43	16 ♓R 41	20 ♑ 31
2 Sa	0:44:12	09 08 08	20 19	02 13	06 10	28 00	03 38	01 29	26 05	03 32	12 45	19 49	29 23	02 18	11 53	16 29	20 31
3 Su	0:48:08	10 07 10	02 ♊ 35	02 14	07 57	29 10	04 17	01 42	26 09	03 30	12 44	19 50	29 51	02 49	12 03	16 18	20 32
4 M	0:52:00	11 06 14	14 39	02 16	09 44	00 ♍ 19	04 56	01 55	26 13	03 28	12 43	19 51	00 ♎ 18	03 19	12 14	16 07	20 32
5 T	0:56:01	12 05 21	26 35	02 17	11 30	01 29	05 34	02 08	26 16	03 26	12 43	19 53	00 46	03 50	12 25	15 57	20 33
6 W	0:59:58	13 04 30	08 ♋ 27	02 18	13 15	02 39	06 13	02 20	26 20	03 25	12 42	19 54	01 13	04 21	12 36	15 47	20 33
7 Th	1:03:54	14 03 41	20 20	02R 18	14 59	03 49	06 52	02 33	26 23	03 23	12 41	19 55	01 41	04 51	12 46	15 37	20 34
8 F	1:07:51	15 02 55	02 ♌ 19	02 17	16 43	04 59	07 31	02 46	26 27	03 21	12 41	19 56	02 08	05 21	13 00	15 27	20 35
9 Sa	1:11:48	16 02 10	14 28	02 15	18 26	06 09	08 10	02 59	26 30	03 20	12 40	19 57	02 36	05 51	13 12	15 18	20 36
10 Su	1:15:44	17 01 29	26 51	02 13	20 08	07 19	08 49	03 12	26 33	03 18	12 40	19 59	03 03	06 22	13 24	15 10	20 37
11 M	1:19:41	18 00 49	09 ♍ 32	02 11	21 49	08 30	09 28	03 24	26 36	03 17	12 39	20 00	03 30	06 52	13 37	15 02	20 38
12 T	1:23:37	19 00 11	22 32	02 09	23 29	09 41	10 08	03 37	26 39	03 15	12 39	20 01	03 58	07 21	13 49	14 54	20 39
13 W	1:27:34	19 59 36	05 ♎ 51	02 08	25 09	10 51	10 47	03 50	26 42	03 14	12 39	20 02	04 25	07 51	14 02	14 47	20 40
14 Th	1:31:30	20 59 03	19 28	02 08	26 48	12 02	11 26	04 03	26 45	03 13	12 38	20 04	04 52	08 21	14 16	14 40	20 42
15 F	1:35:27	21 58 32	03 ♏ 24	02D 07	28 27	13 13	12 05	04 15	26 48	03 11	12 38	20 05	05 20	08 50	14 29	14 34	20 43
16 Sa	1:39:23	22 58 02	17 32	02 07	00 ♏ 04	14 24	12 44	04 28	26 50	03 10	12 38	20 07	05 47	09 20	14 43	14 28	20 44
17 Su	1:43:20	23 57 35	01 ♐ 49	02 08	01 41	15 36	13 23	04 41	26 53	03 09	12 37	20 08	06 14	09 49	14 57	14 22	20 46
18 M	1:47:17	24 57 10	16 10	02 08	03 18	16 47	14 03	04 53	26 55	03 07	12 37	20 09	06 41	10 18	15 12	14 17	20 47
19 T	1:51:13	25 56 46	00 ♑ 30	02 09	04 53	17 59	14 42	05 06	26 58	03 06	12 37	20 11	07 09	10 47	15 26	14 13	20 49
20 W	1:55:10	26 56 25	14 44	02R 09	06 28	19 10	15 21	05 18	27 00	03 05	12 37	20 12	07 36	11 16	15 41	14 09	20 51
21 Th	1:59:06	27 56 05	28 48	02 09	08 03	20 21	16 00	05 31	27 02	03 04	12 37	20 14	08 03	11 45	15 56	14 05	20 53
22 F	2:03:03	28 55 46	13 ♒ 06	02 09	09 37	21 33	16 40	05 43	27 04	03 03	12 37	20 16	08 30	12 14	16 11	14 02	20 55
23 Sa	2:06:59	29 55 29	27 00	02 09	11 10	22 45	17 19	05 56	27 06	03 02	12 37	20 17	08 57	12 12	16 26	14 00	20 57
24 Su	2:10:56	00 ♏ 55 14	10 ♓ 43	02 09	12 43	23 57	17 58	06 08	27 07	03 01	12D 36	20 19	09 24	13 13	16 43	13 58	20 59
25 M	2:14:52	01 55 01	24 13	02D 09	14 15	25 09	18 38	06 21	27 09	03 00	12 36	20 20	09 51	13 13	16 59	13 56	21 01
26 T	2:18:49	02 54 49	07 ♈ 30	02 09	15 47	26 21	19 17	06 33	27 11	02 59	12 36	20 22	10 18	13 42	17 15	13 55	21 03
27 W	2:22:46	03 54 39	20 33	02R 09	17 18	27 33	19 57	06 46	27 12	02 58	12 36	20 24	10 45	14 14	17 31	13 54	21 05
28 Th	2:26:42	04 54 31	03 ♉ 23	02 09	18 48	28 46	20 36	06 57	27 14	02 58	12 37	20 25	11 12	14 35	17 48	13D 53	21 07
29 F	2:30:39	05 54 25	15 59	02 09	20 18	29 58	21 16	07 09	27 15	02 57	12 37	20 27	11 39	15 03	18 04	13 53	21 10
30 Sa	2:34:35	06 54 21	28 22	02 08	21 48	01 ♎ 11	21 55	07 21	27 16	02 56	12 37	20 29	12 06	15 31	18 21	13 54	21 12
31 Su	2:38:32	07 54 19	10 ♊ 11	02 08	23 17	02 23	22 35	07 33	27 17	02 56	12 37	20 31	12 33	15 59	18 38	13 55	21 15

Ephemeris is calculated for midnight Greenwich Mean Time

November 2004

DATE	SID.TIME	SUN	MOON	NODE	MERCURY	VENUS	MARS	JUPITER	SATURN	URANUS	NEPTUNE	PLUTO	CERES	PALLAS	JUNO	VESTA	CHIRON
1 M	2:42:28	08 ♏ 54 19	22 Ⅱ 36	02 ♉R 07	24 ♏ 45	03 ♎ 36	23 ♎ 14	07 ♎ 45	27 ♋ 18	02 ♓R 55	12 ♒ 37	20 ♐ 33	12 ♎ 59	16 ♍ 54	18 ♑ 56	13 ♓ 56	21 ♑ 17
2 T	2:46:25	09 54 21	04 ♋ 31	02 06	26 13	04 49	23 54	07 57	27 18	02 55	12 38	20 34	13 26	17 21	19 13	13 58	21 20
3 W	2:50:21	10 54 25	16 23	02 05	27 41	06 01	24 33	08 09	27 19	02 54	12 38	20 36	13 53	17 48	19 31	14 01	21 23
4 Th	2:54:18	11 54 32	28 15	02 04	29 07	07 14	25 13	08 21	27 20	02 54	12 38	20 38	14 19	18 15	19 49	14 03	21 25
5 F	2:58:15	12 54 40	10 ♌ 12	02 D 02	00 ♐ 33	08 27	25 53	08 33	27 20	02 54	12 39	20 40	14 46	18 42	20 07	14 07	21 28
6 Sa	3:02:11	13 54 50	22 19	02 02	01 59	09 40	26 32	08 45	27 20	02 53	12 39	20 42	15 13	19 09	20 25	14 10	21 31
7 Su	3:06:08	14 55 03	04 ♍ 40	02 02	03 24	10 54	27 12	08 56	27 21	02 53	12 40	20 44	15 39	19 35	20 44	14 14	21 34
8 M	3:10:04	15 55 17	17 19	02 02	04 48	12 07	27 52	09 08	27 21	02 53	12 40	20 46	16 06	20 02	21 02	14 18	21 37
9 T	3:14:01	16 55 33	00 ♎ 19	02 02	06 11	13 20	28 32	09 19	27 R 21	02 53	12 40	20 48	16 32	20 28	21 21	14 22	21 40
10 W	3:17:57	17 55 52	13 46	02 02	07 33	14 33	29 12	09 31	27 21	02 52	12 41	20 50	16 58	20 54	21 40	14 26	21 43
11 Th	3:21:54	18 56 12	27 36	02 09	08 55	15 47	29 51	09 42	27 20	02 52	12 42	20 52	17 25	21 20	21 59	14 31	21 47
12 F	3:25:50	19 56 34	11 ♏ 50	02 R 08	10 15	17 00	00 ♏ 31	09 54	27 20	02 52	12 42	20 54	17 51	21 45	22 19	14 36	21 50
13 Sa	3:29:47	20 56 58	26 22	02 07	11 34	18 14	01 11	10 05	27 19	02 52	12 43	20 56	18 17	22 11	22 38	14 41	21 53
14 Su	3:33:44	21 57 24	11 ♐ 07	02 05	12 52	19 27	01 51	10 16	27 19	02 52	12 44	20 58	18 44	22 36	22 58	14 46	21 57
15 M	3:37:40	22 57 51	25 57	02 02	14 09	20 41	02 31	10 27	27 18	02 53	12 44	21 00	19 10	23 02	23 18	14 52	22 00
16 T	3:41:37	23 58 19	10 ♑ 45	02 00	15 23	21 55	03 11	10 38	27 17	02 53	12 45	21 02	19 36	23 27	23 37	14 58	22 04
17 W	3:45:33	24 58 49	25 23	01 57	16 36	23 09	03 51	10 49	27 16	02 53	12 46	21 04	20 02	23 52	23 58	15 04	22 07
18 Th	3:49:30	25 59 21	09 ♒ 47	01 55	17 47	24 23	04 31	11 00	27 15	02 53	12 47	21 06	20 28	24 16	24 18	15 10	22 11
19 F	3:53:26	26 59 53	23 52	01 D 54	18 55	25 37	05 11	11 11	27 14	02 54	12 47	21 08	20 54	24 41	24 38	15 16	22 14
20 Sa	3:57:23	28 00 26	07 ♓ 38	01 54	20 01	26 50	05 51	11 21	27 13	02 54	12 48	21 10	21 19	25 05	24 59	15 23	22 18
21 Su	4:01:19	29 01 01	21 05	01 55	21 04	28 04	06 31	11 32	27 12	02 55	12 49	21 12	21 45	25 30	25 20	15 29	22 22
22 M	4:05:16	00 ♐ 01 37	04 ♈ 17	01 57	22 05	29 18	07 12	11 43	27 10	02 55	12 50	21 14	22 11	25 54	25 41	16 36	22 26
23 T	4:09:13	01 02 14	17 10	01 59	22 58	00 ♏ 32	07 52	11 54	27 08	02 56	12 51	21 16	22 36	26 17	26 02	16 43	22 30
24 W	4:13:09	02 02 52	29 52	02 R 00	23 49	01 46	08 32	12 04	27 07	02 56	12 52	21 19	23 02	26 41	26 23	16 44	22 34
25 Th	4:17:06	03 03 32	12 ♉ 20	01 59	24 35	03 00	09 12	12 14	27 05	02 57	12 52	21 21	23 28	27 05	26 44	16 35	22 38
26 F	4:21:02	04 04 12	24 42	01 57	25 15	04 15	09 52	12 24	27 03	02 58	12 53	21 23	23 53	27 28	27 06	16 46	22 42
27 Sa	4:24:59	05 04 55	06 Ⅱ 53	01 53	25 49	05 29	10 33	12 35	27 01	02 58	12 55	21 25	24 18	27 51	27 27	16 57	22 46
28 Su	4:28:55	06 05 38	18 57	01 48	26 15	06 43	11 13	12 45	26 59	02 59	12 56	21 27	24 44	28 14	27 49	17 09	22 50
29 M	4:32:52	07 06 23	00 ♋ 54	01 41	26 34	07 58	11 53	12 55	26 57	03 00	12 58	21 30	25 09	28 36	28 11	17 21	22 54
30 T	4:36:49	08 07 09	12 48	01 34	26 R 43	09 12	12 34	13 04	26 54	03 01	12 59	21 32	25 34	28 59	28 33	17 34	22 58

Ephemeris is calculated for midnight Greenwich Mean Time

December 2004

DATE	SID.TIME	SUN	MOON	NODE	MERCURY	VENUS	MARS	JUPITER	SATURN	URANUS	NEPTUNE	PLUTO	CERES	PALLAS	JUNO	VESTA	CHIRON
1 W	4:40:45	09 ♐ 07 57	24 ♋ 39	01 ♌R 27	26 ♐R 43	10 ♏ 26	13 ♏ 14	13 ♎ 14	26 ♋R 52	03 ♓ 02	13 ≈ 00	21 ♐ 34	25 ♎ 53	29 ♍ 21	28 ♑ 55	17 ♓ 46	23 ♑ 03
2 Th	4:44:42	10 08 46	06 ♌ 19	01 21	26 33	11 41	13 54	13 24	26 50	03 03	13 01	21 36	26 24	29 43	29 17	17 59	23 07
3 F	4:48:38	11 09 36	18 27	01 17	26 12	12 55	14 35	13 33	26 47	03 04	13 03	21 38	26 49	00 ♎ 05	29 40	18 13	23 11
4 Sa	4:52:35	12 10 27	00 ♍ 30	01 14	25 40	14 10	15 15	13 43	26 44	03 05	13 04	21 41	27 14	00 27	00 ≈ 02	18 26	23 16
5 Su	4:56:31	13 11 20	12 46	01D 13	24 57	15 24	15 56	13 52	26 41	03 06	13 05	21 43	27 39	00 48	00 25	18 40	23 20
6 M	5:00:28	14 12 14	25 20	01 11	24 02	16 39	16 37	14 01	26 39	03 08	13 06	21 45	28 03	01 09	00 47	18 54	23 25
7 T	5:04:24	15 13 10	08 ♎ 14	01 15	22 59	17 54	17 17	14 10	26 36	03 09	13 08	21 47	28 28	01 30	01 10	19 09	23 29
8 W	5:08:21	16 14 07	21 35	01R 16	21 47	19 08	17 58	14 19	26 32	03 10	13 09	21 50	28 52	01 51	01 33	19 23	23 34
9 Th	5:12:18	17 15 05	05 ♏ 25	01 17	20 28	20 23	18 38	14 28	26 29	03 11	13 11	21 52	29 17	02 11	01 56	19 38	23 38
10 F	5:16:14	18 16 04	19 41	01 15	19 06	21 38	19 19	14 37	26 26	03 12	13 12	21 54	29 41	02 31	02 20	19 53	23 43
11 Sa	5:20:11	19 17 04	04 ♐ 23	01 11	17 43	22 52	20 00	14 46	26 23	03 13	13 14	21 56	00 ♏ 05	02 51	02 43	20 09	23 48
12 Su	5:24:07	20 18 05	19 26	01 06	16 22	24 07	20 40	14 54	26 19	03 15	13 15	21 59	00 29	03 11	03 06	20 25	23 53
13 M	5:28:04	21 19 08	04 ♑ 38	00 58	15 05	25 22	21 21	15 03	26 16	03 16	13 17	22 01	00 53	03 31	03 30	20 41	23 57
14 T	5:32:00	22 20 10	19 51	00 50	13 56	26 37	22 02	15 11	26 12	03 17	13 18	22 03	01 17	03 50	03 54	20 57	24 02
15 W	5:35:57	23 21 14	04 ≈ 53	00 42	12 54	27 52	22 43	15 19	26 08	03 19	13 20	22 05	01 41	04 09	04 18	21 13	24 07
16 Th	5:39:53	24 22 18	19 39	00 35	12 03	29 06	23 24	15 27	26 05	03 20	13 22	22 08	02 05	04 27	04 41	21 30	24 12
17 F	5:43:50	25 23 22	03 ♓ 53	00 31	11 23	00 ♐ 21	24 05	15 35	26 01	03 22	13 23	22 10	02 28	04 46	05 05	21 47	24 17
18 Sa	5:47:47	26 24 26	17 45	00D 29	10 54	01 36	24 45	15 43	25 57	03 23	13 25	22 12	02 52	05 04	05 30	22 04	24 22
19 Su	5:51:43	27 25 31	01 ♈ 11	00 28	10 35	02 51	25 26	15 51	25 53	03 25	13 27	22 15	03 15	05 22	05 54	22 21	24 27
20 M	5:55:40	28 26 36	14 13	00 29	10D 27	04 06	26 07	15 58	25 49	03 27	13 28	22 17	03 39	05 39	06 18	22 39	24 31
21 T	5:59:36	29 27 41	26 56	00R 29	10 30	05 21	26 48	16 05	25 45	03 29	13 30	22 19	04 02	05 57	06 42	22 57	24 36
22 W	6:03:33	00 ♑ 28 47	09 ♉ 23	00 28	10 41	06 36	27 29	16 13	25 41	03 31	13 32	22 21	04 25	06 14	07 07	23 15	24 41
23 Th	6:07:29	01 29 53	21 39	00 27	11 01	07 51	28 10	16 20	25 36	03 33	13 34	22 24	04 48	06 30	07 31	23 33	24 47
24 F	6:11:26	02 30 59	03 ♊ 45	00 22	11 29	09 06	28 51	16 27	25 32	03 35	13 36	22 26	05 11	06 47	07 56	23 51	24 52
25 Sa	6:15:22	03 32 06	15 46	00 14	12 03	10 21	29 32	16 34	25 28	03 37	13 37	22 28	05 33	07 03	08 21	24 10	24 57
26 Su	6:19:19	04 33 12	27 42	00 04	12 44	11 36	00 ♐ 14	16 40	25 23	03 39	13 39	22 30	05 56	07 19	08 46	24 28	25 02
27 M	6:23:16	05 34 19	09 ♋ 36	29 ♋ 51	13 30	12 51	00 55	16 47	25 19	03 41	13 41	22 32	06 18	07 34	09 11	24 47	25 07
28 T	6:27:12	06 35 27	21 28	29 38	14 21	14 06	01 36	16 53	25 14	03 43	13 43	22 35	06 41	07 49	09 36	25 07	25 12
29 W	6:31:09	07 36 34	03 ♌ 21	29 25	15 17	15 21	02 17	16 59	25 10	03 45	13 45	22 37	07 03	08 04	10 01	25 26	25 17
30 Th	6:35:05	08 37 42	15 15	29 12	16 16	16 36	02 58	17 05	25 05	03 48	13 47	22 39	07 25	08 19	10 26	25 45	25 22
31 F	6:39:02	09 38 50	27 13	29 03	17 18	17 51	03 40	17 11	25 01	03 50	13 49	22 41	07 47	08 33	10 52	26 05	25 28

Ephemeris is calculated for midnight Greenwich Mean Time

The Planetary Hours

The selection of an auspicious time for starting any affair is an important matter. When a thing is begun, its existence tends to take on a nature corresponding to the conditions under which it was begun.

Each hour of the day is ruled by a planet, and so the nature of any time during the day corresponds to the nature of the planet ruling it. The nature of the planetary hours is the same as the description of each of the planets, except that you will not need to refer to the descriptions for Uranus, Neptune, and Pluto, as they are considered here as higher octaves of Mercury, Venus, and Mars, respectively. If something is ruled by Uranus, you can use the hour of Mercury.

The only other factor you need to know to use the planetary hours is the time of your local sunrise and sunset for any given day. This is given in the following chart.

Planetary hours for January 2 at 10 degrees latitude

Step One. Find sunrise (table, page 190) and sunset (table, page 191) for January 2, at 10 degrees latitude by following the 10 degrees latitude column down to the January 2 row. In the case of our example, this is the first entry in the upper left-hand corner of both the sunrise and sunset tables. You will see that sunrise for January 2, at 10 degrees latitude is at 6 hours and 16 minutes (or 6:16 am) and sunset is at 17 hours and 49 minutes (or 5:49 pm).

Step Two. Subtract sunrise time (6 hours 16 minutes) from sunset time (17 hours 49 minutes) to get the number of astrological daylight hours. It is easier to do this if you convert the hours into minutes. For example, 6 hours and 16 minutes = 376 minutes (6 hours x 60 minutes each = 360 minutes + 16 minutes = 376 minutes). 17 hours and 49 minutes = 1,069 minutes (17 hours x 60 minutes = 1020 minutes + 49 minutes = 1,069 minutes). Now subtract: 1,069 minutes - 376 minutes = 693 minutes. If we then convert this back to hours by dividing by 60, we have 11 hours and 33 minutes of daylight planetary hours. However, it is easier to calculate the next step if you leave the number in minutes.

Step Three. Next you should determine how many minutes are in a daylight planetary hour for that particular day (January 2, 10 degrees latitude). To do this, divide 693 minutes by 12 (the number of hours of daylight at the equinoxes). The answer is 58, rounded up. Therefore, a daylight planetary hour for January 2, at 10 degrees latitude has 58 minutes.

Step Four. Now you know that each daylight planetary hour is roughly 58 minutes. You also know, from step one, that sunrise is at 6:16 am. To determine the starting times of each planetary hour, simply add 58 minutes to the sunrise time for the first planetary hour, 58 minutes to that number for the second planetary hour, etc. So the daylight planetary hours for our example are as follows: first hour, 6:16 am–7:14 am; second hour, 7:14 am–8:12 am; third hour, 8:12 am–9:10 am; fourth hour, 9:10 am–10:08 am; fifth hour, 10:08 am–11:06 am; sixth hour, 11:06 am–12:04 pm; seventh hour, 12:04 pm–1:02 pm; eighth hour, 1:02 pm–2:00 pm; ninth hour, 2:00 pm–2:58 pm; tenth hour, 2:58 pm–3:56 pm; eleventh hour, 3:56 pm–4:54 pm; and twelfth hour, 4:54 pm–5:52 pm. Note that because you rounded up the number of minutes in a sunrise hour, the last hour doesn't end where the sunset table says sunset begins (5:49 pm). This is a good reason to give yourself a little "fudge space" when using planetary hours. (You could also skip the rounding-up step.) For more accurate sunrise or sunset times, consult your local paper.

Step Five. Now, to determine which sign rules which daylight planetary hour, consult your *Daily Planetary Guide* date pages to determine which day of the week January 2 falls on. You'll find it's a Thursday. Next, turn to page 192 to find the sunrise planetary hour chart. (It's the one on the top.) If you follow down the column for Thursday, you will find the first hour is ruled by Jupiter, the second by the Mars, the third by the Sun, and so on.

Step Six. Now you've determined the daytime (sunrise) planetary hours. You can use the same formula to determine the nighttime (sunset) planetary hours. You know you have 11 hours and 33 minutes of sunrise planetary hours. Therefore, subtract 11 hours and 33 minutes of sunrise hours from the 24 hours in a day to equal the number of sunset hours. 24 hours - 11 hours 13 minutes = 12 hours 47 minutes of sunset time. Now convert this to minutes (12 x 60) + 47 = (720) + 47 = 767 minutes. (This equals 12.783 hours, but remember to leave it in minutes for now.)

Step Seven. Now go to step three and repeat the rest of the process for the sunset hours. When you get to step five, remember to consult the sunset table on page 192 rather than the sunrise table. When you complete these steps you should get the following answers. There are (roughly) 63 minutes in a sunset planetary hour for this example. This means that the times for the sunset planetary hours are (starting from the 17:49 sunset time rather than the 6:16 sunrise time): first hour, 5:49 pm; second hour, 6:52 pm; third hour, 7:55 pm; fourth hour, 8:58 pm; fifth hour, 10:01 pm; sixth hour, 11:04 pm; seventh hour, 12:07 am; eighth hour, 1:10 am; ninth hour, 2:13 am; tenth hour, 3:16 am; eleventh hour, 4:19 am; and twelfth hour, 5:22 am. You see which signs rule the hours by consulting the sunset chart on page 192.

Sunrise

Universal Time for Meridian of Greenwich

Latitude		+10°	+20°	+30°	+40°	+42°	+46°	+50°
		h:m	h:m	h:m	h:m	h:m	h:m	h:m
Jan	2	6:16	6:34	6:57	7:21	7:28	7:42	7:59
	14	6:21	6:34	6:55	7:20	7:26	7:39	7:53
	26	6:23	6:37	6:53	7:14	7:19	7:29	7:42
Feb	7	6:22	6:33	6:46	7:03	7:06	7:15	7:24
	19	6:18	6:27	6:36	6:48	6:50	6:56	7:03
	27	6:15	6:21	6:28	6:37	6:38	6:43	6:48
Mar	7	6:11	6:15	6:19	6:24	6:26	6;28	6:31
	19	6:05	6:05	6:05	6:05	6:05	6:05	6:05
	27	6:00	5:58	5:56	5:52	5:52	5:50	5:49
Apr	12	5:51	5:44	5:37	5:27	5:25	5:19	5:14
	20	5:47	5:38	5:28	5:15	5:12	5:05	4:57
	28	5:44	5:33	5:20	5:04	5:00	4:52	4:42
May	6	5:41	5:28	5:13	4:54	4:50	4:40	4:28
	18	5:38	5:23	5:05	4:42	4:37	4:25	4:10
	26	5:38	5:21	5:01	4:36	4:30	4:17	4:01
Jun	3	5:38	5:20	4:59	4:32	4:26	4:12	3:54
	15	5:39	5:20	4:58	4:30	4:24	4:09	3:50
	23	5:41	5:22	5:00	4:32	4:25	4:10	3:51
Jul	1	5:43	5:24	5:02	4:35	4:28	4:13	3:55
	9	5:45	5:27	5:06	4:39	4:33	4:19	4:01
	17	5:47	5:30	5:10	4:45	4:39	4:26	4:10
	25	5:48	5:33	5:15	4:52	4:46	4:34	4:20
Aug	2	5:50	5:36	5:19	4:59	4:54	4:43	4:31
	10	5:51	5:38	5:24	5:07	5:02	4:53	4:42
	18	5:51	5:41	5:29	5;14	5:11	5:03	4:54
	26	5:51	5:43	5:34	5:22	5:19	5:13	5:06
Sep	3	5:51	5:45	5:38	5:29	5:27	5:23	5:18
	11	5:50	5:46	5:42	5;37	5:36	5:33	5:30
	19	5:49	5:48	5:47	5:45	5:44	5:43	5:42
	27	5:49	5:50	5:51	5:52	5:53	5:53	5:54
Oct	13	5:48	5:54	6:01	6:08	6:10	6:14	6:19
	21	5:49	5:57	6:06	6:17	6:19	6:25	6:31
	29	5:50	6:00	6:12	6:26	6:29	6:36	6:45
Nov	6	5:52	6:04	6:18	6:35	6:39	6:48	6:58
	14	5:54	6:08	6:24	6:44	6:49	6:59	7:11
	22	5:57	6:13	6:31	6:53	6:58	7:10	7:24
	30	6:01	6:18	6:37	7:02	7:07	7:20	7:35
Dec	8	6:05	6:23	6:44	7:09	7:15	7:29	7:45
	16	6:09	6:28	6:49	7:15	7:22	7:36	7:53
	24	6:13	6:32	6:53	7:20	7:26	7:40	7:57
	30	6:17	6:35	6:56	7:22	7:28	7:42	7:59

Sunset

Universal Time for Meridian of Greenwich

Latitude		+10°	+20°	+30°	+40°	+42°	+46°	+50°
		h:m	h:m	h:m	h:m	h:m	h:m	h:m
Jan	2	17:49	17:30	17:09	16:43	16:37	16:23	16:06
	14	17:57	17:41	17:22	16:58	16:52	16:40	16:25
	26	18:03	17:48	17:32	17:12	17:07	16:57	16:44
Feb	7	18:07	17:55	17:42	17:26	17:23	17:14	17:05
	19	18:09	18:01	17:52	17:40	17:38	17:32	17:25
	27	18:10	18:04	17:58	17:50	17:48	17:44	17:39
Mar	7	18:11	18:07	18:03	17:58	17:57	17:55	17:52
	19	18:11	18:11	18:11	18:11	18:11	18:11	18:11
	27	18:11	18:13	18:16	18:19	18:20	18:22	18:24
Apr	12	18:10	18:17	18:25	18:35	18:38	18:43	18:49
	20	18:11	18:20	18:30	18:43	18:47	18:53	19:02
	28	18:11	18:22	18:35	18:52	18:55	19:04	19:14
May	6	18:12	18:25	18:41	19:00	19:04	19:14	19:26
	18	18:14	18:30	18:48	19:11	19:17	19:29	19:43
	26	18:16	18:33	18:53	19:18	19:24	19:38	19:54
Jun	3	18:18	18:37	18:57	19:24	19:30	19:45	20:02
	15	18:22	18:43	19:03	19:30	19:37	19:53	20:11
	23	18:23	18:42	19:05	19:33	19:39	19:55	20:13
Jul	1	18:25	18:43	19:05	19:33	19:39	19:54	20:12
	9	18:25	18:43	19:04	19:31	19:37	19:51	20:09
	17	18:25	18:42	19:02	19:27	19:33	19:46	20:02
	25	18:24	18:42	18:58	19:21	19:26	19:38	19:53
Aug	2	18:23	18:36	18:53	19:13	19:18	19:28	19:41
	10	18:20	18:32	18:46	19:03	19:07	19:17	19:28
	18	18:16	18:27	18:38	18:53	18:56	19:04	19:13
	26	18:12	18:20	18:30	18:41	18:44	18:50	18:57
Sep	3	18:08	18:14	18:20	18:28	18:30	18:35	18:40
	11	18:03	18:06	18:10	18:16	18:17	18:19	18:23
	19	17:58	17:59	18:00	18:02	18:03	18:04	18:05
	27	17:53	17:52	17:50	17:49	17:49	17:48	17:47
Oct	13	17:44	17:38	17:32	17:24	17:22	17:18	17:13
	21	17:40	17:32	17:23	17:12	17:09	17:04	16:57
	29	17:37	17:27	17:16	17:01	16:58	16:51	16:42
Nov	6	17:36	17:23	17:09	16:52	16:48	16:39	16:29
	14	17:35	17:21	17:04	16:45	16:40	16:30	16:17
	22	17:35	17:19	17:01	16:39	16:34	16:22	16:08
	30	17:36	17:19	17:00	16:36	16:30	16:17	16:02
Dec	8	17:39	17:21	17:00	16:35	16:28	16:15	15:58
	16	17:42	17:24	17:02	16:36	16:30	16:15	15:59
	24	17:46	17:27	17:06	16:40	16:33	16:19	16:02
	30	17:50	17:32	17:11	16:45	16:39	16:25	16:09

Sunrise and Sunset Hours

Sunrise

Hour	Sun	Mon	Tue	Wed	Thu	Fri	Sat
1	☉	☽	♂	☿	♃	♀	♄
2	♀	♄	☉	☽	♂	☿	♃
3	☿	♃	♀	♄	☉	☽	♂
4	☽	♂	☿	♃	♀	♄	☉
5	♄	☉	☽	♂	☿	♃	♀
6	♃	♀	♄	☉	☽	♂	☿
7	♂	☿	♃	♀	♄	☉	☽
8	☉	☽	♂	☿	♃	♀	♄
9	♀	♄	☉	☽	♂	☿	♃
10	☿	♃	♀	♄	☉	☽	♂
11	☽	♂	☿	♃	♀	♄	☉
12	♄	☉	☽	♂	☿	♃	♀

Sunset

Hour	Sun	Mon	Tue	Wed	Thu	Fri	Sat
1	♃	♀	♄	☉	☽	♂	☿
2	♂	☿	♃	♀	♄	☉	☽
3	☉	☽	♂	☿	♃	♀	♄
4	♀	♄	☉	☽	♂	☿	♃
5	☿	♃	♀	♄	☉	☽	♂
6	☽	♂	☿	♃	♀	♄	☉
7	♄	☉	☽	♂	☿	♃	♀
8	♃	♀	♄	☉	☽	♂	☿
9	♂	☿	♃	♀	♄	☉	☽
10	☉	☽	♂	☿	♃	♀	♄
11	♀	♄	☉	☽	♂	☿	♃
12	☿	♃	♀	♄	☉	☽	♂

☉ Sun; ☿ Mercury; ♄ Saturn; ♂ Mars; ♀ Venus; ☽ Moon; ♃ Jupiter

Quick Table of Rising Signs

Your Ascendant is the following if your time of birth was:

Sun Sign	6–8 am	8–10 am	10 am–12 pm	12–2 pm	2–4 pm	4–6 pm
Aries	Taurus	Gemini	Cancer	Leo	Virgo	Libra
Taurus	Gemini	Cancer	Leo	Virgo	Libra	Scorpio
Gemini	Cancer	Leo	Virgo	Libra	Scorpio	Sagittarius
Cancer	Leo	Virgo	Libra	Scorpio	Sagittarius	Capricorn
Leo	Virgo	Libra	Scorpio	Sagittarius	Capricorn	Aquarius
Virgo	Libra	Scorpio	Sagittarius	Capricorn	Aquarius	Pisces
Libra	Scorpio	Sagittarius	Capricorn	Aquarius	Pisces	Aries
Scorpio	Sagittarius	Capricorn	Aquarius	Pisces	Aries	Taurus
Sagittarius	Capricorn	Aquarius	Pisces	Aries	Taurus	Gemini
Capricorn	Aquarius	Pisces	Aries	Taurus	Gemini	Cancer
Aquarius	Pisces	Aries	Taurus	Gemini	Cancer	Leo
Pisces	Aries	Taurus	Gemini	Cancer	Leo	Virgo

Sun Sign	6–8 pm	8–10 pm	10 pm–12 am	12–2 am	2–4 am	4–6 am
Aries	Scorpio	Sagittarius	Capricorn	Aquarius	Pisces	Aries
Taurus	Sagittarius	Capricorn	Aquarius	Pisces	Aries	Taurus
Gemini	Capricorn	Aquarius	Pisces	Aries	Taurus	Gemini
Cancer	Aquarius	Pisces	Aries	Taurus	Gemini	Cancer
Leo	Pisces	Aries	Taurus	Gemini	Cancer	Leo
Virgo	Aries	Taurus	Gemini	Cancer	Leo	Virgo
Libra	Taurus	Gemini	Cancer	Leo	Virgo	Libra
Scorpio	Gemini	Cancer	Leo	Virgo	Libra	Scorpio
Sagittarius	Cancer	Leo	Virgo	Libra	Scorpio	Sagittarius
Capricorn	Leo	Virgo	Libra	Scorpio	Sagittarius	Capricorn
Aquarius	Virgo	Libra	Scorpio	Sagittarius	Capricorn	Aquarius
Pisces	Libra	Scorpio	Sagittarius	Capricorn	Aquarius	Pisces

Find your Sun sign in the left column. Determine the correct approximate time of your birth. Line up your Sun sign with birth time to find ascendant. Note: This table will give you the approximate ascendant only. To obtain your exact ascendant you must consult your natal chart.

Blank Horoscope Chart

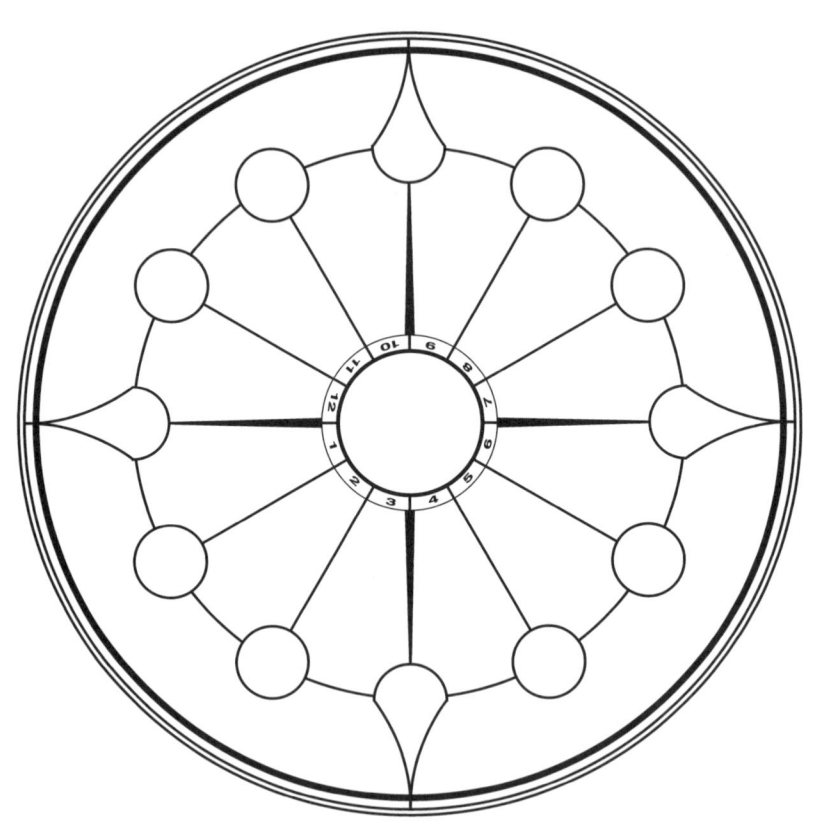

How to Use Your Daily Planetary Guide

Eastern times are listed in the left column in medium typeface. Pacific times are in the right column in **bold type**. Adjustments have been made for Daylight Saving Time. The void-of-course Moon is indicated by "v/c" at the time it occurs. When it occurs in one time zone and not the other, it is indicated next to the appropriate column and then repeated the next day for the other time zone.

Planets

☉	Sun	⚶	Vesta
☽	Moon	♃	Jupiter
☿	Mercury	♄	Saturn
♀	Venus	⚷	Chiron
♂	Mars	♅	Uranus
⚳	Ceres	♆	Neptune
⚴	Pallas	♇	Pluto
⚵	Juno		

Signs

♈	Aries	♎	Libra
♉	Taurus	♏	Scorpio
♊	Gemini	♐	Sagittarius
♋	Cancer	♑	Capricorn
♌	Leo	♒	Aquarius
♍	Virgo	♓	Pisces

Aspects

☌	Conjunction	△	Trine
⚺	Semisextile	☐	Square
∠	Semisquare	⚻	Quincunx
⚹	Sextile	☍	Opposition
⚼	Sesquiquadrate		

Motion

℞	Retrograde	D	Direct

Address Book

Name	Birthday
Address	
City, State, Zip	
Phone	Office Phone
Fax	E-mail

Name	Birthday
Address	
City, State, Zip	
Phone	Office Phone
Fax	E-mail

Name	Birthday
Address	
City, State, Zip	
Phone	Office Phone
Fax	E-mail

Name	Birthday
Address	
City, State, Zip	
Phone	Office Phone
Fax	E-mail

Name	Birthday
Address	
City, State, Zip	
Phone	Office Phone
Fax	E-mail

Name	Birthday
Address	
City, State, Zip	
Phone	Office Phone
Fax	E-mail

Name	Birthday
Address	
City, State, Zip	
Phone	Office Phone
Fax	E-mail

Name	Birthday
Address	
City, State, Zip	
Phone	Office Phone
Fax	E-mail

Name	Birthday
Address	
City, State, Zip	
Phone	Office Phone
Fax	E-mail

Name	Birthday
Address	
City, State, Zip	
Phone	Office Phone
Fax	E-mail

Name	Birthday
Address	
City, State, Zip	
Phone	Office Phone
Fax	E-mail

Name	Birthday
Address	
City, State, Zip	
Phone	Office Phone
Fax	E-mail

Name	Birthday
Address	
City, State, Zip	
Phone	Office Phone
Fax	E-mail

Name	Birthday
Address	
City, State, Zip	
Phone	Office Phone
Fax	E-mail

Name	Birthday
Address	
City, State, Zip	
Phone	Office Phone
Fax	E-mail

Name	Birthday
Address	
City, State, Zip	
Phone	Office Phone
Fax	E-mail

Name	Birthday
Address	
City, State, Zip	
Phone	Office Phone
Fax	E-mail

Name	Birthday
Address	
City, State, Zip	
Phone	Office Phone
Fax	E-mail

Name	Birthday
Address	
City, State, Zip	
Phone	Office Phone
Fax	E-mail

Name	Birthday
Address	
City, State, Zip	
Phone	Office Phone
Fax	E-mail
Name	Birthday
Address	
City, State, Zip	
Phone	Office Phone
Fax	E-mail
Name	Birthday
Address	
City, State, Zip	
Phone	Office Phone
Fax	E-mail
Name	Birthday
Address	
City, State, Zip	
Phone	Office Phone
Fax	E-mail

Name	Birthday
Address	
City, State, Zip	
Phone	Office Phone
Fax	E-mail

Name	Birthday
Address	
City, State, Zip	
Phone	Office Phone
Fax	E-mail

Name	Birthday
Address	
City, State, Zip	
Phone	Office Phone
Fax	E-mail

Name	Birthday
Address	
City, State, Zip	
Phone	Office Phone
Fax	E-mail

Name	Birthday
Address	
City, State, Zip	
Phone	Office Phone
Fax	E-mail

Name	Birthday
Address	
City, State, Zip	
Phone	Office Phone
Fax	E-mail

Name	Birthday
Address	
City, State, Zip	
Phone	Office Phone
Fax	E-mail

Name	Birthday
Address	
City, State, Zip	
Phone	Office Phone
Fax	E-mail

Name	Birthday
Address	
City, State, Zip	
Phone	Office Phone
Fax	E-mail

Name	Birthday
Address	
City, State, Zip	
Phone	Office Phone
Fax	E-mail

Name	Birthday
Address	
City, State, Zip	
Phone	Office Phone
Fax	E-mail

Name	Birthday
Address	
City, State, Zip	
Phone	Office Phone
Fax	E-mail

Name	Birthday
Address	
City, State, Zip	
Phone	Office Phone
Fax	E-mail

Name	Birthday
Address	
City, State, Zip	
Phone	Office Phone
Fax	E-mail

Name	Birthday
Address	
City, State, Zip	
Phone	Office Phone
Fax	E-mail

Name	Birthday
Address	
City, State, Zip	
Phone	Office Phone
Fax	E-mail

Name	Birthday
Address	
City, State, Zip	
Phone	Office Phone
Fax	E-mail

Name	Birthday
Address	
City, State, Zip	
Phone	Office Phone
Fax	E-mail

Name	Birthday
Address	
City, State, Zip	
Phone	Office Phone
Fax	E-mail

Name	Birthday
Address	
City, State, Zip	
Phone	Office Phone
Fax	E-mail

Notes

Notes